FAUNE
DE LA
NORMANDIE

PAR

Henri GADEAU de KERVILLE

FASC. **III**

OISEAUX

**(PIGEONS, GALLINACÉS, ÉCHASSIERS
ET PALMIPÈDES)**

(Avec une planche en noir)

FIN DES OISEAUX

EXTRAIT

du *Bulletin de la Société des Amis des Sciences naturelles de Rouen*,
2ᵉ semestre 1891.

PARIS
Librairie J.-B. BAILLIÈRE et Fils
19, rue Hautefeuille, 19
(Près du boulevard Saint-Germain)

1892

FAUNE

DE LA

NORMANDIE

OISEAUX

(PIGEONS, GALLINACÉS, ÉCHASSIERS ET PALMIPÈDES)

ROUEN. — IMPRIMERIE J. LECERF.

FAUNE

DE LA

NORMANDIE

PAR

Henri GADEAU de KERVILLE

Fasc. III

OISEAUX

(PIGEONS, GALLINACÉS, ÉCHASSIERS ET PALMIPÈDES)

(Avec une planche en noir)

FIN DES OISEAUX

EXTRAIT

du *Bulletin de la Société des Amis des Sciences naturelles de Rouen*,
2ᵉ semestre 1891.

PARIS

Librairie J.-B. BAILLIÈRE et Fils

19, rue Hautefeuille, 19
(Près du boulevard Saint-Germain)

1892

A MON PÈRE ET A MA MÈRE,

Grâce à vous, j'ai pu me livrer entièrement aux études biologiques et philosophiques, qui, depuis longtemps, exercent sur moi une attraction puissante. Non-seulement vous m'avez donné pleine liberté de consacrer ma vie à ces captivantes études, mais, dans votre grande et intelligente affection pour moi, vous me les avez facilitées par tous les moyens possibles. Je vous en témoigne ma très-vive reconnaissance, que le temps lui-même ne saurait altérer.

Permettez-moi de vous dédier cette Faune de la Normandie, *laborieux travail inspiré par mon amour sincère pour la province qui m'a vu naître, et acceptez-la comme un faible hommage de mon affection profonde.*

TRAVAUX DU MÊME AUTEUR.

Les Insectes phosphorescents, avec 4 planches chromolithographiées, Rouen, Léon Deshays, 1881.

Les Insectes phosphorescents, Notes complémentaires et Bibliographie générale (Anatomie, Physiologie et Biologie), Rouen, Julien Lecerf, 1887.

Comptes rendus des 19ᵉ, 20ᵉ, 21ᵉ, 22ᵉ, 23ᵉ et 24ᵉ réunions des Délégués des Sociétés savantes à la Sorbonne, (Sciences naturelles), 1881, 1882, 1883, 1884, 1885 et 1886, in Bull. de la Soc. des Amis des Scienc. natur. de Rouen, 1ᵉʳ sem. des années 1881, 1882, 1883, 1884, 1885 et 1886; (l'avant-dernier avec 3 planches en noir et 1 planche en couleur). — Tir. à part, Rouen : Léon Deshays, 1881, 1882, 1883 et 1884; Julien Lecerf, 1885 et 1886.

Le Taupin des moissons, in Bull. de la Soc. des Amis des Scienc. natur. de Rouen, 2ᵉ sem. 1880. — Tir. à part, Rouen, Léon Deshays, 1881.

Recherches physiologiques et histologiques sur l'organe de l'odorat des Insectes, par Gustave Hauser, traduit de l'allemand, avec 1 planche en noir, in Bull. de la Soc. des Amis des Scienc. natur. de Rouen, 1ᵉʳ sem. 1881. — Tir. à part, Rouen, Léon Deshays, 1881.

Liste générale des Mammifères sujets à l'albinisme, par Elvezio Cantoni, traduction de l'italien et additions, in Bull. de la Soc. des Amis des Scienc. natur. de Rouen, 1ᵉʳ sem. 1882. — Tir. à part, Rouen, Léon Deshays, 1882.

Les œufs des Coléoptères, par Mathias Rupertsberger, traduit de l'allemand, in Revue d'Entomologie, nᵒˢ de juillet et d'août 1882. — Tir. à part, Caen, F. Le Blanc-Hardel, 1882.

De l'action du Mouron rouge sur les Oiseaux, in Compt. rend. hebdom. des séanc. de la Soc. de Biologie, nᵒ 27, (séance du 8 juillet 1882). — Tir. à part, Paris, Edmond Rousset et Cⁱᵉ, 1882.

De l'action du Persil sur les Psittacidés, in Compt. rend. hebdom. des séanc. de la Soc. de Biologie, nᵒ 3, (séance du 20 janvier 1883). — Tir. à part, Paris, Edmond Rousset et Cⁱᵉ, 1883.

De l'action du Persil sur les Psittacidés, (nouvelles expériences et notes complémentaires), Rouen, Léon Deshays, 1883.

De la structure des plumes et de ses rapports avec leur coloration, par le Dʳ Hans Gadow, traduit de l'anglais et annoté, avec 1 planche en noir, in Bull. de la Soc. des Amis des Scienc. natur. de Rouen, 1ᵉʳ sem. 1883. — Tir. à part, Rouen, Léon Deshays, 1883.

Sur la manière de décrire et de représenter en couleur les animaux à reflets métalliques, avec 1 figure dans le texte, in Bull. de l'Association française pour l'Avancement des Sciences, Congrès de Rouen en 1883. — Tir. à part, Paris, Secrétariat de l'Association, 1884.

Mélanges entomologiques, 3 mémoires, 1er semestre 1883, 2e semestre 1883, et 1er et 2e semestres 1884, in Bull. de la Soc. des Amis des Scienc. natur. de Rouen, 1er sem. 1883, 2e sem. 1883, et 2e sem. 1884. — Tir. à part, Rouen, Léon Deshays, 1883, 1884 et 1885.

Les Myriopodes de la Normandie (1re *liste), suivie de diagnoses d'espèces et de variétés nouvelles,* par le Dr Robert Latzel, avec 1 planche en noir, in Bull. de la Soc. des Amis des Scienc. natur. de Rouen, 2e sem. 1883. — Tir. à part, Rouen, Léon Deshays, 1884.

Les Myriopodes de la Normandie (2e *liste), suivie de diagnoses d'espèces et de variétés nouvelles (de France, Algérie et Tunisie),* par le Dr Robert Latzel, in Bull. de la Soc. des Amis des Scienc. natur. de Rouen, 2e sem. 1885. — Tir. à part, Rouen, Julien Lecerf, 1886.

Addenda à la faune des Myriopodes de la Normandie, in Bull. de la Soc. des Amis des Scienc. natur. de Rouen, 1er sem. 1887. — Tir. à part, Rouen, Julien Lecerf, 1887.

Deuxième addenda à la faune des Myriopodes de la Normandie, suivi de la description d'une variété nouvelle (var. lucida Latz.*) du Glomeris marginata* Villers, par le Dr Robert Latzel, in Bull. de la Soc. des Amis des Scienc. natur. de Rouen, 1er sem. 1889. — Tir. à part, Rouen, Julien Lecerf, 1890.

Note sur une espèce nouvelle de Champignon entomogène (Stilbum Kervillei Q.*),* avec 1 planche en couleur, in Bull. de la Soc. des Amis des Scienc. natur. de Rouen, 2e sem. 1883. — Tir. à part, Rouen, Léon Deshays, 1884.

Note sur un Orque épaulard pêché aux environs du Tréport, in Bull. de la Soc. des Amis des Scienc. natur. de Rouen, 1er sem. 1884. — Tir. à part, Rouen, Léon Deshays, 1884.

De la reproduction de la Perruche soleil (Conurus solstitialis Less.*) en France,* in Bull. mensuel de la Soc. nation. d'Acclimatation de France, n° 7 (juillet) de 1884. — Tir. à part, Paris, Siége de la Société, 1884.

Note sur un Canard monstrueux appartenant au genre Pygomèle, avec 1 planche en noir, in Journal de l'Anatomie et de la Physiologie, n° 5 (septembre-octobre) de 1884. — Tir. à part, Paris, Félix Alcan, 1884.

Description de quatre Monstres doubles (2 Chats et 2 Poussins) appartenant aux genres Synote, Iniodyme, Opodyme et Ischiomèle, avec 1 planche en noir, in Journal de l'Anatomie et de la Physiologie, n° 4 (juillet-août) de 1885. — Tir. à part, Paris, Félix Alcan, 1885.

Les Veaux à deux têtes; deux monstres doubles autositaires, avec 2 figures, in La Nature, Paris, n° du 26 novembre 1887.

Sur un type probablement nouveau d'anomalies entomologiques, présenté par un Insecte Coléoptère (Stenopterus rufus L.); avec 2 figures, in Le Naturaliste, n° du 1er janvier 1889. — Tir. à part, Paris, Bureaux du Journal, 1889.

Sur un Levraut monstrueux du genre Hétéradelphe, avec 1 figure, in Le Naturaliste, n° du 15 décembre 1889. — Tir. à part, Paris, Bureaux du Journal, 1889.

Expériences tératogéniques sur différentes espèces d'Insectes, avec 6 figures, in Le Naturaliste, n° du 15 mai 1890. — Tir. à part, Paris, Bureaux du Journal, 1890.

Sur un jeune Chien monstrueux du genre Triocéphale, avec 2 figures, in Le Naturaliste, n° du 1er février 1891. — Tir. à part, Paris, Bureaux du Journal, 1891.

Description d'un Poisson et d'un Oiseau monstrueux, (Aiguillat dérodyme et Goëland mélomèle), avec 1 planche en noir, in Journal de l'Anatomie et de la Physiologie, n° 5 (septembre-octobre) de 1892. — Tir. à part, Paris, Félix Alcan, 1892.

Descriptions de quelques espèces nouvelles de la famille des Coccinellidae, avec 1 planche en couleur, in Annal. de la Soc. entomol. de France, ann. 1884. — Tir. à part, Paris, E. Duruy et Cie, 1884.

Note sur l'albinisme imparfait unilatéral chez les Lépidoptères, in Annal. de la Soc. entomol. de France, ann. 1885. — Tir. à part, Paris, E. Duruy et Cie, 1886.

Évolution et Biologie des Bagous binodulus Hbst. et Galerucella nymphaeae L., in Annal. de la Soc. entomol. de France, ann. 1885. — Tir. à part, Paris, E. Duruy et Cie, 1886.

Évolution et Biologie des Hypera arundinis Payk. et Hypera adspersa F. (H. pollux F.), in Annal. de la Soc. entomol. de France, ann. 1886. — Tir. à part, Paris, E. Duruy et Cie, 1886.

Note sur un hybride bigénère de Pigeon domestique et de Tourterelle à collier, suivie de la récapitulation des hybrides uni- et bigénères observés jusqu'alors dans l'ordre des Pigeons, in Bull. de la Soc. des Amis des Scienc. natur. de Rouen, 2e sem. 1885. — Tir. à part, Rouen, Julien Lecerf, 1886.

Note sur un nouvel hybride de Pigeon domestique et de |Tourterelle à collier, in Bull. de la Soc. des Amis des Scienc. natur. de Rouen, 2e sem. 1891. — Tir. à part, Rouen, Julien Lecerf, 1892.

Aperçu de la faune actuelle de la Seine et de son embouchure, depuis Rouen jusqu'au Havre, in 2e vol. de L'Estuaire de la Seine, par G. Lennier, Le Havre, impr. du journal Le Havre, 1885. — Tir. à part, d°.

Note sur les Crustacés Schizopodes de l'estuaire de la Seine, suivie de la description d'une espèce nouvelle de Mysis (Mysis Kervillei G.-O Sars), par G.-O. Sars, avec 1 planche en noir, in Bull. de la Soc. des

Amis des Scienc. natur. de Rouen, 1ᵉʳ sem. 1885. — Tir. à part, Rouen, Julien Lecerf, 1885.

La faune de l'estuaire de la Seine, in Annuaire des cinq départements de la Normandie, (Annuaire normand), Congrès de Honfleur en 1886. — Tir. à part, Caen, Henri Delesques, 1886.

Causeries sur le Transformisme, Paris, C. Reinwald, 1887.

L'Aphelochirus aestivalis F. (Hémiptère Hétéroptère), avec 1 figure, in Le Naturaliste, n° du 15 novembre 1887. — Tir. à part, Paris, Bureaux du Journal, 1887.

Faune de la Normandie, fasc. I, Mammifères, avec 1 planche en noir; et *fasc. II, Oiseaux (Carnivores, Omnivores, Insectivores et Granivores);* in Bull. de la Soc. des Amis des Scienc. natur. de Rouen, 2ᵉ sem. 1887, et 1ᵉʳ sem. 1889. — Tir. à part, Paris, J.-B. Baillière et fils, 1888 et 1890.

Faut-il détruire nos Rapaces nocturnes? (note de zoologie pratique), in Bull. de la Soc. des Amis des Scienc. natur. de Rouen, 2ᵉ sem. 1887. — Tir. à part, Rouen, Julien Lecerf, 1888.

De la coloration asymétrique des yeux chez certains Pigeons métis, in Bull. de la Soc. des Amis des Scienc. natur. de Rouen, 2ᵉ sem. 1887. — Tir. à part, Rouen, Julien Lecerf, 1888.

Note sur la variation de forme des grains et des pepins, chez les Vignes cultivées de l'Ancien-Monde, avec 1 planche en noir, in Bull. de la Soc. centrale d'Horticulture du départem. de la Seine-Inférieure, 4ᵉ cah. de 1887. — Tir. à part, Rouen, Espérance Cagniard, 1888.

Les Crustacés de la Normandie, espèces fluviales, stagnales et terrestres, (1ʳᵉ liste), in Bull. de la Soc. des Amis des Scienc. natur. de Rouen, 1ᵉʳ sem. 1888. — Tir. à part, Rouen, Julien Lecerf, 1888.

Note sur la découverte du Pélodyte ponctué dans le département de la Seine-Inférieure, in Bull. de la Soc. des Amis des Scienc. natur. de Rouen, 2ᵉ sem. 1888. — Tir. à part, Rouen, Julien Lecerf, 1888.

Note sur la venue du Syrrhapte paradoxal en Normandie, avec 1 planche en bistre, in Bull. de la Soc. des Amis des Scienc. natur. de Rouen, 1ᵉʳ sem. 1889. — Tir. à part, Rouen, Julien Lecerf, 1890.

Les Animaux et les Végétaux lumineux, avec 49 figures intercalées dans le texte, (Bibliothèque scientifique contemporaine), Paris, J.-B. Baillière et fils, 1890.

Sur l'existence du Palaemonetes varians Leach dans le département de la Seine-Inférieure, in Bull. de la Soc. zoolog. de France, t. XV, n° 1, janvier 1890. — Tir. à part, Paris, Siége de la Société, 1890.

Sur un cas d'amitié réciproque chez deux Oiseaux (Perruche et Sturnidé), avec 1 figure, in Le Naturaliste, n° du 1ᵉʳ août 1890. — Tir. à part, Paris, Bureaux du Journal, 1890.

Note sur la présence de la Genette vulgaire dans le département de l'Eure, in Bull. de la Soc. des Amis des Scienc. natur. de Rouen, 1er sem. 1890. — Tir. à part, Rouen, Julien Lecerf, 1890.

Biographie de Pierre-Eugène Lemetteil, et liste de ses travaux scientifiques, in Bull. de la Soc. des Amis des Scienc. natur. de Rouen. 1er sem. 1890. — Tir. à part, Rouen, Julien Lecerf, 1890.

Colonies hibernantes de Chauves-souris, avec 1 figure, in Le Naturaliste, n° du 15 octobre 1891. — Tir. à part, Paris, Bureaux du Journal, 1891.

Les vieux Arbres de la Normandie, étude botanico-historique, fascicule I, avec 20 planches en photogravure, toutes inédites et faites sur les photographies de l'auteur, in Bull. de la Soc. des Amis des Scienc. natur. de Rouen, 2e sem. 1890. — Tir. à part, Paris, J.-B. Baillière et fils, 1891.

Le Chêne-chapelles d'Allouville-Bellefosse (Seine-Inférieure), avec 1 planche en bistre, in Le Naturaliste, n° du 15 décembre 1891. — Tir. à part, Paris, Bureaux du Journal, 1891.

Curieuses soudures d'arbres, avec 1 figure, in Le Naturaliste, n° du 1er août 1892. — Tir. à part, Paris, Bureaux du Journal, 1892.

Note sur l'historique et la variation des Chrysanthèmes cultivés (Chrysanthème de l'Inde, et Chrys. de la Chine et Chrys. du Japon), avec 1 planche en phototypie, in Bull. de la Soc. centrale d'Horticulture du départem. de la Seine-Inférieure, 1er cah. de 1892. — Tir. à part, Rouen, Espérance Cagniard, 1892.

Etc.

FAUNE DE LA NORMANDIE

PAR

Henri GADEAU de KERVILLE

FASCICULE III [1]

OISEAUX

(PIGEONS, GALLINACÉS, ÉCHASSIERS ET PALMIPÈDES)

avec 1 pl. en noir

(FIN DES OISEAUX)

PRÉFACE

Ce troisième fascicule contient la fin des Oiseaux, de beaucoup les mieux connus des innombrables animaux que l'on trouve en Normandie; et, avant de quitter ces Vertébrés, intéressants à tous les points de vue, je tiens à parler en leur faveur. Je tiens à joindre ma voix modeste à celles qui plaident si chaleureusement la cause des Oiseaux, dont le nombre diminue dans des proportions désolantes, de plus, très-inquiétantes, et à blâmer, avec énergie, les si nombreuses personnes qui, directement ou indirectement,

1. — *Fasc. I, Mammifères*, avec 1 pl. en noir; et *Fasc. II, Oiseaux (Carnivores, Omnivores, Insectivores et Granivores);* in Bull. de la Soc. des Amis des Scienc. natur. de Rouen, 2ᵉ sem. 1887, p. 117, et 1ᵉʳ sem. 1889, p. 65. — Tir. à part, Paris, J.-B. Baillière et fils, 1888 et 1890, (même pagination que celle du Bull.).

36

causent leur destruction. Ce n'est, en aucune manière, la place d'indiquer ici le mal et le remède, et je dois me restreindre à demander, d'une façon toute spéciale, l'exécution rigoureuse des dispositions protectrices qu'il est urgent de prendre.

Je n'entrerai pas dans le détail des raisons multiples qui m'ont fait donner à ce fascicule III l'arrangement qu'il possède ; car le lecteur n'a pas à s'inquiéter de la composition ni de la rédaction d'un ouvrage, mais à le juger et à le critiquer. Toutefois, je ne voudrais point laisser sans réponse des reproches pour ma tendance à la synthèse, dans la partie systématique de cette *Faune de la Normandie*. Je ne crois pas avoir jamais, en quoi que ce soit, repoussé les progrès de la science, quand ces progrès sont admis comme tels par la généralité ; mais je considère comme néfastes certains soi-disant progrès de la science systématique, consistant dans la création de divisions et de subdivisions, en nombre déraisonnable, qui encombrent la science d'une énorme quantité de noms, très-souvent inutiles, et rendent la zoologie, la botanique et la paléontologie à peu près inabordables pour les personnes qui ne peuvent s'y consacrer d'une façon très-suivie. Certes, il y a des divisions légitimes, nécessaires même, que j'ai intégralement adoptées ; quant à certaines divisions, soi-disant des progrès, je les trouve désastreuses. Que l'on me permette d'en citer une seule, à titre d'exemple et d'édification : Tout à fait d'accord avec E. Lemetteil, dont je partage absolument l'opinion sur cette question capitale de la science systématique, j'ai réuni dans un même genre (*Anas*), genre bien homogène, les neuf espèces de Canards observés en Normandie, qui sont les Canards tadorne, C. souchet, C. sauvage, C. pilet, C. chipeau, C. siffleur, C. sarcelle, C. sarcelline et C. formose. Eh bien, afin d'être, aux yeux de certains ornithologistes, à la hauteur des progrès de la science systématique, j'aurais dû adopter, pour ces neuf espèces, au lieu de l'unique genre *Anas*, les genres *Tadorna, Spatula, Anas,*

Dafila, Chaulelasmus, Mareca, Cyanopterus, Querque-dula et *Eunetta.* En tout, neuf genres, autant que d'espèces. Inutile d'ajouter que, bien entendu, ce fantastique démembrement a été opéré chez la·plupart des autres genres d'animaux.

Vraiment, je ne puis voir là qu'un progrès des plus néfastes, et je n'oublierai jamais que l'espèce, le genre, la famille, l'ordre, etc., ne sont que des groupements artificiels établis pour la commodité de la science et non pour la rendre inaccessible.

Dans ce troisième fascicule, j'ai adopté en très-grande partie, comme pour le fascicule précédent, composé des quatre premiers ordres (*Carnivores, Omnivores, Insectivores* et *Granivores*), la classification et les divisions données par E. Lemetteil dans son excellent ouvrage sur les Oiseaux du département de la Seine-Inférieure. Il y a toutefois, entre lui et moi, une assez grande divergence d'opinion à l'égard des ordres, et si j'ai pris entièrement ses ordres des *Carnivores, Omnivores* et *Insectivores*, et partiellement celui des *Granivores*, j'ai cru devoir remplacer la partie terminale de ses *Granivores* et ses *Vermivores* et *Piscivores*, par les ordres des *Pigeons, Gallinacés, Échassiers* et *Palmipèdes.* E. Lemetteil avait voulu adopter une classification basée sur une même chose : la nourriture. Certes, sa tentative est des plus méritoires; mais je n'ai pu partager sa manière de voir à l'égard de cette base unique. Par contre, je loue sans réserve en Lemetteil, dont la mort a été si regrettable pour l'ornithologie, un savant qui, se garant de tous les excès de l'école analytique, a employé, dans son ouvrage si utile, des groupements établis sur des bases solides.

En résumé, j'ai divisé les Oiseaux de la Normandie en huit ordres, qui sont les suivants : *Carnivores, Omnivores, Insectivores, Granivores, Pigeons, Gallinacés, Échassiers* et *Palmipèdes.*

A l'égard des renseignements que je donne sous ce titre collectif : « De passage régulier : arrive... et repart... », je désire faire une observation. Il est évident que, pour la totalité des espèces qui se trouvent temporairement en Normandie, tous les individus de chaque espèce qui arrivent dans cette province n'y restent pas, et qu'une quantité, impossible à évaluer d'une manière à peu près exacte, s'avance, suivant les espèces, soit plus au Nord, soit plus au Midi, fait qui a lieu dans toutes les régions tempérées. Si je ne l'ai pas indiqué pour chacune des espèces qui sont dans ce cas, c'est parce que cette *Faune de la Normandie* ne s'adresse qu'à des personnes compétentes, pour lesquelles ce fait est des plus connus, et, aussi, dans le but d'établir une différence bien tranchée entre les espèces qui séjournent quelques mois en Normandie, soit pour la reproduction, soit pendant la saison froide, et celles qui ne font que d'y passer, ou, tout au plus, y séjournent quelque temps.

Les cinq listes méthodiques, données à la fin de ce troisième fascicule, résument, aussi complètement que j'ai pu le faire, l'état actuel de nos connaissances sur les espèces et les variétés d'Oiseaux observées en Normandie, depuis celles qui sont sédentaires dans cette province, jusqu'aux espèces que l'on n'y a vues qu'une seule fois. Bien entendu, je n'ai fait figurer dans ces listes que ce qui m'a paru certain.

Ces listes me permettent de seulement indiquer, dans cette préface, le nombre, divisé par ordres, des espèces et des variétés d'Oiseaux observées en Normandie. Voici les résultats en question :

Carnivores : 35 espèces.

Omnivores : 11 espèces.

Insectivores : 91 espèces (dont 89 types et 2 variétés), et 5 variétés (dont les types sont au nombre des précédents).

Granivores : 25 espèces (dont 24 types et 1 variété), et 1 variété (dont le type est au nombre des précédents).

Pigeons : 5 espèces.

Gallinacés : 6 espèces, et 1 variété (dont le type est au nombre des précédents).

Échassiers : 64 espèces.

Palmipèdes : 85 espèces (dont 84 types et 1 variété), et 3 variétés (dont les types sont au nombre des précédents, sauf l'*Uria lomvia.* L. var. *ringvia* Brünn. (Guillemot lumme var. bridée), dont le type n'a pas, à ma connaissance, été observé en Normandie, et dont j'ai compté comme espèce la var. *Troile* L. (var. de Troïl).

Total général : 322 espèces (dont 318 types et 4 variétés), et 10 variétés (dont les types sont au nombre des précédents, sauf l'*Uria lomvia* L. var. *ringvia* Brünn.). [Voir les lignes qui précèdent].

Ainsi qu'il avait eu la grande obligeance de le faire pour les deux derniers tiers [1] environ du second fascicule, M. Jules Vian, l'un de nos plus savants ornithologistes français, a bien voulu revoir, d'une façon très-attentive, tout le manuscrit de ce troisième fascicule, en y faisant de précieuses additions et observations critiques, et, de plus, en a soigneusement relu les bonnes feuilles. Dans ce long et aride travail, M. Jules Vian a fait preuve d'un dévouement aussi grand que désintéressé pour l'ornithologie normande, et les mots me manquent pour lui en témoigner ma reconnaissance inaltérable.

J'ai aussi à remercier bien vivement pour leur obligeance, — et je le fais avec autant de plaisir que de sincé-

---

1. Le premier tiers environ du fascicule II avait été soumis à l'examen scrupuleux de E. Lemetteil, ornithologiste de beaucoup de talent et parfait observateur, enlevé à la science pendant que je rédigeais ce deuxième fascicule.

rité, — MM. Émile Anfrie, à Lisieux (Calvados); Louis-Henri
Bourgeois, à Eu (Seine-Inférieure); Ed. Costrel de Corain-
ville, à Mestry (Calvados); Albert Fauvel, à Caen; Raoul
Fortin, à Rouen; Henri Gaillard, à Danvou (Calvados); Léon
Gaillon, à Bracquemont (Seine-Inférieure); Arthur Geffroy,
à Vaudry (Calvados); P. Joseph-Lafosse, à Saint-Côme-du-
Mont (Manche); Henri Joüan, à Cherbourg; E. Lecœur, à
Vimoutiers (Orne); G. Lennier, au Havre; A.-L. Letacq, à
Alençon; Alfred Marès, à Paris; Eugène Niel, à Rouen;
L. Petit, à Rouen; et Vasse, à Tancarville (Seine-Inférieure),
auxquels je dois beaucoup de renseignements qui me furent
très-utiles, et dont un assez grand nombre est textuelle-
ment inséré.

Malgré le soin extrême que j'apporte dans la rédaction de
mes travaux et la correction des épreuves, je m'aperçois, de
temps à autre, d'erreurs et d'omissions dont je souffre moins
quand elles sont publiées bien en évidence. C'est ce que j'ai
fait dans l' « Addenda et Errata aux fascicules II et III »,
donné dans la partie terminale de ce troisième fascicule, et
qui renferme, avec les oublis et les corrections, les renseignements parvenus quand les feuilles où ils auraient dû
prendre place étaient déjà imprimées.

Je suis certain de trouver l'excuse et l'indulgence auprès
de tous les auteurs consciencieux qui ont rédigé des travaux
analogues, et qui savent combien, hélas! il est facile de
commettre des erreurs et des omissions, lorsque les volumes
et les notes à examiner se chiffrent par centaines, ainsi que
j'ai eu à le faire pour la rédaction de la partie ornithologique de cette *Faune de la Normandie.*

En terminant, je demande, avec insistance, que l'on
veuille bien m'adresser des critiques et me donner des
renseignements, afin que je puisse rédiger un ouvrage pas
trop indigne de l'admirable province qu'il concerne, où

sont perdus, comme d'ailleurs dans toutes les autres parties du monde civilisé, une immense quantité de faits plus
ou moins utiles pour la science.

N.-B. — Le lecteur trouvera dans l'introduction à cette
Faune de la Normandie, publiée dans le premier fascicule,
le plan de ce laborieux ouvrage faunique.

ABRÉVIATIONS.

———

T.-C. — Très-commun.

C. — Commun.

A. C. — Assez commun.

P. C. — Peu commun.

A. R. — Assez rare.

R. — Rare.

———

VERTEBRATA — VERTÉBRÉS.

2e Classe. AVES — OISEAUX.

5e Ordre. COLUMBAE — PIGEONS.

1re Famille. COLUMBIDAE — COLOMBIDÉS.

1er Genre. COLUMBA — PIGEON.

1re Espèce. Columba palumbus L. — Pigeon ramier.

Columba palumbes Pall., *C. pinetorum* Brehm, *C. torquata* Leach.

Palumbus excelsus Bp., *P. palumbus* Rchb., *P. torquatus* Salerne.

Colombe ramier.
Palombe à collier.

Couvre.

Paul BERT. — *Op. cit.*, p. 81; tir. à part, p. 57.
C.-D. DEGLAND et Z. GERBE. — *Op. cit.*, t. II, p. 6.
E. LEMETTEIL. — *Op. cit.*, *Granivores*, p. 137; tir. à part, t. II, p. 93.
Amb. GENTIL. — *Op. cit.*, *Pigeons*, p. 52 ; tir. à part, p. 36.
Alphonse DUBOIS. — *Op. cit.* : texte, t. II, p. 4; atlas, t. II, pl. 167, et t. I, pl. XXIX, fig. 148.
Léon OLPHE-GALLIARD. — *Op. cit.*, fasc. XXXVI, p. 8.

Le Pigeon ramier habite les forêts et les bois des montagnes et des plaines, préférant ceux qui contiennent en abondance des Conifères. Il habite aussi, mais par exception, les avenues et les jardins des villages et des villes possédant de grands arbres. Il est migrateur et sédentaire, et sociable. Il émigre par bandes de quinze à vingt individus, quelquefois même de cinquante à cent. Son naturel est agile. Ses mœurs sont diurnes. Son vol est rapide, élégant et facile ; il marche bien, sinon vite, en tenant le corps tantôt horizontal, tantôt redressé, et en inclinant constamment le cou. Sa nourriture se compose de graines très-diverses, celles de Conifères étant son mets de prédilection ; il mange aussi des glands, des faînes, des baies, des petits pois, etc., et, à l'occasion, des Mollusques et des Vers. La femelle fait habituellement deux couvées par an, rarement trois, chacune de deux œufs ; elle ne pond trois œufs que tout à fait exceptionnellement. La ponte de la première couvée a lieu ordinairement en avril, et celle de la seconde généralement en juin. La durée de l'incubation est de dix-sept à dix-huit jours. Le nid, de forme aplatie, est grossièrement construit avec des bûchettes et des racines, et d'une manière si lâche que l'on peut voir souvent les œufs à travers ; néanmoins, il est assez solide pour résister au mauvais temps. Ce nid est placé sur un arbre, généralement dans un endroit très-dissimulé. Parfois, cet Oiseau se contente d'arranger à son usage un nid abandonné de Geai, de Pie, d'Écureuil, etc.

Toute la Normandie. — Sédentaire, et de passage régulier : arrive en automne, et repart à la fin de l'hiver et au commencement du printemps, avant la reproduction. — A. C.

2. **Columba oenas** L. — Pigeon colombin.

Columba arborea Brehm, *C. cavorum* Brehm.
Palumboena columbella Bp., *P. oenas* G.-R. Gray.
Palumbus oenas Fritsch.

Colombe colombin.

Paul BERT. — *Op. cit.*, p. 81, et pl. I, fig. 24 ; tir. à part, p. 57, et même fig.
C.-D. DEGLAND et Z. GERBE. — *Op. cit.*, t. II, p. 8.

E. Lemetteil. — *Op. cit., Granivores*, p. 139 ; tir. à part, t. II, p. 95.

Amb. Gentil. — *Op. cit., Pigeons*, p. 52 ; tir. à part, p. 36.

Alphonse Dubois. — *Op. cit.* : texte, t. II, p. 9 ; atlas, t. II, pl. 168, et t. I, pl. XXX, fig. 146.

Léon Olphe-Galliard. — *Op. cit.*, fasc. XXXVI, p. 16.

Le Pigeon colombin habite surtout les forêts et les bois composés d'essences variées, et les endroits où se trouvent beaucoup de grands arbres ; il recherche les lieux boisés entrecoupés de prairies et de champs, notamment ceux qui contiennent des arbres creux, car c'est dans un trou d'arbre qu'il aime à passer la nuit et qu'il niche ; souvent il habite tout auprès des villages ; on le trouve aussi dans les cavernes. Il est migrateur et sédentaire, et très-sociable. Il émigre par bandes formées de dix, vingt, trente, et même de plus de cent individus, qui traversent l'air à une grande hauteur. Son naturel est vif et agile. Ses mœurs sont diurnes. Son vol est rapide, facile et gracieux ; il marche fort bien, d'une manière dégagée, et en tenant le corps relevé. Sa nourriture se compose de graines très-diverses, de baies, de glands, de faines, etc. La femelle fait trois couvées par an, si rien ne vient déranger le couple, chacune de deux œufs, bien rarement de trois. La ponte de la première couvée a lieu dans la seconde quinzaine de mars et la première quinzaine d'avril. La durée de l'incubation est de dix-sept jours. Cette espèce niche en société quand elle le peut. Le nid est grossièrement construit avec des bûchettes, des racines et de la mousse, parfois aussi avec des feuilles mortes ; il est placé dans un trou d'arbre. Cet Oiseau emploie quelquefois le trou abandonné d'une grosse espèce de Pic.

Toute la Normandie. — De passage régulier : arrive en automne, et repart à la fin de l'hiver et au commencement du printemps, avant la reproduction ; et sédentaire. — A. R.

3. Columba livia Briss. — Pigeon biset.

Columba Amaliae Brehm, *C. dubia* Brehm, *C. elegans* Brehm, *C. glauconotos* Brehm, *C. gymnocyclus* G.-R. Gray, *C. intermedia* Strickl., *C. neglecta* Hume, *C. plumipes* G.-R. Gray, *C. rupestris* Brehm, *C. saxatilis* Briss., *C. Schimperi* Bp., *C. turricola* Bp., *C. unicolor* Brehm.

Colombe biset, C. de roche.
Pigeon de roche.

C.-D. DEGLAND et Z. GERBE. — *Op. cit.*, t. II, p. 9.
E. LEMETTEIL. — *Op. cit.*, *Granivores*, p. 140 ; tir. à part, t. II, p. 96.
Alphonse DUBOIS. — *Op. cit.* : texte, t. II, p. 13 ; atlas, t. II, pl. 169, et t. I, pl. XXVIII, fig. 147.
Léon OLPHE-GALLIARD. — *Op. cit.*, fasc. XXXVI, p. 21.

Le Pigeon biset habite les rochers, les falaises, les murailles, les clochers, les toits des bâtiments, les cavernes, etc.; il aime surtout le voisinage de la mer et des grands cours d'eau bordés de rochers ; on ne le voit, en général, qu'assez rarement dans l'intérieur des terres, et pas dans la profondeur des bois. En beaucoup de localités, il vit dans une demi-domesticité, s'accouplant même souvent avec les Pigeons domestiques. Il est sédentaire et migrateur, et très-sociable. Il émigre en grandes bandes, composées parfois d'environ cinq cents individus. Son naturel est agile. Ses mœurs sont diurnes. Son vol est rapide et léger ; il marche avec aisance, et en inclinant la tête à chaque pas ; il aime à monter haut dans l'espace, y décrit parfois de grandes circonférences, et plane quelques instants avant de se poser. Sa nourriture se compose de graines très-variées, de fèves, de petits pois, etc. ; il mange aussi des Mollusques, etc. La femelle fait deux ou trois couvées par an, chacune de deux œufs. La durée de l'incubation est de seize à dix-huit jours.

Cette espèce niche en société. Le nid, de forme aplatie, est grossièrement construit avec des petites branches, des racines et des tiges et feuilles de plantes herbacées ; il est placé dans une fente de rocher, dans une grotte, une caverne, des ruines, sous un toit, etc., mais pas dans un trou d'arbre.

NORMANDIE :

Les Pigeons bisets qui, en petit nombre, vivent aujourd'hui à l'état libre en Normandie, ont-ils, comme origine, des individus sauvages normands, ou des individus importés dans cette province ? En d'autres termes, cette espèce se trouve-t-elle ou non à l'état indigène dans la Normandie ?

Je ne saurais me prononcer à cet égard d'une manière affirmative ; toutefois, je suis porté à croire que les Bisets en question proviennent, par un nombre de générations plus ou moins considérable, de sujets importés ; ma supposition étant basée sur ce fait que pas un des auteurs que j'ai consultés ne cite la Normandie au nombre des régions où cette espèce est considérée comme indigène.

Quoi qu'il en soit, étant donné que l'on rencontre en Normandie des Bisets vivant à l'état sauvage, cette espèce a, selon moi, tout autant le droit de figurer dans cette *Faune de la Normandie*, que le possèdent le Rat surmulot, le Lapin de garenne, le Faisan commun, etc., espèces importées dans cette province, il y a un temps plus ou moins reculé.

Voici les renseignements contradictoires que je connais, relativement à l'existence du Pigeon biset à l'état libre dans la province normande :

Normandie :

« Cette espèce ne se trouve point à l'état réellement sauvage dans nos provinces, mais habite les colombiers, les tours des églises ». [C.-G. Chesnon. — *Op. cit.*; p. 259].

Espèce mentionnée comme étant sédentaire en Normandie et vivant dans les colombiers. [NOURY. — *Op. cit.*, p. 97].

Seine-Inférieure :

« Très-rare à l'état libre dans nos localités....... Nous avons vu quelques couples se reproduire en liberté, dans les falaises de Saint-Vigor ». [E. LEMET-TEIL. — *Op. cit.*, *Granivores*, p. 141 ; tir. à part, t. II, p. 97].

Eure :

Espèce mentionnée comme ayant été observée dans le canton de Gisors. [Charles BOUCHARD. — *Op. cit.*, p. 21]. — Bien que cet auteur n'indique pas, dans le travail en question, les différentes espèces d'Oiseaux de basse-cour, il ne s'en suit nullement, à mon avis, qu'il faille en déduire que l'on trouve, dans le canton de Gisors, des Pigeons bisets vivant à l'état réellement sauvage.

Calvados :

« Vient irrégulièrement par bandes isolées, et est moins sédentaire que le Ramier ». [LE SAUVAGE. — *Op. cit.*, p. 197]. — Je suis très-porté à croire que cet auteur parle ici de Bisets à demi- et non réellement sauvages.

Manche :

« Cette espèce n'est ici que pour mémoire ». [J. LE MENNICIER. — *Op. cit.*, p. 137 ; tir. à part, p. 29]. — Je pense que cet auteur a voulu dire, par la phrase en question, qu'à sa connaissance, le Pigeon biset n'avait pas été observé à l'état sauvage dans ce département.

OBSERVAT. — Il est bon de rappeler que Charles Darwin a prouvé, par de très-nombreuses recherches expérimentales, que le Pigeon biset était la souche de toutes les races et variétés de Pigeons domestiques.

4. Columba turtur L. — Pigeon tourterelle.

Peristera dubia Brehm, *P. glauconotos* Brehm, *P. rufidorsalis* Brehm, *P. tenera* Brehm, *P. turtur* Boie.
Turtur auritus Bp., *T. migratorius* Selby, *T. vulgaris* Eyton.

Colombe tourterelle.
Tourterelle commune, T. ordinaire, T. vulgaire.

Teurtre.

Paul BERT. — *Op. cit.*, p. 81 et 82 ; tir. à part, p. 57 et 58.
C.-D. DEGLAND et Z. GERBE. — *Op. cit.*, t. II, p. 14.
E. LEMETTEIL. — *Op. cit.*, *Granivores*, p. 142 ; tir. à part, t. II, p. 98.
Amb. GENTIL. — *Op. cit.*, *Pigeons*, p. 53 ; tir. à part, p. 37.
Alphonse DUBOIS. — *Op. cit.* : texte, t. II, p. 20 ; atlas, t. II, pl. 170, et t. I, pl. XXVIII, fig. 149.
Léon OLPHE-GALLIARD. — *Op. cit.*, fasc. XXXVI, p. 69.

Le Pigeon tourterelle habite les forêts et les bois, indistinctement ceux qui sont formés d'essences diverses ou seulement de Conifères ; il recherche les lieux boisés traversés par une rivière ou un ruisseau et bordés de champs et de prairies ; ce n'est, pour ainsi dire, que pendant ses migrations qu'il va dans les endroits découverts et dans les jardins. Il est migrateur et sédentaire, et très-sociable. Il émigre isolément au printemps, et par bandes plus ou moins grandes en automne. Son naturel est agile, doux et gracieux. Ses mœurs sont diurnes. Son vol est rapide et facile ; il marche assez vite, aisément, avec une certaine élégance, et en incli-

nant légèrement la tête à chaque pas. Sa nourriture se compose de graines très-variées, de petits pois, etc.; il mange
aussi des Mollusques, etc. La femelle fait annuellement
deux couvées et quelquefois trois, chacune de deux œufs.
La durée de l'incubation est de seize à dix-sept jours. Le
nid, de forme aplatie, est grossièrement construit avec des
bûchettes, des bruyères et des racines, et d'une manière si
lâche qu'on peut voir les œufs à travers; néanmoins, il
résiste assez bien au mauvais temps, grâce à la protection
des branches de l'arbre sur lequel il est placé. On trouve
ce nid dans les forêts et les bois, sur un arbre et quelquefois dans un buisson épais, en un point situé non loin d'une
eau limpide. Cet Oiseau fait des nids postiches, comme la
Pie commune et le Geai commun.

Toute la Normandie. — De passage régulier : arrive en
avril, avant la reproduction, et repart en septembre. — C.

5. Columba migratoria L. — Pigeon voyageur.

Columba canadensis Gm.
Ectopistes migratorius Sws.

Colombe voyageuse.
Ectopiste migrateur.
Pigeon de passage, P. migrateur.
Tourterelle du Canada, T. voyageuse.

C.-D. DEGLAND et Z. GERBE. — *Op. cit.*, t. II, p. 12.
E. LEMETTEIL. — *Op. cit.*, *Granivores*, p. 143 ; tir. à part,
   t. II, p. 99.
A.-E. BREHM. — *Op. cit.*, t. II, p. 254, et fig. 71 (p. 257).

Le Pigeon voyageur habite les forêts et les bois, d'où il
se rend dans tous les endroits où il peut trouver de la nourriture. Il entreprend, à cet effet, des voyages considérables,
qui se distinguent des migrations ordinaires en ce qu'ils

n'ont pas lieu à des époques fixes de l'année, mais lorsque
la nourriture manque dans la contrée où il s'est établi.
Il voyage par bandes formées d'un nombre d'individus
presque fabuleux. Il est très-sociable. Son vol est très-rapide; il peut franchir en volant des distances énormes, et
marche aisément. Sa nourriture se compose de graines
très-variées, de fruits secs, de bourgeons, de jeunes pousses,
etc. Cette espèce niche en sociétés des plus nombreuses ;
souvent, sur le même arbre, on trouve de cinquante à
soixante nids, qui contiennent chacun deux œufs. Le nid est
construit avec des brindilles entre-croisées, et placé à la
bifurcation de branches d'un arbre, dans une forêt ou un
bois.

Seine-Inférieure :

« Un mâle adulte a été tué en 1840 par M. Eyriès
fils, dans le parc de son père, à Grasville-Sainte-Hono-
rine. Il a été monté en chair par M. Oursel père, et
fait aujourd'hui partie de la collection de M. Jules
Vian, à Bellevue (Seine-et-Oise). Sa longue queue
(22 cent.) et ses rémiges parfaitement intactes pro-
testent contre toute supposition de voyage en cage.
L'état de la tête indique encore un oiseau tué en
liberté, d'un coup de fusil ». [Jules VIAN, renseign.
manuscrit, 1892]. — Ce sujet a été signalé comme
il suit par E. Lemetteil (*Op. cit.*, *Granivores*, p. 144;
tir. à part, t. II, p. 100) : « Un individu, faisant
partie de la collection de M. Oursel, a été abattu dans
les environs du Havre ».

6° Ordre. *GALLINACEAE* — GALLINACÉS.

1ʳᵉ Famille. *PTEROCLIDAE* — PTÉROCLIDÉS.

OBSERVATION.

Pterocles pyrenaicus Briss. — Ganga cata.

Relativement à la présence du *Pterocles pyrenaicus* Briss. = *Pterocles alchata* L. en Normandie, je ne connais que le vague renseignement suivant, qui ne me permet pas d'inscrire le Ganga cata au nombre des Oiseaux venus d'une façon naturelle dans la Normandie :

Espèce mentionnée comme étant de passage régulier en Normandie et se rencontrant sur les bords de la mer. [NOURY. — *Op. cit.*, p. 97]. — Il y a certainement erreur de signe conventionnel, et c'est de passage accidentel qu'il faut lire ; car, en admettant que le Ganga cata vienne dans cette province, ce qui est fort possible, il ne le fait, à coup sûr, que d'une manière exceptionnelle.

« Nous serions porté à croire, dit E. Lemetteil (*Op. cit.*, *Granivores*, p. 147 ; tir. à part, t. II, p. 103), que le Ganga cata, *Pterocles alchata*, se rencontre quelquefois dans nos localités ; mais en l'absence de toute donnée positive, nous avons cru devoir nous abstenir, et nous ne l'admettons point sur notre Catalogue ». — Je partage absolument cette très-sage manière d'agir de ce savant ornithologiste.

1ᵉʳ Genre. *SYRRHAPTES* — SYRRHAPTE.

1. **Syrrhaptes paradoxus** Pall. — Syrrhapte paradoxal.

Heteroclitus tartaricus Vieill.
Nematura paradoxa Fisch.-Waldh.

Syrrhaptes Fischeri Karelin, *S. heteroclita* Vieill., *S. Pallasii* Temm., *S. paradoxus* Lcht.
Tetrao paradoxa Pall.

Syrrhapte de Pallas, S. des steppes.

C.-D. DEGLAND et Z. GERBE. — *Op. cit..* t. II, p. 28.
A.-E. BREHM. — *Op. cit.*, t. II, p. 295, et pl. XXVI (p. 295).
Alphonse DUBOIS. — *Op. cit.* : texte, t. II, p. 27 ; atlas, t. II, pl. 171.
Léon OLPHE-GALLIARD. — *Op. cit.*, fasc. XXXIX, p. 58.

Le Syrrhapte paradoxal habite les steppes et les plaines arides, et, pendant ses migrations accidentelles en dehors de son aire d'habitat normal, il fréquente aussi les lieux découverts incultes et cultivés, le littoral, etc. Il est migrateur et errant, et très-sociable. A la migration de printemps, il voyage en petites bandes, et à celle d'automne, par bandes formées de plusieurs centaines d'individus. Son vol est très-rapide ; il court vite, mais pas longtemps. Sa nourriture se compose de graines, de bourgeons, de jeunes pousses et de feuilles. La femelle fait deux couvées par an, chacune de quatre œufs. La ponte de la première couvée a lieu dans la seconde quinzaine de mars et la première quinzaine d'avril, et celle de la deuxième dans la seconde quinzaine de mai et la première quinzaine de juin. Cette espèce niche souvent en société. Le nid est grossièrement construit avec des fragments de plantes herbacées garnissant une petite excavation du sol, creusée par l'Oiseau.

Seine-Inférieure :

« Un individu a été pris au filet sur la falaise, à La Poterie, près du sémaphore du cap d'Antifer, vers le 15 novembre 1888. Il était accompagné d'un autre individu, probablement le mâle, car, d'après les descriptions, l'exemplaire en question doit être une femelle. Ces Oiseaux venaient du Nord-Est et allaient

vers l'Ouest, par vent d'Est. [SANSON, note in Bull.
de la Soc. des Amis des Scienc. natur. de Rouen,
1er sem. 1889, p. 25]. [Examiné par H. G. de K.] ».
[Henri GADEAU DE KERVILLE. — *Op. cit.* (*Note sur
la venue du Syrrhapte paradoxal en Normandie,* etc.), p. 359].

« Un individu a été tué à Offranville, en 1889, par
M. Batel, cultivateur. [Léon GAILLON, renseign. manuscrit, 1890]. [Collection de Léon GAILLON, à Bracquemont (Seine-Inférieure)] ». [Henri GADEAU DE KERVILLE.
— *D°*, p. 360].

Calvados :

« Une bande de 17 individus a été observée cette
année (1889) à Sallenelles. Ils étaient très-farouches
et ne se laissaient approcher que difficilement. Deux
de ces Oiseaux furent cependant tués et apportés au
Laboratoire de Zoologie de la Faculté des Sciences
de Caen. Leur état était malheureusement tel, qu'on
a dû renoncer à conserver leur dépouille ». [LETEL-
LIER, note in Bull. de la Soc. linnéenne de Normandie,
ann. 1888-89, (séance du 13 mai 1889), p. 191].

Orne :

« J'ai reçu d'Alençon une femelle, en 1888. [DELE-
SALLE, naturaliste à Paris, renseign. manuscrit,
1889] ». [Henri GADEAU DE KERVILLE. — *D°*, p. 360].

Manche :

Dans les derniers jours de novembre 1888, j'ai
vu, chez un marchand de comestibles, un individu
qui avait été tué à Auderville (extrémité Nord-Ouest
de ce département). Cet individu n'a pas été conservé.
[Henri JOÜAN. — *Op. cit.*, p. 191].

Un individu a été tué à Tocqueville, en 1888.
[COURTOIS, renseign. in Revue de l'Avranchin, Bull.

trimestr. de la Soc. d'Archéologie, de Littérature, Sciences et Arts d'Avranches et de Mortain, ann. 1888, t. IV, n° 4, p. 252].

Un individu a été tué à Saint-Pair, le 24 décembre 1888. [Émile DEYROLLE, naturaliste à Paris, renseign. manuscrit de 1889, communiqué par Émile ANFRIE].

« J'ai reçu, de Valognes, une femelle envoyée le 15 janvier 1889. [DELESALLE, renseign. manuscrit, 1889] ». [Henri GADEAU DE KERVILLE. — *D°*, p. 361].

2e Famille. *TETRAONIDAE* — TÉTRAONIDÉS.

1er Genre. *LAGOPUS* — LAGOPÈDE.

1. **Lagopus scoticus** Briss. — Lagopède d'Écosse.

Bonasa scotica Briss.
Lagopus scoticus Leach.
Oreias scoticus Kaup.
Tetrao saliceti Temm., *T. scoticus* Lath.

Lagopède rouge.
Tétras rouge.

C.-D. DEGLAND et Z. GERBE. — *Op. cit.*, t. II, p. 35.
E. LEMETTEIL. — *Op. cit.*, *Granivores*, p. 149 ; tir. à part, t. II, p. 105.
A.-E. BREHM. — *Op. cit.*, t. II, p. 337.
Léon OLPHE-GALLIARD. — *Op. cit.*, fasc. XXXVIII, p. 50.

Le Lagopède d'Écosse habite les lieux accidentés dont le sol est tourbeux, pourvu de rochers et garni de bruyères ; il affectionne le voisinage des sources où les bruyères sont parsemées de joncs, de laiches et de Graminées. Il est sédentaire. Au printemps, il vit par couples, et par bandes après la période de la reproduction ; le mâle et la femelle restant accouplés en toute saison. Son naturel est paisible. Ses mœurs sont diurnes. Sa nourriture se compose principalement de jeunes pousses, de bourgeons et de fleurs de bruyères ; il mange aussi des graines variées et des fruits charnus. Le nombre des œufs pondus par la femelle paraît changer suivant l'état de la saison, mais ne semble pas être modifié par les différentes localités. Dans les printemps très-froids et très-humides, les couvées se composent de quatre à neuf œufs, et, lorsque la saison est très-favorable, elles sont formées de six à douze œufs, et même de quinze, seize et dix-sept ; mais, dans ces derniers cas, il est probable que tous les œufs ne sont pas pondus par la même femelle. Sur les terrains bas et protégés, on trouve quelquefois des œufs avant la fin de mars ; par contre, on voit souvent en juin, dans les lieux situés à une certaine altitude, des œufs dont l'incubation n'est pas terminée. Le nid consiste en une petite cavité creusée dans le sol par l'Oiseau, et garnie de fragments de bruyères, de mousse, d'herbes et de feuilles mortes ; il est habituellement placé parmi les bruyères, moins souvent au pied d'un buisson ; quelquefois, il est abrité par une saillie de rocher.

Seine-Inférieure :

Un Lagopède rouge a été abattu dans les prairies de l'Eure, près du Havre, il y a trois ans, par un chasseur havrais. [E. LEMETTEIL. — *Op. cit.*, *Granivores*, p. 148 et 150 ; tir. à part, t. II, p. 104 et 106].

2° Genre. *PERDIX* — PERDRIX.

1. **Perdix rubra** Briss. — Perdrix rouge.

Caccabis rubra Kaup, *C. rufa* G.-R. Gray.
Cothurnix rubra Lemett.

Perdix atrorufa Vincel., *P. rufa* Lath., *P. rufidorsalis* Brehm, *P. xanthopleura* Vincel.

Tetrao rufus Gm.

Paul BERT. — *Op. cit.*, p. 83; tir. à part, p. 59.

C.-D. DEGLAND et Z. GERBE. — *Op. cit.*, t. II, p. 69.

E. LEMETTEIL. — *Op. cit.*, *Granivores*, p. 160; tir. à part, t. II, p. 116.

Amb. GENTIL. — *Op. cit.*, *Gallinacés*, p. 55; tir. à part, p. 39.

Alphonse DUBOIS. — *Op. cit.* : texte, t. II, p. 64; atlas, t. II, pl. 176, et t. I, pl. XXVI, figs. 154.

Léon OLPHE-GALLIARD. — *Op. cit.*, fasc. XXXIX, p. 4.

La Perdrix rouge habite les lieux accidentés, les flancs boisés des montagnes, les ravins pierreux, les coteaux couverts de bruyères, de buissons ou de vignes, les champs cultivés, la lisière des bois. Elle est très-sédentaire et très-sociable. Son naturel est doux. Ses mœurs sont diurnes. Son vol est rapide, lourd, de petite durée et peu élevé ; elle court aisément et rapidement. Sa nourriture se compose de larves, d'Insectes, de Vers, de Mollusques, de graines, de baies, de glands, de faînes, de bourgeons, de jeunes feuilles, de fèves, etc. La femelle ne fait normalement qu'une couvée par an, de douze à dix-huit œufs. La durée de l'incubation est de vingt-trois jours. Le nid est formé avec des tiges et feuilles de plantes herbacées et des racines ou des feuilles mortes, garnissant une petite excavation creusée dans le sol par la femelle, soit au milieu de végétaux herbacés, soit au pied d'un buisson, dans un champ, un vignoble, etc.

Normandie :

« Rare dans nos plaines ». [C.-G. CHESNON. — *Op. cit.*, p. 269].

Espèce mentionnée comme étant sédentaire en Normandie. [NOURY. — *Op. cit.*, p. 97].

Seine-Inférieure :

Espèce mentionnée comme ayant été observée dans la Seine-Inférieure. [J. HARDY. — *Op. cit.*, p. 290].

« La Perdrix rouge ne se montre que très-accidentellement dans notre département; et nous serions porté à croire que les rares sujets qu'on y a abattus étaient des individus échappés de cage, ou des couples qu'on y avait lâchés, pour en tenter l'acclimatation ». [E. LEMETTEIL. — *Op. cit.*, *Granivores*, p. 161 ; tir. à part, t. II, p. 117].

Calvados :

« Assez commune dans les pays coupés de coteaux boisés ». [LE SAUVAGE. — *Op. cit.*, p. 197].

Orne :

Une Perdrix rouge femelle a été tuée à Roiville, le 15 septembre 1887, dans une chasse à laquelle j'assistais; j'ai manqué le mâle. [E. LECŒUR, renseign. manuscrit, 1887].

Manche :

« En 1823, j'ai pris une Perdrix rouge près du Pont-Hébert; mais, depuis cette époque, n'en ayant plus revu dans la contrée, je ne puis considérer cette espèce comme appartenant à la Manche, encore bien que l'on m'ait assuré qu'elle se rencontre souvent dans l'arrondissement de Mortain ». [J. LE MENNICIER. — *Op. cit.*, p. 138; tir. à part, p. 30].

OBSERVAT. — « Plusieurs chasseurs, dit C.-G. Chesnon (*Op. cit.*, p. 269), m'ont assuré avoir tué une espèce de Perdrix rouge beaucoup plus forte que la Perdrix rouge ordinaire; ce serait alors la *Perdrix bartavelle* ou *grecque*, qui a le front *noir*, les parties supérieures *gris-bleuâtre*, les scapulaires et grandes tectrices claires, *cendrées*, terminées de jaunâtre. Taille 15 pouces ». — Je suis pour ainsi dire certain que les Perdrix en question n'étaient nullement des Perdrix grecques ou bartavelles (*Perdix graeca* Briss.), mais des Perdrix rouges de grande taille. A cet égard, la phrase suivante est bien instructive : La Perdrix rouge, disent C.-D. Degland et Z. Gerbe (*Op. cit.*, t. II, p. 70), « varie aussi beaucoup sous le rapport de la taille. Sur les marchés, on en distingue de *grosses*, de *moyennes* et de *petites*. Les premières, qui proviennent du Midi, sont fort improprement nommées *Bartavelles*. Toujours est-il qu'elles sont plus fortes que celles provenant de quelques localités du Nord ».

2. **Perdix cinerea** Briss. — Perdrix grise.

Cothurnix cinerea Lemett.
Perdix cineracea Brehm, *P. montana* Briss., *P. sylvestris* Brehm, *P. vulgaris* Leach.
Starna cinerea Bp., *S. perdix* Bp.
Tetrao montanus Gm., *T. perdix* L.

Starne grise.

Pédri, Perdrole, Perdriau (jeune), Pouillard (jeune).

Paul Bert. — *Op. cit.*, p. 83 ; tir. à part, p. 59.
C.-D. Degland et Z. Gerbe. — *Op. cit.*, t. II, p. 73.
E. Lemetteil. — *Op. cit.*, *Granivores*, p. 162 ; tir. à part, t. II, p. 118.
Amb. Gentil. — *Op. cit.*, *Gallinacés*, p. 55 et 56 ; tir. à part, p. 39 et 40.
Alphonse Dubois. — *Op. cit.* : texte, t. II, p. 69 ; atlas, t. II, pl. 177, et t. I, pl. XXVI, fig. 155.
Léon Olphe-Galliard. — *Op. cit.*, fasc. XXXIX, p. 22.

La Perdrix grise habite de préférence les endroits cultivés des plaines, et ne s'élève pas, dans les régions montagneuses, à une grande altitude ; elle vit dans les champs cultivés situés à proximité de lieux boisés ou environnés de buissons où de haies touffues ; on la rencontre aussi sur les

lisières des forêts et des bois, et près des endroits marécageux, pourvu qu'ils possèdent des broussailles ou de hautes
herbes ; mais elle ne va pas dans la profondeur des forêts.
Elle est sédentaire. Elle vit par couples au printemps, et par
familles dans les autres saisons. Son naturel est doux. Ses
mœurs sont diurnes. Son vol est rapide, habituellement de
petite durée, en ligne droite, et généralement à une faible
hauteur ; elle court avec rapidité. Sa nourriture se compose
de graines, de bourgeons, de jeunes feuilles, de baies, d'Insectes, de larves, etc. La femelle ne fait normalement qu'une
couvée par an, de dix à dix-huit œufs ; elle en fait quelquefois
une deuxième si la première a été détruite de bonne heure.
On a trouvé des nids contenant jusqu'à vingt-six œufs ; mais
il est à croire que tous ces œufs n'avaient pas été pondus par
la même femelle. La ponte de la couvée normale a lieu
dans la seconde quinzaine d'avril et en mai. La durée de
l'incubation est de vingt-et-un jours. Le nid est construit
avec des fragments de plantes herbacées garnissant une
petite dépression du sol, creusée par la femelle dans un
champ de blé, de colza, de trèfle, etc., parmi de hautes herbes
d'une prairie, au pied d'un buisson, dans les bruyères, etc.

Toute la Normandie. — Sédentaire. — C.

OBSERVAT. — Il faut, je crois, considérer la Perdrix de montagne (*Perdix montana* Briss.), que l'on a observée sur différents points de la Normandie, comme une variété accidentelle
de la Perdrix grise (*Perdix cinerea* Briss.).

2bis. **Perdix cinerea** Briss. var. **damascena** Klein —
Perdrix grise var. roquette.

Colhurnix damascena Lemett.

Perdix damascena Klein, *P. minor* Brehm.

Tetrao damascenus Gm.

Perdrix de bois, P. de Damas, P. de passage, P. rochette,
P. roquette.

Petite grise, Voyageuse.

Paul Bert. — *Op. cit.*, p. 83 ; tir. à part, p. 59.
C.-D. Degland et Z. Gerbe. — *Op. cit.*, t. II, p. 75.
E. Lemetteil. — *Op. cit.*, *Granivores*, p. 166 ; tir. à part,
   t. II, p. 122.
Amb. Gentil. — *Op. cit.*, *Gallinacés*, p. 57 ; tir. à part,
   p. 41.
Alphonse Dubois. — *Op. cit.*; texte, t. II, p. 70.
Léon Olphe-Galliard. — *Op. cit.*, fasc. XXXIX, p. 35.

Cette variété est migratrice et sédentaire. Elle émigre en
bandes, parfois très-grandes. Les autres points de sa biologie se rapprochent beaucoup de ceux du type : Perdrix
grise (*Perdix cinerea* Briss.).

Normandie :

   « Il y a une variété de cette espèce nommée *Perdrix
   de bois, de passage,* qui est beaucoup plus petite, et
   ne se trouve qu'accidentellement. Elle n'est effectivement que de passage dans nos contrées, où elle niche
   quelquefois. M. Victor Vautier m'en a procuré deux
   individus qu'il avait élevés ». [C.-G. Chesnon. —
   Op. cit., p. 268].

Seine-Inférieure :

   La Perdrix roquette a été tuée aux environs de
   Rouen. [J. Hardy. — *Manusc. cit.*, p. 105].
   « La Roquette s'est reproduite dans notre département. J'ai abattu à Mélamare, en 1862, un couple
   de ces Perdrix qui y était établi depuis un an, y avait
   passé l'été, et manqué sa nichée. Plusieurs fois, dans le
   cours de la chasse précédente, j'avais négligé de les
   tirer, les prenant pour des jeunes des nichées tardi-

ves. Enfin, l'année suivante, après avoir remarqué
qu'elles ne s'étaient pas développées, qu'elles avaient
un cri particulier, qu'elles n'entraient point dans les
champs verts, et se tenaient toujours dans les labou-
rés et les lieux découverts, je me décidai à les tirer,
et les abattis toutes les deux, bien qu'elles eussent
levé fort loin. La Roquette arrive quelquefois dans
nos localités en bandes nombreuses, qui ne séjournent pas longtemps ». [E. LEMETTEIL. — *Op. cit.*, *Granivores*, p. 168 ; tir. à part, t. II, p. 124].

« M. A. Le Breton désire attirer l'attention de ses
Collègues sur plusieurs espèces de Perdrix qui,
d'après des notes et des faits recueillis sur les lieux
mêmes, auraient été capturées ou observées aux
environs de Saint-Saëns (Seine-Inférieure), à des
époques différentes, par des chasseurs de la localité :

« 1° Vers le milieu du mois de septembre 1877,
plusieurs Perdrix roquettes — Perdrix de passage,
de Damas, (*Perdix damascena* Briss.) — ont été
tuées dans les plaines des environs de Saint-Saëns.
Ces Perdrix formaient une compagnie estimée à
30 sujets ; elles levaient isolément, ou par deux
ou trois, dans un champ de trèfle, et après s'être
répandues dans les chaumes, aux alentours, il ne fut
pas possible à un chasseur de les relever. Le lendemain, elles avaient abandonné la contrée.

. . . .

« 5° Aux Petites-Ventes, il y a quinze ans, on tua
également des Perdrix de passage, à la fin du mois
d'octobre ; elles se tenaient en compagnie au nombre
de quinze ».

[Comité d'Ornithologie de la Soc. des Amis des
Scienc. natur. de Rouen, (*Op. cit.*), séance du
6 décembre 1877, p. 258; tir. à part, p. 26].

Il existe dans la commune d'Avesnes, près d'En-
vermeu, une ou deux compagnies d'une variété de

la Perdrix grise : la Perdrix de bois, qui est plus petite que la forme typique, et niche dans les bois. Cette variété est très-farouche. Je n'ai pu encore m'en procurer un exemplaire. [Louis-Henri BOUR-GEOIS, renseign. manuscrit, 1891].

Orne :

« M. A. Le Breton a été à même de se renseigner auprès de chasseurs instruits et dignes de foi, et de découvrir que la Perdrix roquette ou Perdrix de passage (*Cothurnix damascena*) existe avec certitude et depuis plusieurs années dans le département de l'Orne, à Messey, auprès de Flers. Cette Perdrix, dit-il, s'y reproduit tous les ans et s'est cantonnée dans les parties les plus sauvages d'un bois marécageux et peu fréquenté, sur un coteau pierreux. La compagnie se compose de huit à dix sujets; elle est fort difficile à surprendre et surtout à faire lever, par suite de son opiniâtreté à demeurer dans les endroits les plus impénétrables. Elle ne descend jamais dans la plaine environnante. Il n'est guère possible d'en tuer plus de deux ou trois chaque année, car c'est à de rares intervalles que l'on peut l'approcher. Cette espèce ne se mêlerait jamais aux Perdrix grises de la contrée ». [Comité d'Ornithologie de la Soc. des Amis des Scienc. natur. de Rouen, (*Op. cit.*), séance du 5 décembre 1878, p. 263 ; tir. à part, p. 31].

Manche :

« La petite Perdrix grise ou Raquette (*sic*),......, niche dans les basses prairies de Sainte-Marie-du-Mont et Pénêmes, près Carentan; je ne l'ai jamais trouvée l'hiver, ce qui prouverait assez qu'elle n'hiverne pas ». [Emmanuel CANIVET. — *Op. cit.*, p. 18].

« Rare..... Tous les chasseurs conviennent qu'il existe des Perdrix de passage, que l'on ne rencontre

que pendant quelques jours, dans certaines contrées,
(à l'automne particulièrement) ; que ces Perdrix sont
plus petites que la Perdrix grise et qu'elles voyagent
par troupes, quelquefois très-nombreuses. J'en ai vu
une volée de 50 à 60, que j'ai eu beau rechercher et
que je n'ai pu retrouver....... On les rencontre au
printemps, à leur arrivée, et à l'automne, à leur
départ, mais leur apparition n'a rien de régulier ;
elles nichent dans le département ». [J. LE MENNI-
CIER. — *Op. cit.*, p. 138 ; tir. à part, p. 30].

OBSERVAT. — D'après J. Hardy *(Op. cit.*, p. 290*)*, « la petite
race, ou Roquette (*sic*), qui nous arrive en hiver, émigre sans
doute de la Bretagne et de la Vendée, où l'on ne voit guère
d'autres Perdrix grises ». A cet égard, Jules Vian m'a écrit
(1892) les lignes suivantes : « La race de Bretagne n'est pas la
Roquette ; elle est un peu plus petite que l'espèce normale et se
distingue surtout par la teinte rembrunie de toutes ses parties
rousses. La Bretagne l'envoie en grande quantité sur le marché
de Paris, surtout quand il gèle ».

3ᵉ Genre. *COTURNIX* — CAILLE.

1. Coturnix communis Bonnat. — Caille commune.

Coturnix Baldami Brehm, *C. dactylisonans* Temm., *C. eu-
ropaeus* Sws., *C. leucogenys* Brehm, *C. major* Briss.,
C. media Brehm, *C. minor* Brehm, *C. vulgaris* Flem.
Ortygion coturnix Keys. et Bl.
Ortyx communis Lemett., *O. coturnix* Chenu et d. Murs.
Perdix coturnix Lath.
Tetrao coturnix L.

Caille ordinaire, C. vulgaire.

Pétédette, Pétépétun, Caillard (jeune).

Paul BERT.— *Op. cit.*, p. 83 ; tir. à part, p. 59.

C.-D. Degland et Z. Gerbe. — *Op. cit.*, t. II, p. 80.

E. Lemetteil. — *Op. cit.*, *Granivores*, p. 173 ; tir. à part, t. II, p. 129.

Amb. Gentil. — *Op. cit.*, *Gallinacés*, p. 57 ; tir. à part, p. 41.

Alphonse Dubois. — *Op. cit.* : texte, t. II, p. 76 ; atlas, t. II, pl. 178, et t. I, pl. XXII, figs. 156.

Léon Olphe-Galliard. — *Op. cit.*, fasc. XXXIX, p. 39.

La Caille commune habite, en été, les champs cultivés des plaines, les prairies dont l'herbe n'est pas trop haute, les endroits découverts où croissent des plantes herbacées et des ronces, les vignobles, etc., mais ne va pas dans les régions boisées, ni dans les endroits humides ; en hiver, elle habite les steppes, les champs et autres endroits découverts pourvus de plantes herbacées. Elle est migratrice, errante et rarement sédentaire. Elle ne possède pas l'instinct de la sociabilité, et c'est par besoin qu'elle se réunit à ses semblables. Au moment du départ de nos contrées, ces Oiseaux, dit Alphonse Dubois (*Op. cit.*, texte, t. II, p. 78), « ne paraissent pas se rassembler : chacun s'en va quand bon lui semble et sans s'inquiéter des autres ; mais, pendant le voyage, un émigrant se joint à d'autres, la troupe augmente à mesure qu'elle avance, et ainsi se forment ces bandes énormes que l'on voit s'abattre dans le midi de l'Europe. Il paraît que ces bandes savent franchir plus de cinquante lieues en une nuit ». Ses mœurs sont diurnes. Son vol est assez rapide, saccadé, en ligne droite, et généralement de peu de durée ; d'habitude, elle préfère courir que voler, et ne prend guère son vol que par nécessité ; ce n'est que pendant ses migrations qu'elle s'élève haut, traversant l'air d'un vol rapide ; elle marche facilement, mais sans grâce et en balançant la tête à chaque pas ; elle court avec rapidité, surtout quand elle a peur. Sa nourriture se compose de graines très-variées, de larves et d'Insectes ; elle mange aussi des bourgeons et des jeunes feuilles. La femelle ne fait normalement qu'une couvée par an, de huit à douze œufs, exceptionnellement de treize, de quatorze et même de quinze. Elle en fait une seconde si la première a été détruite. La ponte de la couvée normale a lieu en juillet et dans la première quinzaine d'août. La durée de l'incubation est de dix-huit à vingt jours. Le nid est très-grossièrement formé avec quelques fragments de plantes herbacées ou des feuilles mortes, garnissant une petite dépression que la femelle a creusée dans le sol, dans un champ cultivé, rarement dans une prairie.

Toute la Normandie. — De passage régulier : arrive généralement en mai, quelquefois dès la seconde quinzaine d'avril, avant la reproduction, et repart ordinairement en septembre; mais, parfois, on trouve des individus beaucoup plus tard, voire même en hiver. — C.

3° Famille. *PHASIANIDAE* — PHASIANIDÉS.

1er Genre. *PHASIANUS* — FAISAN.

1. Phasianus colchicus L. — Faisan commun.

Phasianus marginatus M. et W., *P. varius* Briss.

Faisan de Colchide, F. ordinaire, F. vulgaire.

C.-D. DEGLAND et Z. GERBE. — *Op. cit.*, t. II, p. 87.

E. LEMETTEIL. — *Op. cit.*, *Granivores*, p. 153; tir. à part, t. II, p. 109.

Amb. GENTIL. — *Op. cit.*, *Gallinacés*, p. 58; tir. à part, p. 42.

Alphonse DUBOIS. — *Op. cit.* : texte, t. II, p. 55; atlas, t. II, pl. 175, et t. I, pl. XXII, figs. 150.

Léon OLPHE-GALLIARD. — *Op. cit.*, fasc. XXXVII, p. 34.

Le Faisan commun habite les forêts et les bois, préférant ceux qui sont clairs et riches en taillis, en broussailles et en plantes herbacées; il habite aussi les lieux marécageux

pourvus abondamment de fourrés épais. Il est sédentaire,
et peu sociable. Ses mœurs sont diurnes. Son vol est lourd ;
il marche très-bien et court d'une façon rapide. Sa nourriture se compose de graines, de fruits charnus, de bourgeons, de jeunes pousses, de feuilles tendres, de larves,
d'Insectes, de Vers, de Mollusques, etc. La femelle ne fait
normalement qu'une couvée par an, de huit à douze œufs,
et, parfois, de treize, de quatorze et même de quinze. Elle
en fait une deuxième si la première a été détruite. La ponte
de la couvée normale a lieu dans la seconde quinzaine d'a-
vril et en mai. La durée de l'incubation est de vingt-quatre
à vingt-six jours. Le nid se compose d'une litière de feuilles
mortes, de tiges et feuilles de plantes herbacées et de
racines, garnissant une petite excavation que la femelle a
creusée dans le sol, en un point solitaire et bien caché,
parmi des végétaux herbacés ou au pied d'un buisson, dans
une forêt ou un bois, ou dans un champ de pois, de colza,
de luzerne ; etc.

Toute la Normandie. — En dehors des bois où il est élevé
et gardé, — A. R.

OBSERVAT. — Le Faisan commun n'est pas, en Europe,
une espèce indigène, mais une espèce importée au cours de
l'antiquité.

« Les auteurs racontent, dit Alphonse Dubois (*Op. cit.*,
texte, t. II, p. 60), que l'introduction du Faisan en Europe
date de l'expédition des Grecs en Colchide. Ceux-ci auraient
découvert ce bel Oiseau sur les bords du Phase et l'auraient
importé en Grèce. Or, d'après l'Histoire, c'est en 1263 avant
J.-C. que cette expédition eut lieu. C'est en mémoire de ce
fait historique que Linné créa sa dénomination latine (*Phasianus*, du Phase ; rivière de Colchide, *colchicus*) ».

7ᵉ Ordre. *GRALLAE* — ÉCHASSIERS.

1ʳᵉ Famille. *OTIDAE* — OTIDÉS.

1ᵉʳ Genre. *OTIS* — OUTARDE.

1. Otis tarda L. — Outarde barbue.

Otis barbata C.-F. Dubois, *O. Dybowskii* Tacz., *O. major*
Brehm.

Paul Bert. — *Op. cit.*, p. 85 ; tir. à part, p. 61.
C.-D. Degland et Z. Gerbe. — *Op. cit.*, t. II, p. 95.
E. Lemetteil. — *Op. cit., Granivores*, p. 178 ; tir. à part,
t. II, p. 134.
Amb. Gentil. — *Op. cit., Échassiers*, p. 29 ; tir. à part,
p. 49.
Alphonse Dubois. — *Op. cit.* : texte, t. II, p. 81; atlas,
t. II, pl. 179 et 179ᵇ, et t. I, pl. XXVII, figs. 158, et
pl. XXXVIᵃ, fig. 158.
Léon Olphe-Galliard. — *Op. cit.*, fasc. XL, p. 24.

L'Outarde barbue habite les plaines sèches garnies de cultures et les steppes, et ne va pas dans le voisinage des
habitations. Elle est errante, sédentaire et migratrice. Elle
vit en bandes de six à dix individus, sauf à l'époque de la
reproduction, pendant laquelle on la trouve par couples;
elles se rassemblent quelquefois, au cours de la saison froide,
en bandes formées de plusieurs centaines d'individus. Ses
mœurs sont diurnes. Avant de s'envoler, elle fait deux ou
trois bonds, comme pour prendre son élan, s'élève sans trop
de peine, et, arrivée à une certaine hauteur, vole avec rapidité, en tenant le cou étendu en avant et les pattes en
arrière ; elle marche d'une façon lente et mesurée, ce qui lui
donne un certain air de majesté; au besoin, elle court avec
une très-grande vitesse. Sa nourriture se compose de bourgeons, de jeunes feuilles, de graines et autres substances

végétales, et aussi d'Insectes, de larves et de Vers ; ce sont les céréales qu'elle préfère. La femelle ne fait normalement qu'une couvée par an, de deux ou trois œufs, exceptionnellement de quatre. La durée de l'incubation est de trente jours. Le nid est formé de quelques tiges et feuilles de Graminées garnissant une petite dépression que la femelle a creusée dans le sol, dans un champ cultivé ou dans un steppe contenant des plantes assez hautes pour cacher entièrement la couveuse.

Normandie :

« Cette espèce...... ne vient que très-accidentellement en Normandie ». [C.-G. CHESNON. — *Op. cit.*, p. 275].

Espèce mentionnée comme étant de passage accidentel en Normandie. [NOURY. — *Op. cit.*, p. 98].

Seine-Inférieure :

Espèce mentionnée comme ayant été observée dans la Seine-Inférieure. [J. HARDY. — *Op. cit.*, p. 290].

« Plusieurs individus ont été abattus dans notre département, notamment un beau mâle adulte, aujourd'hui au musée du Havre, tiré dans les plaines de l'Eure (près du Havre), pendant le rude hiver de 1854 ». [E. LEMETTEIL. — *Op. cit., Granivores*, p. 179 ; tir. à part, t. II, p. 135].

J'ai appris de l'un de nos Collègues, M. Louis-Henri Bourgeois, que pendant l'hiver si rigoureux de 1879-1880, une bande de seize Outardes barbues a été observée dans les plaines voisines de la ville d'Eu. Huit de ces Oiseaux auraient été capturés ; mais, à l'exception d'un seul, une femelle, sauvée par notre Collègue, ils ont été perdus pour l'ornithologie. [E. LEMETTEIL. — *L'Oie à cou roux*, etc., (*Op. cit.*), p. 21 ; tir. à part, p. 1].

Calvados :

« Se montre en petites troupes dans nos plaines pendant les temps de neige des hivers rigoureux. Collection du collège royal, de MM. Vautier, Pophillat à Isigny, etc. ». [LE SAUVAGE. — *Op. cit.*, p. 197].

« M. Eugène Eudes-Deslongchamps annonce la capture d'un Oiseau toujours rare dans le département du Calvados, et qui ne vient visiter nos contrées que pendant les froids les plus rigoureux : la Grande Outarde, *Otis tarda*, le plus gros Oiseau de l'Europe.

« L'animal a été tué dans les marais de Bures, près Troarn ; c'était une femelle parfaitement adulte. M. Eugène Eudes-Deslongchamps rappelle, à cette occasion, que presque tous les individus d'*Otis tarda* qui ont été tués dans le Calvados étaient des femelles ; il n'a eu connaissance que de deux mâles, dont l'un avait été tué auprès du Moulin-au-Roi, et l'autre faisait partie de la collection de M. Abel Vautier, maintenant dispersée.

« La femelle, sujet de cette communication, a été acquise pour les collections de la Faculté des Sciences de Caen, et mise en squelette pour compléter la série de cette espèce, déjà représentée dans la collection départementale par deux individus adultes, mâle et femelle, en parfait plumage ». [Note in Bull. de la Soc. linnéenne de Normandie, ann. 1868, p. 121].

« Un individu tué à Pont-Farcy, et un autre à Chênedollé ». [Arthur GEFFROY, renseign. manuscrit, 1888].

Un individu, « environs de Caen, vers 1860 ». [Albert FAUVEL, renseign. manuscrit, 1890]. [Collection d'Albert FAUVEL, à Caen].

Manche :

Cette espèce ne se présente qu'accidentellement chez nous. [Emmanuel Canivet. — *Op. cit.*, p. 18].

« Très-rare, de passage accidentel ». [J. Le Mennicier. — *Op. cit.*, p. 139 ; tir. à part, p. 31].

2. Otis tetrax L. — Outarde canepetière.

Otis minor Briss., *O. tetrao* Macg.
Tarda minor Klein.
Tetrax campestris Leach, *T. tetrax* Lcht.

Canepetière champêtre.

Canepétoire, Pétoire, Pétonière.

Paul Bert. — *Op. cit.*, p. 85 ; tir. à part, p. 61.
C.-D. Degland et Z. Gerbe. — *Op. cit.*, t. II, p. 100.
E. Lemetteil. — *Op. cit.*, *Granivores*, p. 180 ; tir. à part, t. II, p. 136.
Amb. Gentil. — *Op. cit.*, *Échassiers*, p. 29 et 30 ; tir. à part, p. 49 et 50.
Alphonse Dubois. — *Op. cit.* : texte, t. II, p. 89 ; atlas, t. II, pl. 180 et 180[b], et t. I, pl. XXX, figs. 160.
Léon Olphe-Galliard. — *Op. cit.*, fasc. XL, p. 15.

L'Outarde canepetière habite les plaines sèches garnies de cultures, les steppes, les flancs des montagnes, les vignobles. Elle est migratrice et errante, et sédentaire. Elle vit en bandes, sauf pendant l'époque de la reproduction, période au cours de laquelle cet Oiseau vit par couples. Ses mœurs sont diurnes. Son vol est rapide et soutenu ; elle court avec une très-grande vitesse. Sa nourriture se compose d'Insectes, de larves, de Vers, de Mollusques et de substances végétales. La femelle ne fait normalement qu'une couvée par an, de trois ou quatre œufs, très-rarement de cinq. La durée de l'incubation paraît être de vingt à vingt-et-un jours. La femelle ne construit pas de nid ; elle pond dans une petite excavation du sol, qu'elle a creusée dans un champ cultivé ou parmi des plantes herbacées dans une plaine sèche ou un steppe.

Normandie :

« Se trouve plus communément en Normandie que la Grande Outarde, mais rarement ». [C.-G. CHESNON. — *Op. cit.*, p. 275].

Seine-Inférieure :

Espèce mentionnée comme ayant été observée dans la Seine-Inférieure. [J. HARDY. — *Op. cit.*, p. 290].

Elle se montre « de temps en temps dans notre département, où elle a été abattue en septembre 1865, par M. Dieusy, de Rouen, dans les plaines de Bolleville ». [E. LEMETTEIL. — *Op. cit.*, *Granivores*, p. 181 ; tir. à part, t. II, p. 137].

Une Outarde canepetière a été tuée dans les environs d'Eu, pendant l'hiver, en 1875. [Louis-Henri BOURGEOIS, renseign. manuscrit, 1891].

Eure :

Espèce mentionnée comme ayant été observée dans le canton de Gisors. [Charles BOUCHARD. — *Op. cit.*, p. 21].

Calvados :

« Peu commune dans nos pays, et toujours isolée. Plusieurs individus ont été tués cet automne (1834). Un est au cabinet de la ville (Caen), un autre dans ma collection ». [LE SAUVAGE. — *Op. cit.*, p. 197].

Un exemplaire, « dunes de Merville, 1859 ». [Albert FAUVEL, renseign. manuscrit, 1890]. [Collection d'Albert FAUVEL, à Caen].

Manche :

Cette espèce ne se présente « qu'accidentellement chez nous ; la Canepetière a été trouvée, une fois à ma connaissance, nichant dans nos marais ». [Emmanuel CANIVET. — *Op. cit.*, p. 18].

Très-rare, de passage accidentel ; « niche quelquefois, mais très-rarement, dans les marais de Carentan ». [J. LE MENNICIER. — *Op. cit.*, p. 139; tir. à part, p. 31].

Une Outarde canepetière a été tuée à Réville, en 1888. [COURTOIS, renseign. in Revue de l'Avranchin, Bull. trimestr. de la Soc. d'Archéologie, de Littérature, Sciences et Arts d'Avranches et de Mortain, ann. 1888, t. IV, n° 4, p. 252].

Le 14 mai 1889, j'ai eu l'occasion de voir une Outarde canepetière mâle, qui venait d'être tuée tout près de Cherbourg. [Henri JOÜAN. — *Op. cit.*, p. 191].

2ᵉ Famille. *GLAREOLIDAE* — GLARÉOLIDÉS.

1ᵉʳ Genre. *GLAREOLA* — GLARÉOLE.

1. Glareola torquata Briss. — Glaréole à collier.

Dromochelidon natrophila Landb.
Glareola austriaca Gm., *G. glareola* Briss., *G. limbata* Rüpp., *G. naevia* Briss., *G. pratincola* Leach, *G. senegalensis* Briss.
Hirundo pratincola L.
Pratincola glareola Degl.
Trachelia pratincola Scop.

Glaréole giarole, G. pratincole.

Perdrix de mer.

C.-D. DEGLAND et Z. GERBE. — *Op. cit.*, t. II, p. 110.

E. Lemetteil. — *Op. cit.*, *Vermivores*, p. 57 ; tir. à part,
t. II, p. 163.

Alphonse Dubois. — *Op. cit.* : texte, t. II, p. 143; atlas, t. II,
pl. 192, et t. I, pl. XXX, figs. 157.

Léon Olphe-Galliard. — *Op. cit.*, fasc. XII, p. 19.

La Glaréole à collier habite le voisinage des eaux douces
et des eaux salées, surtout près des marais et des mares
situés à proximité de lacs et de fleuves, et qui se dessèchent
plus ou moins pendant l'été ; elle fréquente peu les rives
sablonneuses des eaux douces et salées. Elle est migratrice
et sédentaire, et très-sociable, vivant généralement par petites
bandes, en dehors du temps des migrations. Elle émigre
en bandes plus ou moins grandes, parfois énormes, volant
sans ordre, très-haut et avec une grande vitesse. Ses mœurs
sont plus crépusculaires que diurnes. « L'air, dit Alphonse
Dubois (*Op. cit.*, texte, t. II, p. 147), est le véritable élément
de cet Oiseau, car il fend l'espace avec la vitesse d'une
Hirondelle, quoique son vol ressemble plutôt à celui des
Sternes de petite taille ; pendant ses évolutions aériennes, on
le prendrait réellement pour un de ces Oiseaux, et l'erreur
est d'autant plus facile, que son cri ressemble à celui de certaines Sternes. La Glaréole plane avec élégance, monte et
descend au-dessus des marais et des champs, et happe au
passage les Insectes qu'elle rencontre ; elle descend parfois
avec la rapidité d'une flèche, rase l'eau et les prés pendant
quelques minutes, pour remonter ensuite dans les régions
élevées, et tout cela avec une aisance et une rapidité éton-
nantes » ; elle court avec une grande vitesse et hoche la
queue en courant comme au repos. Sa nourriture se compose
principalement d'Insectes et de larves; elle mange aussi des
Crustacés, des Mollusques et des Vers. La femelle ne fait
normalement qu'une couvée par an, de deux à quatre œufs.
D'ordinaire, cette espèce niche isolément, et il est rare de
trouver plus de deux nids dans le voisinage immédiat l'un
de l'autre. Le nid est construit négligemment avec des frag-

ments de tiges et feuilles de plantes herbacées et des racines garnissant une petite excavation naturelle du sol, qui, parfois, est proprement arrondie et abritée par une touffe de plantes ou par un monticule; on trouve ce nid dans une prairie d'un steppe dépourvue d'arbres et où l'herbe est courte, dans un champ, ou dans une plaine plus ou moins aride, mais pas dans un endroit marécageux; le plus souvent, la femelle se contente de déposer ses œufs sur la terre nue.

Seine-Inférieure :

Espèce mentionnée comme ayant été observée dans la Seine-Inférieure. [J. HARDY. — *Op. cit.*, p. 290].

« La Glaréole à collier se montre irrégulièrement dans notre département. Elle a été abattue plusieurs fois par MM. Charles Vasse et Josse Hardy, dans les environs de Dieppe. Elle arrive dans nos localités vers le commencement de mai. On la trouve alors, tantôt dans le voisinage de la mer, sur les plages sablonneuses ; tantôt en plaine, dans les blés clair-semés ». [E. LEMETTEIL. — *Op. cit.*, *Vermivores*, p. 58 ; tir. à part, t. II, p. 163].

Calvados :

« Je n'en connais qu'un seul individu, tué à Isigny, et que possède M. Durand, ancien receveur ». [C.-G. CHESNON. — *Op. cit.*, p. 326].

3° Famille. *CHARADRIIDAE* — CHARADRIIDÉS.

1er Genre. *CURSORIUS* — COURT-VITE.

1. Cursorius gallicus Gm. — Court-vite isabelle.

Charadrius corrira Bonnat., *C. cursor* Lath., *C. gallicus* Gm.

39

Cursor europaeus J.-A. Naum., *C. isabellinus* Wagl.

Cursorius europaeus Lath., *C. gallicus* Bp., *C. isabellinus* B. Meyer, *C. Jamesoni* Jerdon.

Tachydromus europaeus Vieill., *T. gallicus* Ill., *T. isabellinus* Nitzsch.

Court-vite gaulois.

C.-D. Degland et Z. Gerbe. — *Op. cit.*, t. II, p. 118.

E. Lemetteil. — *Op. cit.*, *Granivores*, p. 182 ; tir. à part, t. II, p. 138.

A.-E. Brehm. — *Op. cit.*, t. II, p. 548.

Alphonse Dubois. — *Op. cit.* : texte, t. II, supplément, p. ? ; atlas, t. II, pl. 182[b].

Le Court-vite isabelle habite les lieux très-arides, et recherche les sables et les endroits pierreux. Il est errant. Pendant la période de la reproduction, il vit en couples ; et les petites bandes que l'on rencontre après cette période sont formées sans doute par le père, la mère et les jeunes, et quelquefois par la réunion de plusieurs familles. Il court avec une très-grande vitesse, ce qui lui a valu son nom, et vole avec rapidité. Sa nourriture se compose d'Insectes et de larves. La ponte est de trois ou quatre œufs, déposés dans une petite dépression que l'Oiseau a creusée dans le sol d'une plaine aride, parmi des plantes herbacées, sur le sable nu ou entre des pierres, dans un fourré ou au pied d'un buisson. « Nous ignorons, dit A.-E. Brehm (*Op. cit.*, t. II, p. 519), si cet Oiseau a une ou deux couvées par an ».

Seine-Inférieure :

« Il a été vu et tué aux environs de ...., de Dieppe, de Fécamp, ... ». [C.-D. Degland et Z. Gerbe. — *Op. cit.*, t. II, p. 119].

2ᵉ Genre. *OEDICNEMUS* — OEDICNÈME.

1. **Oedicnemus scolopax** S. Gm. — Oedicnème criard.

Charadrius oedicnemus L., *C. scolopax* S. Gm.
Fedoa oedicnemus Leach.
Oedicnemus arenarius Brehm, *O. Beloni* Salerne, *O. crepitans* Temm., *O. desertorum* Brehm, *O. europaeus* Vieill., *O. griseus* K.-L. Koch, *O. scolopax* Dress.
Otis oedicnemus Lath.
Pluvialis major Briss.

Caticourant, Courliry, Courlis de terre, Pluvier arpenteur, Pluvier de terre.

Paul BERT. — *Op. cit.*, p. 85 ; tir. à part, p. 61.
C.-D. DEGLAND et Z. GERBE. — *Op. cit.*, t. II, p. 115.
E. LEMETTEIL. — *Op. cit.*, *Vermivores*, p. 40 ; tir. à part, t. II, p. 144.
Amb. GENTIL. — *Op. cit.*, *Échassiers*, p. 31 ; tir. à part, p. 51.
Alphonse DUBOIS. — *Op. cit.* : texte, t. II, p. 100 ; atlas, t. II, pl. 182, et t. I, pl. XXVIII, figs. 162.
Léon OLPHE-GALLIARD. — *Op. cit.*, fasc. XL, p. 4.

L'Oedicnème criard habite les plaines accidentées arides, les steppes, les déserts, les lieux sablonneux où croissent de jeunes Pins ; en Afrique, il habite aussi dans les villages et les villes. Il est migrateur et sédentaire, et n'est pas sociable. Il émigre en petites bandes de six à dix individus. Son naturel est vif et très-remuant. Ses mœurs sont crépusculaires et nocturnes. Son vol est léger, assez facile et rarement soutenu ; il marche avec une certaine raideur et d'une façon un peu trottinante ; au besoin, il court avec une très-grande vitesse. Sa nourriture se compose uniquement d'animaux : Vers, larves, Insectes, Mollusques, Lézards, petits Ophi-

diens, Grenouilles, Campagnols, Souris, etc. La femelle ne
fait normalement qu'une couvée par an, dè deux ou trois
œufs, rarement de quatre ; mais elle en fait une deuxième
si la première à été détruite. La ponte de la couvée normale
a lieu dans la seconde quinzaine d'avril et la première quinzaine de mai. La durée de l'incubation est de seize à dix-sept
jours. Cette espèce niche isolément. La femelle ne construit
pas de nid, se bornant à creuser dans le sol une petite excavation, parmi des plantes herbacées d'un endroit pierreux
ou sablonneux, souvent même dans un champ labouré.

Toute la Normandie. — De passage presque régulier au
printemps et surtout vers le commencement de l'automne ;
sédentaire, d'après Noury (*Op. cit.*, p. 98) ; niche dans le
Calvados, d'après Le Sauvage (*Op. cit.*, p. 198) et Emmanuel Canivet (*Op. cit.*, p. 19). — A. R.

3ᵉ Genre. *CHARADRIUS* — PLUVIER.

1. **Charadrius apricarius** L. — Pluvier doré.

Charadrius altifrons Brehm, *C. auratus* Suckow, *C. au-
reus* St. Müll., *C. minor* Briss., *C. pluvialis* L.
Gavia pardalis Klein.
Pluvialis altifrons Brehm, *P. apricarius* Bp., *P. auratus*
Brehm, *P. aurea* Briss., *P. seplentrionalis* Brehm,
P. viridis Salerne.

Paul Bert. — *Op. cit.*, p. 86 ; tir. à part, p. 62.
C.-D. Degland et Z. Gerbe. — *Op. cit.*, t. II, p. 123.
E. Lemetteil. — *Op. cit.*, *Vermivores*, p. 43 ; tir. à part,
t. II, p. 147.
Amb. Gentil. — *Op. cit.*, *Échassiers*, p. 32 ; tir. à part,
p. 52.
Alphonse Dubois. — *Op. cit.* : texte, t. II, p. 105 ; atlas,
t. II, pl. 183, et t. I, pl. XXV, figs. 165.
Léon Olphe-Galliard. — *Op. cit.*, fasc. XIII, p. 12.

Le Pluvier doré habite particulièrement les endroits marécageux, et va aussi dans les prairies humides et les champs.
Il est migrateur et sédentaire, et très-sociable. Il émigre
en grandes bandes, composées parfois de plusieurs centaines d'individus, qui volent à une grande hauteur. Son
naturel est vif, agile et doux. Son vol est rapide, facile,
gracieux, en ligne droite, et tantôt élevé, tantôt bas ; il
marche avec élégance, et court d'une façon rapide, moyen
qu'il préfère au vol pour se soustraire à un danger. Sa
nourriture se compose principalement de larves, d'Insectes,
de Vers et de Mollusques ; il mange aussi, mais d'une manière accessoire, des baies, des graines et autres substances
végétales. La femelle ne fait normalement qu'une couvée par
an, de quatre œufs, rarement de trois et jamais de cinq. Elle
en fait une seconde si la première a été détruite. La durée
de l'incubation est de seize à dix-sept jours. Le nid consiste
en quelques tiges et feuilles de végétaux herbacés, en mousse
et en racines, garnissant une petite excavation creusée par
la femelle dans une touffe de plantes herbacées, souvent sur
un monticule entouré de bruyères.

Toute la Normandie. — De passage régulier au printemps, et en automne au moment des premières gelées ; il
est fort probable qu'un petit nombre d'individus passent la
saison froide dans cette province quand l'hiver est doux.— C.

2. **Charadrius morinellus** L. —Pluvier guignard.

Charadrius anglus St. Müll., *C. sibiricus* Lepechin, *C.
tartaricus* Pall.

Eudromias montana Brehm, *E. morinella* Brehm, *E. sto-
lida* Brehm.

Gavia morinellus Klein.

Morinellus anglicanus Briss., *M. anglorum* Salerne, *M. sibiricus* Bp.

Pluvialis minor Briss., *P. morinellus* Macg.

Guignard commun, G. de Sibérie, G. ordinaire, G. vulgaire.

Chiriot, Petite de terre.

Paul BERT. — *Op. cit.*, p. 86 ; tir. à part, p. 62.
C.-D. DEGLAND et Z. GERBE. — *Op. cit.*, t. II, p. 130.
E. LEMETTEIL. — *Op. cit.*, *Vermivores*, p. 45 ; tir. à part,
    t. II, p. 149.
Alphonse DUBOIS. — *Op. cit.* : texte, t. II, p. 109 ; atlas,
    t. II, pl. 185, et t. I, pl. XXXII, figs. 166.
Léon OLPHE-GALLIARD. — *Op. cit.*, fasc. XIII, p. 23.

Le Pluvier guignard habite les lieux secs et arides des
montagnes, où on le rencontre jusque dans la région alpine ;
ce n'est que pendant ses migrations qu'il va dans les plaines.
Il est migrateur et sédentaire, et très-sociable. Il émigre par
bandes plus ou moins grandes, qui volent généralement
très-haut. Son naturel est doux. Son vol est rapide et très-
léger ; il marche rapidement et légèrement. Sa nourriture
se compose presque uniquement de larves, d'Insectes et de
Vers ; par exception il mange des substances végétales. La
femelle ne fait normalement qu'une couvée par an, de quatre
œufs, parfois de trois seulement. La ponte de la couvée
normale a lieu en juin, et, dans l'extrême Nord, à la fin de
juin et dans la première quinzaine de juillet. Le nid consiste
en racines et en lichens garnissant une petite dépression
creusée dans le sol par la femelle.

Toute la Normandie. — De passage régulier en mai, et
en août et septembre. — A. R.

3. **Charadrius hiaticula** L. — Pluvier hiaticule.

Aegialites aurilus Hgl., *A. hiaticula* Boie, *A. intermedius*
    Gurn., *A. septentrionalis* Brehm.
Charadrius septentrionalis Brehm, *C. torquatus* Leach.
Gavia littoralis Klein.

Hiaticula annulata G.-R. Gray, *H. arabs* Lcht., *H. hia-*
ticula Lcht., *H. torquata* G.-R. Gray.

Gravelot à collier, G. hiaticule.
Pluvier à collier, P. rebaudet.

Blanc-collet, Maillotin.

C.-D. DEGLAND et Z. GERBE. — *Op. cit.*, t. II, p. 134.
E. LEMETTEIL. — *Op. cit.*, *Vermivores*, p. 47; tir. à part,
t. II, p. 151.
Amb. GENTIL. — *Op. cit.*, *Échassiers*, p. 33; tir. à part,
p. 53.
Alphonse DUBOIS. — *Op. cit.* : texte, t. II, p. 113; atlas,
t. II, pl. 186, et t. I, pl. XXVII, figs. 167.
Léon OLPHE-GALLIARD. — *Op. cit.*, fasc. XIII, p. 30.

Le Pluvier hiaticule habite les côtes maritimes. sablonneuses, les dunes, les rives sablonneuses des lacs, des fleuves
et des rivières, et ne va que pendant ses migrations dans
des endroits moins arides. Il est migrateur et sédentaire, et
vit en petites sociétés. Ceux qui émigrent les premiers voyagent par familles, mais la masse voyage par petites bandes,
tous volant à une grande hauteur. Son naturel est vif et
remuant. Ses mœurs sont particulièrement crépusculaires;
il est actif pendant la nuit, sauf pendant les nuits sombres,
et se repose durant le jour, surtout pendant les heures les
plus chaudes. Son vol est rapide et gracieux; il marche et
court avec autant d'aisance que de rapidité; au besoin, il nage
bien. Sa nourriture se compose de Vers, de Mollusques, de
larves et d'Insectes. La femelle ne fait normalement qu'une
couvée par an, de quatre œufs; elle en fait une seconde, et
seulement de trois œufs, si la première a été détruite. La
ponte de la couvée normale a lieu dans la seconde quinzaine
d'avril et en mai. La durée de l'incubation est de quinze à
dix-sept jours, suivant la température, car, lorsqu'il y a
du soleil, la femelle laisse à découvert ses œufs pendant une

partie de la journée. Cette espèce niche en petite société.
Le nid consiste en une légère excavation creusée dans le
sable par la femelle ; quelquefois elle pond sur une litière
formée de quelques fragments d'algues, sur ou à proximité
des rivages maritimes, de préférence sur les langues de
terre qui s'avancent dans la mer et ne sont pas submergées
par la marée ; parfois, et surtout en Scandinavie, cette
espèce niche sur les bords des lacs et des cours d'eau, dans
l'intérieur des terres.

Toute la Normandie. — De passage régulier au printemps et en automne ; un certain nombre d'individus
nichent dans cette province, et un petit nombre y est
sédentaire. — C.

4. Charadrius dubius Scop. — Pluvier des Philippines.

Aegialites curonicus Keys. et Bl., *A. dubius* Swinh.,
   A. fluviatilis Brehm, *A. gracilis* Brehm, *A. minor*
   Boie, *A. minutus* Jerdon, *A. philippinus* Swinh.,
   A. pusillus Swinh., *A. pygmaea* Brehm, *A. zonatus*
   Hartl.
Charadrius curonicus Gm., *C. fluviatilis* Bchst., *C. gra-
   cilis* Brehm, *C. hiaticuloides* Frankl., *C. minor* M. et W.,
   C. minutus Pall., *C. philippinus* Lath., *C. pusillus*
   Horsf., *C. pygmaeus* Brehm, *C. zonatus* Sws.
Hiaticula curonica Lcht., *H. philippina* Blyth, *H. pusilla*
   Blyth.

Gravelot des Philippines, G. nain.
Pluvier gravelotte.

Petit Maillotin.

Paul BERT. — *Op. cit.*, p. 86 ; tir. à part, p. 62.
C.-D. DEGLAND et Z. GERBE. — *Op. cit.*, t. II, p. 136.

E. Lemetteil. — *Op. cit.*, *Vermivores*, p. 48 ; tir. à part, t. II, p. 153.

Amb. Gentil. — *Op. cit.*, *Échassiers*, p. 33 et 34 ; tir. à part, p. 53 et 54.

Alphonse Dubois. — *Op. cit.* : texte, t. II, p. 117 ; atlas, t. II, pl. 187, et t. I, pl. XXVIII, figs. 168.

Léon Olphe-Galliard. — *Op. cit.*, fasc. XIII, p. 37.

Le Pluvier des Philippines habite près des fleuves, des rivières, des lacs, des étangs, de préférence près des eaux douces dont les rives sont sablonneuses et couvertes de gravier ; il recherche surtout les bancs de sable qui s'élèvent au-dessus de l'eau, et ne visite pas souvent les côtes maritimes. Il est migrateur et sédentaire, et très-sociable. Il émigre en bandes assez considérables. Son naturel est vif et remuant. Ses mœurs sont particulièrement crépusculaires et aurorales ; il est actif pendant les nuits claires, et se repose durant le jour, surtout pendant les heures les plus chaudes. Son vol est rapide, gracieux, généralement en ligne droite, et habituellement au ras du sol ou de l'eau ; toutefois, il vole très-haut quand il franchit une grande distance, et court avec une étonnante rapidité. Sa nourriture se compose particulièrement de larves, d'Insectes et de Mollusques. La femelle n'élève qu'une couvée par an. La ponte normale, généralement de quatre œufs et jamais de plus, a lieu dans le dernier tiers d'avril et en mai ; quand sa couvée a été détruite, la femelle pond souvent trois et quatre fois de suite. La durée de l'incubation est de seize à dix-sept jours, à moins que le temps soit chaud et sec, ce qui hâte l'éclosion d'un jour ou deux. La femelle ne construit pas de nid ; elle se contente de creuser dans le sable une petite excavation, à proximité de l'eau.

Toute la Normandie. — De passage régulier en avril et mai, et en automne ; un certain nombre d'individus nichent dans cette province ; sédentaire d'après Noury (*Op. cit.*, p. 98). — A. R.

5. **Charadrius cantianus** Lath. — Pluvier de Kent.

Aegialites albifrons Brehm, *A. albigularis* Brehm, *A. cantianus* Boie, *A. dealbatus* Swinh., *A. ruficeps* Brehm.
Aegialophilus cantianus J. Gould.
Charadrius albifrons M. et W., *C. littoralis* Bchst.
Hiaticula cantiana Blyth, *H. elegans* Lcht.

Gravelot à collier interrompu, G. de Kent.
Pluvier à collier interrompu.

Moineau de mer.

Paul BERT. — *Op. cit.*, p. 86; tir. à part, p. 62.
C.-D. DEGLAND et Z. GERBE. — *Op. cit.*, t. II, p. 138.
E. LEMETTEIL. — *Op. cit.*, *Vermivores*, p. 49; tir. à part, t. II, p. 154.
Amb. GENTIL. — *Op. cit.*, *Échassiers*, p. 33 et 35; tir. à part, p. 53 et 55.
Alphonse DUBOIS. — *Op. cit.*: texte, t. II, p. 121; atlas, t. II, pl. 188, et t. I, pl. XXVIII, figs. 167[a].
Léon OLPHE-GALLIARD. — *Op. cit.*, fasc. XIII, p. 42.

Le Pluvier de Kent habite le bord et le voisinage de la mer, et ceux des lacs salés, même lorsqu'ils sont très-éloignés du littoral; il recherche les endroits plus ou moins verdoyants qui ne se trouvent pas à une grande distance de la mer, et ne paraît pas aller près des eaux douces, en dehors du temps de ses migrations. Il est migrateur et sédentaire. Il émigre par petites bandes et même par couples au printemps, et par bandes plus ou moins grandes en automne. Ses mœurs sont particulièrement crépusculaires et aurorales; il est actif pendant les nuits claires, et se repose durant le jour, surtout pendant les heures les plus chaudes. Il court très-vite. Sa nourriture se compose de Vers, de Mollusques, de Crustacés, de larves et d'Insectes. La femelle ne fait normalement qu'une couvée par an, de trois ou quatre œufs.

La ponte de la couvée normale a lieu dans la seconde quinzaine de mai et la première quinzaine de juin. La durée de l'incubation est de quinze à dix-sept jours. Plusieurs couples se réunissent pour nicher tout près les uns des autres. Le nid consiste en quelques fragments de plantes herbacées ou en feuilles mortes, garnissant une petite excavation, soit naturelle, soit creusée par la femelle, au bord ou dans le voisinage de l'eau, en un point bien abrité des inondations; parfois les œufs reposent à nu sur la terre ou le sable.

Toute la Normandie. — De passage régulier au printemps et en automne; un certain nombre d'individus nichent dans cette province; sédentaire d'après Noury (*Op. cit.*, p. 98). — A. C.

4ᵉ Genre. *VANELLUS* — VANNEAU.

1. **Vanellus squatarola** L. — Vanneau varié.

Charadrius helveticus Lcht., *C. hypomelas* Pall., *C. naevius* Gm., *C. pardela* Pall., *C. squatarola* J.-A. Naum., *C. varius* Finsch et Hartl.

Pluvialis squatarola Macg., *P. varius* Schleg.

Squatarola cinerea Flem., *S. grisea* Leach, *S. helvetica* Savi, *S. longirostris* A. Brehm, *S. megarhynchus* A. Brehm, *S. rhynchomega* Bp., *S. varia* Boie, *S. Wilsoni* Lcht.

Tringa helvetica L., *T. squatarola* L., *T. varia* L.

Vanellus griseus Briss., *V. helveticus* Briss., *V. melanogaster* Bchst., *V. squatarola* Schleg., *V. varius* Briss.

Pluvier suisse, P. varié.

Vanneau à ventre noir, V. pluvier, V. suisse.

C.-D. Degland et Z. Gerbe. — *Op. cit.*, t. II, p. 127.

E. Lemetteil. — *Op. cit.*, *Vermivores*, p. 52; tir. à part, t. II, p. 157.

Amb. GENTIL. — *Op. cit.*, *Échassiers*, p. 32 et 33 ; tir. à part, p. 52 et 53.

Alphonse DUBOIS. — *Op. cit.* : texte, t. II, p. 125 ; atlas, t. II, pl. 184, et t. I, pl. XXXVIª, figs. 172.

Léon OLPHE-GALLIARD. — *Op. cit.*, fasc. XIII, p. 5.

Le Vanneau varié habite les marais et les prairies situées dans le voisinage de la mer, des lacs, des étangs et des rivières. Il est migrateur et sédentaire, et très-sociable, se réunissant souvent en grandes bandes. Il émigre par bandes, qui volent généralement très-haut. Ses mœurs sont particulièrement crépusculaires, aurorales et nocturnes. Son vol est très-rapide, souvent au ras du sol, mais très-élevé s'il le veut ; il marche le corps horizontal, et court à grands pas et avec rapidité. Sa nourriture se compose de larves, d'Insectes, de Mollusques et de Vers. La femelle ne fait normalement qu'une couvée par an, de quatre œufs. La ponte de la couvée normale a lieu dans la seconde quinzaine de juin et en juillet. Les œufs sont déposés dans une petite dépression du sol, sur un monticule couvert de mousse et de feuilles, dans un endroit marécageux.

Toute la Normandie. — De passage régulier en avril et mai, et en automne ; il niche parfois dans le Calvados (marais de Grey, de Meuvaines), d'après Le Sauvage (*Op. cit.*, p. 199) ; ce fait doit avoir lieu, je crois, bien rarement aujourd'hui. — A. C.

2. **Vanellus vulgaris** Klein — Vanneau huppé.

Charadrius gavia Lcht., *C. vanellus* Pall.
Gavia vulgaris Klein.
Tringa vanellus L.
Vanellus bicornis Brehm, *V. capella* Schaef., *V. crispus* Brehm, *V. cristatus* M. et W., *V. gavia* Leach.

Pivi, Tivi, Vannet.

Paul BERT. — *Op. cit.*, p. 87 ; tir. à part, p. 63.

C.-D. DEGLAND et Z. GERBE. — *Op. cit.*, t. II, p. 148.

E. LEMETTEIL. — *Op. cit.*, *Vermivores*, p. 54 ; tir. à part, t. II, p. 159.

Amb. GENTIL. — *Op. cit.*, *Échassiers*, p. 35 ; tir. à part, p. 55.

Alphonse DUBOIS. — *Op. cit.* : texte, t. II, p. 129; atlas, t. II, pl. 189, et t. I, pl. XXV, figs. 163.

Léon OLPHE-GALLIARD. — *Op. cit.*, fasc. XIII, p. 47.

Le Vanneau huppé habite les endroits marécageux découverts et les prairies humides ; toutefois, il habite aussi les plaines arides, et même des terrains entièrement nus, couverts d'un sable mouvant et n'offrant que de loin en loin des îlots de verdure ; cet Oiseau évite le voisinage des habitations. Il est migrateur et sédentaire, et sociable. Il émigre généralement en grandes bandes, formées de plusieurs centaines d'individus, mais ces bandes ne sont jamais aussi grandes à la migration de printemps qu'à la migration d'automne ; il émigre aussi, mais beaucoup moins souvent, par petites bandes et isolément ; pendant leurs migrations, ces Oiseaux volent très-haut et sans ordre. Son naturel est très-actif et très-remuant. Son vol est facile, élevé, soutenu et très-varié ; il marche vivement et gracieusement, et court parfois avec une très-grande rapidité ; en marchant comme en volant, il relève et abaisse la huppe. Sa nourriture se compose de Vers, de Mollusques, de larves et d'Insectes. La femelle ne fait normalement qu'une couvée par an, de quatre œufs. La ponte de la couvée normale a lieu généralement en avril, parfois dès la seconde quinzaine de mars. La durée de l'incubation est de seize jours. Le nid consiste en tiges et feuilles de plantes herbacées et en racines garnissant une petite dépression parfaitement arrondie, que la femelle a creusée parmi des végétaux herbacés d'une prairie ou d'un endroit sablonneux ; rarement le nid se trouve dans le voisinage immédiat de l'eau ou dans un marais, et, dans ces cas, il est placé sur une élévation.

Toute la Normandie. — De passage régulier vers le commencement de mars, et en octobre et novembre, aux premières gelées; séjourne un mois environ à chacun de ses passages; et sédentaire. — T.-C.

5ᵉ Genre. *HAEMATOPUS* — HUITRIER.

1. **Haematopus ostralegus** L. — Huîtrier pie.

Haematopus balthicus Brehm, *H. Beloni* Salerne, *H. hypoleuca* Pall., *H. macrorhynchus* Blyth, *H. orientalis* Brehm.

Ostralega europaea Less., *O. pica* Bonnat.

Ostralegus haematopus Macg., *O. vulgaris* Less.

Scolopax pica Scop.

Huîtrier commun, H. ordinaire, H. ostralège, H. vulgaire.

Pie de mer.

C.-D. Degland et Z. Gerbe. — *Op. cit.*, t. II, p. 151.

E. Lemetteil. — *Op. cit.*, *Vermivores*, p. 61 ; tir. à part, t. II, p. 166.

Amb. Gentil. — *Op. cit.*, *Échassiers*, p. 36; tir. à part, p. 56.

Alphonse Dubois. — *Op. cit.* : texte, t. II, p. 137 ; atlas, t. II, pl. 190, et t. I, pl. XXXI, figs. 163.

Léon Olphe-Galliard. — *Op. cit.*, fasc. XII, p. 38.

L'Huîtrier pie habite le bord et le voisinage de la mer, surtout près des côtes pierreuses ; toutefois, il habite aussi les prairies humides, les marais et le bord des lacs, des étangs, des fleuves et des rivières très-éloignés du littoral. Il est migrateur et sédentaire. Il émigre en bandes souvent composées de plusieurs centaines d'individus; ces Oiseaux volent sans ordre; mais quand ils ont un grand trajet à parcourir, ils forment une longue bande ou se mettent sur deux rangs disposés en angle aigu. Son naturel est très-querelleur, très-vif et très-remuant. Ses mœurs sont plus nocturnes que diurnes. Son vol est rapide, vigoureux, fortement ondulé, et n'a pas lieu à une grande hauteur sauf pendant ses migrations ; il marche et trottine avec aisance, court par saccades, et, au besoin, d'une façon rapide, franchissant ainsi un assez long espace ; il nage facilement et sans y être contraint, mais ne s'éloigne pas du bord et ne se livre que peu de temps à cet exercice. Sa nourriture[1] se compose de Mollusques, de Vers, de Crustacés, de larves et d'Insectes. La femelle ne fait normalement qu'une couvée par an, de deux ou trois œufs, rarement de quatre. La ponte de la couvée normale a lieu dès la fin d'avril, en mai et même en juin, suivant la latitude. La durée de l'incubation est d'environ trois semaines. Généralement, les nids se trouvent non loin les uns des autres. Le nid est construit avec des fragments de plantes herbacées garnissant une petite excavation arrondie, que la femelle a creusée dans le sol, soit à proximité d'une eau salée ou d'une eau douce, soit dans une prairie en un point où l'herbe est courte.

Toute la Normandie. — De passage régulier au printemps et en automne ; un certain nombre d'individus nichent dans cette province. — C.

---

1. « Son nom, dit Alphonse Dubois (*Op. cit.*, texte, t. II, p. 141), fait supposer que cet Oiseau se nourrit principalement d'Huîtres, mais c'est là une erreur, car il ne saurait les ouvrir ; on se demande d'où lui est venu le nom d'*Huîtrier*, qu'il porte dans presque toutes les langues ; il est probable que les anciens l'ont nommé ainsi parce qu'ils croyaient que cet Oiseau vivait d'Huîtres ».

4ᵉ Famille. *SCOLOPACIDAE* — SCOLOPACIDÉS.

1ᵉʳ Genre. *STREPSILAS* — TOURNE-PIERRES.

1. **Strepsilas interpres** L. — Tourne-pierres à collier.

Arenaria cinerea Briss., *A. interpres* Vieill.
Charadrius cinclus Pall.
Cinclus interpres G.-R. Gray, *C. morinellus* G.-R. Gray.
Morinella collaris M. et W.
Morinellus marinus Salerne.
Strepsilas borealis Brehm, *S. collaris* Temm., *S. interpres* Ill., *S. littoralis* Brehm, *S. minor* Brehm, *S. pusilla* A. Brehm.
Tringa interpres L., *T. morinella* L.

Tourne-pierres commun, T. interprète, T. ordinaire, T. vulgaire.

Grain d'eau.

C.-D. Degland et Z. Gerbe. — *Op. cit.*, t. II, p. 154.
E. Lemetteil. — *Op. cit.*, *Vermivores*, p. 66 ; tir. à part, t. II, p. 172.
Amb. Gentil. — *Op. cit.*, *Échassiers*, p. 37 ; tir. à part, p. 57.
Alphonse Dubois. — *Op. cit.* : texte, t. II, p. 133 ; atlas, t. II, pl. 191, et t. I, pl. XXXIII, figs. 170.
Léon Olphe-Galliard. — *Op. cit.*, fasc. XII, p. 46.

Le Tourne-pierres à collier habite le littoral et le bord des lacs salés qui n'en sont pas très-éloignés ; il recherche surtout les lieux sablonneux et les endroits pierreux, et ne va que d'une façon accidentelle dans l'intérieur des terres. Il est migrateur et sédentaire, et sociable. Son naturel est très-vif et très-remuant. Son vol est rapide, facile et ordinairement en ligne droite ; il court avec' rapidité, franchissant souvent d'une traite un très-long espace. Sa nourriture se compose de Vers, de Mollusques, de Crustacés et autres petits animaux marins, et aussi de larves et d'Insectes. La femelle ne fait normalement qu'une couvée par an, de trois ou quatre œufs. La ponte de la couvée normale a lieu dans la seconde quinzaine de mai et la première quinzaine de juin. Le nid consiste en quelques fragments de plantes herbacées garnissant une petite dépression que la femelle a creusée dans le sable, parmi des végétaux herbacés ou au pied d'une touffe de Genévrier, et, le plus souvent, dans un endroit un peu élevé.

Toute la Normandie. — De passage régulier en avril et mai, et en septembre. — A. C.

2ᵉ Genre. *CALIDRIS* — SANDERLING.

1. **Calidris arenaria** L. — Sanderling des sables.

Arenaria calidris M. et W., *A. grisea* Bchst., *A. vulgaris* Bchst.

Calidris americana Brehm, *C. arenaria* Ill., *C. grisea* B. Meyer, *C. Mülleri* Brehm, *C. rubidus* Vieill., *C. tringoides* Vieill.

Charadrius calidris L., *C. rubidus* Gm.

Tringa arenaria L.

Trynga tridactyla Pall.

Bécasseau des sables.

Sanderling variable.

Guerlette, Orbette.

C.-D. Degland et Z. Gerbe. — *Op. cit.*, t. II, p. 188.

E. Lemetteil. — *Op. cit.*, *Vermivores*, p. 68 ; tir. à part, t. II, p. 174.

Amb. Gentil. — *Op. cit.*, *Échassiers*, p. 43; tir. à part,
p. 63.
Alphonse Dubois. — *Op. cit.* : texte, t. II, p. 150; atlas,
t. II, pl. 193, et t. I, pl. XXXII, figs. 169.
Léon Olphe-Galliard. — *Op. cit.*, fasc. XIV, p. 103.

Le Sanderling des sables habite le littoral et le bord des
lacs salés qui ne sont pas très-éloignés de la mer, et ne va
dans l'intérieur des terres que pendant ses migrations. Il
est migrateur et sédentaire, et très-sociable. Il émigre en
bandes plus ou moins grandes. Son naturel est paisible.
Son vol est rapide, facile, très-bas et en ligne droite; il
marche avec aisance et grâce, et court avec rapidité. Sa
nourriture se compose de Vers, de Mollusques, de Crustacés et autres petits animaux marins ; à l'occasion il mange
aussi des larves et des Insectes. La femelle ne fait normalement qu'une couvée par an, de quatre œufs. La ponte de la
couvée normale a lieu en juin. Le nid consiste en quelques
feuilles mortes et autres matières végétales garnissant une
légère dépression du sol, au bord de la mer ou près d'une
eau stagnante.

Toute la Normandie. — De passage régulier au printemps
et en automne. — « Je ne l'avais vu qu'en automne, mais il
paraît qu'il niche sur nos côtes. M. Pophillat, d'Isigny,
ornithologiste très-zélé, me l'a procuré en plumage de noce,
l'ayant tué sur la côte ». [Emmanuel Canivet. — *Op. cit.*,
p. 19]. « Quelques sujets passent chaque année sur nos
côtes, en plumage de noces, mais cet Oiseau ne niche pas en
France ». [Jules Vian, renseign. manuscrit, 1892]. — A. C.

3ᵉ Genre. *HIMANTOPUS* — ÉCHASSE.

1. **Himantopus Plinii** Salerne — Échasse blanche.

Charadrius himantopus L.

Cursorius himantopus Turt.

Himantopus albicollis Vieill., *H. albus* Ellman, *H. asiaticus* Less., *H. atropterus* M. et W., *H. autumnalis* Hgl., *H. brevipes* Brehm, *H. candidus* Bonnat., *H. europaeus* Sander, *H. himantopus* Briss., *H. intermedius* Blyth, *H. leucocephalus* Brehm, *H. longipes* Brehm. *H. melanocephalus* Brehm, *H. melanopterus* R. Meyer, *H. minor* Natt., *H. nigricollis* Brehm, *H. rufipes* Bchst., *H. vulgaris* Bchst.

Hypsibates himantopus Nitzsch.

Limosa himantopus Pall.

Échasse à manteau noir, É. aux pieds rouges, É. commune, É. ordinaire, É. vulgaire.

Paul Bert. — *Op. cit.*, p. 94 ; tir. à part, p. 70.

C.-D. Degland et Z. Gerbe. — *Op. cit.*, t. II, p. 246.

E. Lemetteil. — *Op. cit.*, *Vermivores*, p. 71 ; tir. à part, t. II, p. 177.

Amb. Gentil. — *Op. cit.*, *Échassiers*, p. 52 ; tir. à part, p. 72.

Alphonse Dubois. — *Op. cit.* : texte, t. II, p. 274 ; atlas, t. II, pl. 221, et t. I, pl. XXXII, figs. 164.

Léon Olphe-Galliard. — *Op. cit.*, fasc. XII, p. 32.

L'Échasse blanche habite les marais et le bord des lacs, des étangs et des mares, de préférence d'eau salée ou saumâtre, qui se trouvent dans l'intérieur des terres, et va peu sur le littoral en dehors du temps de ses migrations ; dans certaines contrées, cet Oiseau vit près et même dans l'intérieur des villages. Elle est migratrice et sédentaire, et sociable. Elle émigre par grandes bandes. Son vol est rapide, élégant, léger, mais peu élevé sauf pendant ses migrations ; en volant, elle étend toujours ses longues pattes en arrière ; elle marche aisément, avançant à grands pas, d'une manière fort gracieuse et sans se presser ; au besoin, elle nage, mais non très-facilement. Sa nourriture se compose d'Insectes, de larves, de Vers, de petits Poissons, de têtards et d'œufs de Grenouilles, de Mollusques et d'Araignées. La femelle ne fait normalement qu'une couvée par an, de quatre œufs, parfois de trois seulement. La ponte de la couvée normale a lieu en mai et juin. Cette espèce niche en société. Le nid est construit avec des fragments de plantes herbacées et autres substances végétales garnissant une petite excavation creusée par la femelle, ordinairement sur un monticule entouré d'eau ou de boue, dans un endroit marécageux.

Normandie :

« De passage en Normandie, où elle est assez rare ». [C.-G. CHESNON. — *Op. cit.*, p. 320].

Espèce mentionnée comme étant de passage régulier en Normandie. [NOURY. — *Op. cit.*, p. 98].

Seine-Inférieure :

Espèce mentionnée comme ayant été observée dans la Seine-Inférieure. [J. HARDY. — *Op. cit.*, p. 290].

« Se montre de temps en temps, en mai et en juin, dans notre département ». [E. LEMETTEIL. — *Op. cit.*, *Vermivores*, p. 71 ; tir. à part, t. II, p. 178].

Calvados :

« Je n'ai connaissance que de deux individus, tués à Louvigny en 1821. L'un est au cabinet de la ville (Caen), l'autre dans ma collection ». [LE SAUVAGE. — *Op. cit.*, p. 198].

« J'ajouterai, en terminant, une espèce que je ne puis cependant pas citer avec certitude, ne l'ayant pas tuée, l'Échasse à manteau noir (*Himantopus melanopterus* Mey.). J'ai vu, à l'embouchure de l'Orne, une petite volée d'environ dix individus qui ne peuvent se rapporter qu'à cette rare espèce ». [Octave FAUVEL. — *Op. cit.*, p. 80].

« M. Albert Fauvel annonce qu'une Échasse a été
tuée par M. Legoux, dans le marais de Colleville-
sur-Orne, il y a environ quinze jours ». [Note in Bull.
de la Soc. linnéenne de Normandie, ann. 1873-74,
séance du 1er juin 1874, p. 376].

Manche :

Un individu de cette espèce a été pris en face de
l'entrée du port de Carentan, le 25 mai 1874, et apporté
à M. P. Joseph-Lafosse. [P. JOSEPH-LAFOSSE, renseign.
manuscrit, 1890].

4e Genre. *RECURVIROSTRA* — RÉCURVIROSTRE.

1. Recurvirostra avocetta L. — Récurvirostre
avocette.

Himantopus avocetta Seebohm.
Plotus recurviroster Klein.
Recurvirostra europaea Dumont, *R. fissipes* Brehm, *R.
Helebi* A. Brehm, *R. Helevi* Brehm, *R. sinensis* Swinh.
Scolopax avocetta Scop.

Avocette à nuque noire.

Bec-trompette, Clep.

Paul BERT. — *Op. cit.*, p. 95 ; tir. à part, p. 71.

C.-D. DEGLAND et Z. GERBE. — *Op. cit.*, t. II, p. 243.

E. LEMETTEIL. — *Op. cit.*, Vermivores, p. 73 ; tir. à part,
t. II, p. 180.

Amb. GENTIL. — *Op. cit.*, Échassiers, p. 52 ; tir. à part,
p. 72.

Alphonse DUBOIS. — *Op. cit.* : texte, t. II, p. 270 ; atlas,
t. II, pl. 220, et pl. XLI, figs. 215.

Léon OLPHE-GALLIARD. — *Op. cit.*, fasc. XII, p. 27.

Le Récurvirostre avocette habite le littoral, l'embouchure des fleuves et le bord des lacs salés ou saumâtres ; il aime surtout les endroits du littoral où se trouvent en abondance des fonds vaseux et des flaques d'eau, et ne va que rarement près des eaux douces situées à l'intérieur des terres, où il ne reste que peu de temps. Il est migrateur et sédentaire, et vit par bandes en dehors du temps de la reproduction, période pendant laquelle on le trouve par couples. Il émigre en bandes, qui volent très-haut. Son naturel est vif et paisible. Son vol est régulier, facile et léger ; il marche avec aisance et légèreté, mais il est rare qu'il parcoure ainsi un long espace sans se reposer ; il nage bien et plonge souvent. Sa nourriture[1] se compose de Crustacés, de Vers, de larves et d'Insectes. La femelle ne fait normalement qu'une

---

1. La forme si particulière du bec de cette espèce me fait indiquer les lignes suivantes, que A.-E. Brehm a reçues du Dr Bodinus, qui a étudié les Avocettes au Jardin zoologique de Cologne, et observé comment elles prennent leur nourriture : « On admet généralement, dit-il (*in* A.-E. Brehm. — *Op. cit.*, t. II, p. 610), qu'elles y procèdent d'une façon toute singulière, en agitant leur bec latéralement. On dit que ces mouvements de latéralité se font le bec ouvert, que les animaux marins se prennent entre les mandibules, et que l'Oiseau les avale ensuite. D'après mes observations, qui excluent toute idée de doute, l'Avocette exécute ces mouvements le bec fermé, et cela sur terre comme dans l'eau. Je croirais volontiers qu'elle le fait pour effrayer les petits animaux dont elle se nourrit, tout comme les Mouettes et les Flamants frappent le sol de leurs pattes. La vase est agitée, les animaux qui y sont cachés sont mis à découvert, et l'Oiseau peut alors les saisir et les avaler. C'est là ce que fait l'Avocette en portant son bec à droite et à gauche. Jamais je n'ai vu une de mes captives prendre sa nourriture comme on le supposait ; j'ai observé, au contraire, qu'elles la saisissaient avec la pointe du bec, tout comme un Pluvier ou un autre Oiseau analogue. La seule forme du bec indique déjà que l'Oiseau ne peut s'en servir pour diviser ses aliments ;..... ».

couvée par an, de trois œufs, parfois de deux et rarement de quatre. La ponte de la couvée normale a lieu dans la seconde quinzaine de mai et en juin. La durée de l'incubation est de dix-sept à dix-huit jours. Le nid est construit avec des tiges et feuilles de plantes herbacées et des racines garnissant une petite excavation du sol, que la femelle a creusée dans un endroit où l'herbe est courte, moins souvent dans un champ de céréales, situés dans le voisinage de la mer, d'un lac d'eau salée ou saumâtre, ou d'un fleuve.

Toute la Normandie. — De passage régulier en avril et septembre. — **P. C.**

Observat. — Noury (*Op. cit.*, p. 100) indique cette espèce comme se trouvant en Normandie pendant le temps de la reproduction. Il est possible qu'un petit nombre de couples se reproduisent dans cette province, mais ce fait est certainement exceptionnel.

5e Genre. *LIMOSA* — BARGE.

1. **Limosa belgica** Gm. — Barge à queue noire.

Actitis limosa Ill.
Fedoa melanura Steph.
Gambetta limosa K.-L. Koch.
Limicula melanura Vieill.
Limosa islandica Brehm, *L. melanura* Leisl.
Scolopax belgica Gm., *S. limosa* L.
Totanus limosa Bchst., *T. melanurus* Seebohm, *T. rufus* Bchst.

Barge commune, B. ordinaire, B. vulgaire.

Lamberge.

Paul Bert. — *Op. cit.*, p. 91; tir. à part, p. 67.
C.-D. Degland et Z. Gerbe. — *Op. cit.*, t. II, p. 167.

E. Lemetteil. — *Op. cit.*, *Vermivores*, p. 77; tir. à part,
t. II, p. 184.

Amb. Gentil. — *Op. cit.*, *Échassiers*, p. 40 ; tir. à part,
p. 60.

Alphonse Dubois. — *Op. cit.* : texte, t. II, p. 240 ; atlas,
t. II, pl. 213, et pl. XLII, figs. 192, et pl. LI, figs. 192.

Léon Olphe-Galliard. — *Op. cit.*, fasc. XIV, p. 40.

La Barge à queue noire habite les marais d'eau douce, le
bord des étangs et des mares, et les prairies inondées. Elle
est migratrice et sédentaire, et assez sociable. Son vol est vigoureux, élégant, léger, et tantôt élevé, tantôt presque au ras
de l'eau ou du sol ; sa marche est facile, bien qu'assez lente;
elle court fort bien ; ce n'est qu'une très-grande nécessité
qui peut la faire nager ou plonger. Sa nourriture se compose
d'Insectes, de larves, de Vers, de Mollusques, d'œufs de
Poissons, d'œufs et de têtards de Grenouilles. La femelle ne
fait normalement qu'une couvée par an, de quatre œufs. La
ponte de la couvée normale a lieu dans la seconde quinzaine d'avril et la première quinzaine de mai. Le nid est
formé avec des tiges et feuilles de plantes herbacées et des
racines garnissant une petite cavité creusée par l'Oiseau,
généralement sur un monticule dans un marais.

Toute la Normandie. — De passage régulier en mars,
avril et la première quinzaine de mai, et en août, septembre
et octobre; séjourne quelque temps à chacun de ses passages. — A. C.

2. **Limosa lapponica** L. — Barge rousse.

Fedoa Meyeri Steph., *F. pectoralis* Steph., *F. rufa* Steph.
Limicula lapponica Vieill., *L. Meyeri* Vieill.
Limosa aegocephala Leach, *L. ferruginea* Pall., *L. fusca*
. Briss., *L. grisea* Briss., *L. jadreca* Leach, *L. lappo-*

nica Dress., *L. major* Briss., *L. Meyeri* Leisl., *L. nòve-
boracensis* Leach, *L. rufa* Briss.

Scolopax aegocephala L., *S. lapponica* L., *S. leucòphaea*
Lath.

Totanus aegocephalus Bchst., *T. ferrugineus* M. et W.,
T. glottis M. et W., *T. gregarius* Bchst., *T. leucophaeus*
Bchst., *T. rufus* Seebohm.

C.-D. Degland et Z. Gerbe. — *Op. cit.*, t. II, p. 169.

E. Lemetteil. — *Op. cit.*, *Vermivores*, p. 79 et 80 ; tir. à
part, t. II, p. 186 et 187.

Amb. Gentil. — *Op. cit.*, *Échassiers*, p. 40 ; tir. à part,
p. 60.

Alphonse Dubois. — *Op. cit.* : texte, t. II, p. 244 ; atlas,
t. II, pl. 214, et pl. XLII, figs. 191.

Léon Olphe-Galliard. — *Op. cit.*, fasc. XIV, p. 48.

La Barge rousse habite le bord et le voisinage de la mer,
et s'avance parfois assez loin dans l'intérieur des terres, en
remontant le cours des fleuves ; elle recherche les bancs de
sable du littoral, et les marais et les prairies humides qui
l'avoisinent. Elle est migratrice et sédentaire, et très-sociable. Elle émigre en grandes bandes, parfois considérables ;
les bandes sont formées par une longue file de ces Oiseaux,
qui, s'ils sont très-nombreux, volent sur deux lignes disposées en angle aigu. Son naturel est tranquille. Son vol est
rapide, léger et en ligne droite ; elle le ralentit quand elle
s'élève haut ; elle marche pas à pas ; au besoin, elle nage
et plonge même. Sa nourriture se compose de Vers, de
larves, d'Insectes, de Mollusques, de Crustacés, d'œufs et de
têtards de Grenouilles, de petits Poissons. La femelle ne fait
normalement qu'une couvée par an, de quatre œufs. La
ponte de la couvée normale a lieu dans la seconde quinzaine de mai et en juin. Le nid est formé avec des fragments
de plantes herbacées garnissant une petite dépression du
sol, en un point bien caché d'un marais.

Toute la Normandie. — De passage régulier en avril et mai, et en août, septembre et octobre; séjourne quelque temps à chacun de ses passages. — P. C.

OBSERVATION.

Limosa cinerea Güldst. — Barge térek.

La Barge térek ou Térékie cendrée serait, paraît-il, venue dans la province normande. « Suivant Temminck, disent C.-D. Degland et Z. Gerbe (*Op. cit.*, t. II, p. 172), elle aurait été tuée en Normandie..... ». Malgré toute l'autorité de cet illustre ornithologiste, ma très-grande prudence, en matière scientifique, me conduit à ne pas utiliser ce renseignement vague, le seul que je connaisse, pour inscrire la *Limosa cinerea* Güldst. au nombre des Oiseaux venus d'une façon naturelle en Normandie.

6ᵉ Genre. *TOTANUS* — CHEVALIER.

1. **Totanus glottis** L. — Chevalier aboyeur.

Glottis canescens G.-R. Gray, *G. chloropus* Nilss., *G. fistulans* Brehm, *G. floridanus* Bp., *G. grisea* Brehm, *G. Horsfieldii* G.-R. Gray, *G. natans* K.-L. Koch, *G. Vigorsii* G.-R. Gray.
Limicula glottis Leach.
Limosa glottis Pall., *L. glottoides* Syk., *L. grisea* Briss., *L. totanus* Pall.
Scolopax canescens Gm.; *S. cineracea* Lath., *S. glottis* L., *S. nebularius* Gunn.
Totanus chloropus M. et W., *T. fistulans* Bchst., *T. glottis* Bchst., *T. glottoides* Vig., *T. griseus* Bchst., *T. Horsfieldii* Syk.

Aboyeur commun, A. ordinaire, A. vulgaire.
Chevalier à pieds verts, C. gris.

Paul Bert. — *Op. cit.*, p. 91 ; tir. à part, p. 67.

C.-D. Degland et Z. Gerbe. — *Op. cit.*, t. II, p. 215.

E. Lemetteil. — *Op. cit.*, *Vermivores*, p. 83 ; tir. à part,
t. II, p. 190.

Amb. Gentil. — *Op. cit.*, *Échassiers*, p. 47 ; tir. à part,
p. 67.

Alphonse Dubois. — *Op. cit.* : texte, t. II, p. 188 ; atlas, t. II,
pl. 202, et t. I, pl. XXXI, figs. 190.

Léon Olphe-Galliard. — *Op. cit.*, fasc. XIV, p. 121.

Le Chevalier aboyeur habite les bords découverts des eaux
douces, et surtout ceux des lacs, des fleuves, des rivières, des
étangs, des marais, etc. ; il recherche les endroits vaseux,
particulièrement les langues de terre vaseuses qui s'avancent loin dans l'eau, et n'habite que peu le littoral. Il est
migrateur et sédentaire, et peu sociable. Il émigre isolément,
par couples et par petites bandes. Son naturel est vif et agile.
Ses mœurs sont plus nocturnes que diurnes. Son vol est
rapide, élégant, facile et généralement en ligne droite ; souvent il décrit des courbes, puis se laisse tomber brusque-
ment, ne ralentissant la descente que lorsqu'il est près du
sol ; il marche vite et légèrement, court, au besoin, avec
une très-grande rapidité, nage fort bien, et plonge en cas de
danger. Sa nourriture se compose de larves, d'Insectes, de
Vers, de Mollusques, de petits Poissons, de têtards de Grenouilles, etc. La femelle ne fait normalement qu'une couvée
par an, de quatre œufs. La ponte de la couvée normale a
lieu dans la seconde quinzaine de mai et en juin. Cette
espèce niche isolément. Le nid consiste en fragments de
plantes herbacées ou en feuilles mortes, garnissant une petite
dépression du sol ; il est très-bien caché parmi des bruyères
ou des herbes courtes ; parfois, il est tout près de l'eau, ou
sur une proéminence gazonnée entourée d'eau.

Toute la Normandie. — De passage régulier en avril, mai et juin, et en juillet, août et septembre. — A. R.

2. **Totanus fuscus** L. — Chevalier brun.

Erythroscelis fuscus Kaup.
Limosa fusca Briss.
Scolopax cantabrigiensis Lath., *S. curonica* Gm., *S. fusca* L., *S. maculata* Tunst., *S. natans* Otto, *S. nigra* Gm.
Totanus ater Brehm, *T. fuscus* Bchst., *T. maculatus* Bchst., *T. natans* Bchst., *T. obscurus* C.-F. Dubois, *T. Raii* Leach.
Tringa atra Gm., *T. curonica* Bes., *T. fusca* Falk, *T. longipes* Leisl., *T. totanus* B. Meyer.

Chevalier arlequin, C. sombre.

Paul BERT. — *Op. cit.*, p. 92, et pl. I, fig. 25; tir. à part, p. 68, et même fig.
C.-D. DEGLAND et Z. GERBE. — *Op. cit.*, t. II, p. 216.
E. LEMETTEIL. — *Op. cit.*, *Vermivores*, p. 84; tir. à part, t. II, p. 192.
Amb. GENTIL. — *Op. cit.*, *Échassiers*, p. 47; tir. à part, p. 67.
Alphonse DUBOIS. — *Op. cit.* : texte, t. II, p. 197; atlas, t. II, pl. 204, et t. I, pl. XXXI, figs. 189.
Léon OLPHE-GALLIARD. — *Op. cit.*, fasc. XIV, p. 129.

Le Chevalier brun habite les bords découverts des eaux de l'intérieur des terres : des rivières, des fleuves, des lacs, des étangs et des marais, et se rend même près des mares situées non loin des routes et des villages; il ne va que peu sur les côtes maritimes, et seulement pendant ses migrations. Il est migrateur et sédentaire, et sociable. Il émigre isolément et par couples au printemps, et par bandes à l'automne. Son naturel est très-agile. Ses mœurs sont plus nocturnes que diurnes. Son vol est rapide, accidenté, gracieux et généralement très-élevé quand l'Oiseau franchit un grand espace ; il marche d'une façon élégante et régulière, court avec une très-grande rapidité, nage très-bien et plonge en cas de danger. Sa nourriture se compose principalement de Mollusques, de larves, d'Insectes, de Vers et de têtards de Grenouilles. La femelle ne fait normalement qu'une couvée par an, de quatre œufs. La ponte de la couvée normale a lieu dans la seconde quinzaine de mai et la première quinzaine de juin. Cette espèce niche isolément. Le nid consiste en feuilles mortes garnissant une petite dépression du sol, creusée par l'Oiseau s'il n'en trouve pas de naturelle. Ce nid est placé en un point sec, ordinairement couvert de bruyères basses et autres plantes herbacées, d'un endroit entouré d'arbres, le plus souvent sur une éminence ou au sommet d'une colline.

Toute la Normandie. — De passage régulier en mars, avril et mai, et en septembre, octobre et novembre ; séjourne quelque temps à chacun de ses passages. — A.C.

3. **Totanus stagnatilis** Bchst. — Chevalier stagnatile.

Glottis stagnatilis K.-L. Koch.
Totanus tenuirostris Horsf.
Trynga guinetta Pall.

C.-D. Degland et Z. Gerbe. — *Op. cit.*, t. II, p. 221.
E. Lemetteil. — *Op. cit.*, *Vermivores*, p. 86; tir. à part, t. II, p. 194.
Alphonse Dubois. — *Op. cit.* : texte, t. II, p. 193; atlas, t. II, pl. 203, et t. I, pl. XXXVI, figs. 190a.
Léon Olphe-Galliard. — *Op. cit.*, fasc. XIV, p. 145.

Le Chevalier stagnatile habite le bord des eaux stagnantes : des lacs, des étangs, des mares; cependant on le voit parfois sur le bord des rivières; il évite le voisinage de la mer. Il est migrateur et sédentaire. Il émigre par couples, isolément, et parfois en petites bandes. Ses mœurs sont presque certainement plus nocturnes que diurnes. Son vol est très-rapide; il court avec une très-grande agilité et nage très-bien. Sa nourriture paraît se composer principalement de larves, d'Insectes et de Mollusques. La femelle ne fait normalement qu'une couvée par an, de quatre œufs. Le nid est placé au bord d'un étang ou d'une mare.

Seine-Inférieure :

« Dieppe, 1ᵉʳ mai 1844, mâle ». [Collection de J. HARDY, au Musée de Dieppe]. [Examiné par H. G. de K.].

« On l'a tué près de ...., de Dieppe, ... ». [C.-D. DEGLAND et Z. GERBE. — *Op. cit.*, t. II, p. 222].

4. **Totanus gambetta** L. — Chevalier gambette.

Gambetta Aldrovandi Salerne, *G. calidris* Kaup.
Limosa calidris Pall.
Scolopax calidris L.
Totanus calidris Bchst., *T. gambettus* C.-F. Dubois, *T. Gesneri* Salerne, *T. graecus* Brehm, *T. littoralis* Brehm, *T. meridionalis* Brehm, *T. naevius* Briss., *T. ruber* Briss., *T. striatus* Briss.
Tringa gambetta L., *T. striata* L.

Pieds rouges.

Paul BERT. — *Op. cit.*, p. 92; tir. à part, p. 68.
C.-D. DEGLAND et Z. GERBE. — *Op. cit.*, t. II, p. 218.
E. LEMETTEIL. — *Op. cit.*, *Vermivores*, p. 87; tir. à part, t. II, p. 195.
Amb. GENTIL. — *Op. cit.*, *Échassiers*, p. 47 et 48; tir. à part, p. 67 et 68.

Alphonse Dubois. — *Op. cit.* : texte, t. II, p. 202 ; atlas,
t. II, pl. 205, et t. I, pl. XXIX, figs. 188.

Léon Olphe-Galliard. — *Op. cit.*, fasc. XIV, p. 136.

Le Chevalier gambette habite les prairies humides, les
bords des lacs, des étangs, des marais, des rivières et des
fleuves, et fréquente aussi le littoral ; partout il recherche
les endroits vaseux. Il est migrateur et sédentaire, et sociable. Les adultes émigrent isolément et par groupes de
deux, trois, quatre, cinq individus ; cependant on voit souvent, sur les côtes maritimes, des bandes plus ou moins
grandes ; les jeunes voyagent habituellement par familles et
par bandes de vingt à trente sujets. Ses mœurs sont plus
nocturnes que diurnes. Son vol est rapide et léger ; il lui
arrive souvent, dans les endroits où il se sent en sûreté, de
voler très-bas en rasant le sol ou l'eau ; s'il est effrayé, il
s'élève de suite très-haut ; mais c'est pendant ses migrations qu'il vole surtout à une grande hauteur ; il marche
d'une façon élégante et mesurée, court au besoin avec une
grande vitesse, nage facilement, mais ne plonge que dans
l'impossibilité de se soustraire autrement à un danger. Sa
nourriture se compose de larves, d'Insectes, de Mollusques,
de Vers et de Crustacés. La femelle ne fait normalement
qu'une couvée par an, de quatre œufs ; mais si cette couvée
a été détruite, elle ne pond plus que trois œufs. La ponte
de la couvée normale a lieu dans la seconde quinzaine
d'avril, en mai et en juin, suivant la latitude. La durée de
l'incubation est de quatorze à seize jours. Ces Oiseaux nichent non loin les uns des autres. Le nid est construit avec
quelques fragments de plantes herbacées ou un peu de
mousse, garnissant une petite dépression du sol ; il est très-
bien caché, et se trouve le plus souvent dans le voisinage
de l'eau, parmi des végétaux herbacés, dans un endroit
marécageux, dans une prairie ou dans un champ cultivé.

Toute la Normandie. — De passage régulier en mars,
avril, mai et juin, et en juillet, août, septembre et octobre ;

un petit nombre d'individus restent jusqu'aux premières gelées. — C.

5. **Totanus glareola** L. — Chevalier sylvain.

Actitis glareola Blyth.
Rhyacophilus glareola Kaup.
Rhynchophilus glareola Brehm et Paessl.
Totanus affinis Horsf., *T. glareola* Temm., *T. glareoloides* Hdgs., *T. grallatorius* Steph., *T. Kuhlii* Brehm, *T. palustris* Brehm, *T. sylvestris* Brehm.
Tringa glareola L., *T. grallatoris* Mont.
Trynga littorea Pall.

Ramage.

Paul BERT. — *Op. cit.*, p. 92; tir. à part, p. 68.
C.-D. DEGLAND et Z. GERBE. — *Op. cit.*, t. II, p. 223.
E. LEMETTEIL. — *Op. cit.*, *Vermivores*, p. 89; tir. à part, t. II, p. 197.
Alphonse DUBOIS. — *Op. cit.* : texte, t. II, p. 207; atlas, t. II, pl. 206, et t. I, pl. XXXVI, figs. 187, et pl. XXXVI[a], fig. 187.
Léon OLPHE-GALLIARD. — *Op. cit.*, fasc. XIV, p. 157.

Le Chevalier sylvain habite de préférence les marais découverts d'eau douce; il vit aussi près des lacs et des étangs d'eau douce et des rivières, si leurs bords ne sont pas trop ombragés. Il est migrateur et sédentaire, et assez sociable. Il émigre en bandes, parfois grandes, qui volent généralement très-haut. Son naturel est agile. Son vol est très-rapide; c'est par exception qu'il rase l'eau ou le sol, car il s'élève de suite à une assez grande hauteur, en exécutant des zigzags, et descend presque verticalement à l'endroit où il veut s'arrêter. Sa nourriture se compose de larves, d'Insectes, de Vers et de Mollusques. La femelle ne fait normalement

qu'une couvée par an, de quatre œufs. La ponte de la couvée
normale a lieu dans la seconde quinzaine de mai et en juin.
La durée de l'incubation est de quatorze à seize jours. Le nid
consiste en fragments de plantes herbacées garnissant une
petite dépression du sol ; il est très-bien caché parmi des
végétaux herbacés, dans un marais, une prairie, plus ou moins
près de l'eau, et fréquemment dans le voisinage d'un Saule.

Toute la Normandie. — De passage régulier en mars,
avril et mai, et en août, septembre et octobre. — R.

6. **Totanus ochropus** L. — Chevalier cul-blanc.

Actitis ochropus Blyth.
Helodromas ochropus Kaup.
Totanus leucuros Brehm, *T. ochropus* Temm., *T. punctu-
latus* C.-F. Dubois, *T. rivalis* Brehm.
Tringa Aldrovandi Salerne, *T. ochropus* L.

Courette, Cul-blanc de rivière.

Paul Bert. — *Op. cit.,* p. 92 ; tir. à part, p. 68.
C.-D. Degland et Z. Gerbe. — *Op. cit.,* t. II, p. 225.
E. Lemetteil. — *Op. cit., Vermivores,* p. 91 ; tir. à part,
t. II, p. 199.
Amb. Gentil. — *Op. cit., Échassiers,* p. 47 et 49 ; tir. à part,
p. 67 et 69.
Alphonse Dubois. — *Op. cit.* : texte, t. II, p. 211 ; atlas,
t. II, pl. 207, et t. I, pl. XXXV, figs. 186, et pl. XXXVI[a],
fig. 186.
Léon Olphe-Galliard. — *Op. cit.,* fasc. XIV, p. 149.

Le Chevalier cul-blanc habite les marais, le bord des étangs,
et, en général, les bords de toutes les eaux abondamment
pourvues de roseaux, de joncs, de buissons, ou bordées d'arbres, et avoisinées de prairies ; on le voit même dans les bois,
près des mares et des fossés inondés ; il ne va que par excep-

41

tion sur le littoral et sur le bord des grands lacs et des fleuves. Il est migrateur et sédentaire, et, d'une manière générale, vit seul en dehors de la période de la reproduction. Il émigre isolément et par couples, rarement par groupes de six à huit individus. Son naturel est très-vif et très-remuant. Son vol est élégant, sinueux et très-rapide ; il marche d'une façon gracieuse et mesurée, court rapidement, nage bien et sait plonger, mais ne fait ni l'un ni l'autre sans nécessité ; il remue fréquemment la queue. Sa nourriture se compose d'Insectes, de larves, de Vers, d'Araignées, etc. La femelle ne fait normalement qu'une couvée par an, de trois à cinq œufs. Ceux-ci sont pondus sur un arbre ou un arbuste situé au bord ou près de l'eau, dans un nid abandonné d'Oiseau (nids d'espèces très-différentes, mais surtout du genre Grive, *Turdus*), même dans un nid abandonné d'Écureuil, et parfois sur une litière de feuilles mortes, de mousse ou de lichen, se trouvant à la bifurcation de grosses branches d'un arbre ; cet Oiseau niche quelquefois dans une petite excavation du sol, qu'il a creusée parmi des végétaux herbacés, et qu'il a garnie de feuilles mortes ou de fragments de plantes herbacées.

Toute la Normandie. — De passage régulier en mars et avril, et en août, septembre et octobre. — P. C.

7. **Totanus hypoleucos** L. — Chevalier guignette.

Actitis cinclus Boie, *A. empusa* J. Gould, *A. hypoleucus*
    Boie, *A. megarhynchos* Brehm, *A. Schlegeli* Bp., *A.*
    stagnatilis Brehm.
Guinetta hypoleuca G.-R. Gray.
Totanus empusa G.-R. Gray, *T. guinetta* Leach, *T. hypo-*
    leucos Temm.
Tringa guinetta Briss., *T. hypoleucos* L.
Tringoides empusa Scl., *T. hypoleucus* Bp.
Trynga leucoptera Pall.

Guignette commune, G. ordinaire, G. vulgaire.

Petit cul-blanc.

Paul BERT. — *Op. cit.*, p. 92 et 93 ; tir. à part, p. 68 et 69.
C.-D. DEGLAND et Z. GERBE. — *Op. cit.*, t. II, p. 227.
E. LEMETTEIL. — *Op. cit.*, *Vermivores*, p. 93 ; tir. à part, t. II, p. 201.
Amb. GENTIL. — *Op. cit.*, *Échassiers*, p. 50 ; tir. à part, p. 70.
Alphonse DUBOIS. — *Op. cit.* : texte, t. II, p. 215 ; atlas, t. II, pl. 208, et t. I, pl. XXXV, figs. 185.
Léon OLPHE-GALLIARD. — *Op. cit.*, fasc. XIV, p. 163.

Le Chevalier guignette habite le voisinage des fleuves, des rivières et des ruisseaux, où les rives sont abondamment pourvues de roseaux et de buissons, ou bordées de prairies ; il n'évite pas la proximité des habitations, et va aussi, pendant ses migrations, près des lacs, des étangs, des marais, et même près des mares ombragées. Il est migrateur et sédentaire, et peu sociable. Il émigre par couples et par groupes de cinq à huit individus, rarement de plus ; cependant, il arrive quelquefois que plusieurs groupes font ensemble un certain trajet. Son vol est rapide, léger, en ligne droite, peu soutenu, et rarement élevé, sauf pendant ses migrations ; il marche d'une façon vive et gracieuse, et trottine rapidement ; au besoin, il nage et plonge avec facilité ; en trottinant, comme au repos, il hoche la queue. Sa nourriture se compose de larves, d'Insectes, de Vers, de Mollusques et d'Araignées. La femelle ne fait normalement qu'une couvée par an, de quatre ou cinq œufs. La durée de l'incubation est de quinze jours. Cette espèce niche isolément. Le nid consiste en tiges et feuilles de plantes herbacées, en feuilles mortes et en racines, garnissant une petite excavation du sol ; il est très-bien caché parmi des végétaux herbacés ; on le trouve près d'une rivière ou d'un fleuve, au pied d'un buisson, de préférence dans un fourré de Saules, en un lieu pourvu de buissons et de plantes herbacées, et à l'abri de la crue des eaux.

Toute la Normandie. — De passage régulier : arrive en mars, avril et mai, avant la reproduction, et repart en septembre et octobre. — C.

Observat. — Noury (*Op. cit.*, p. 101) indique cette espèce comme étant sédentaire en Normandie. Il est possible qu'un petit nombre d'individus passent la saison froide dans cette province, lorsque cette saison est particulièrement douce ; mais c'est là, sans nul doute, un fait exceptionnel.

OBSERVATIONS.

Totanus macularius L. (Chevalier grivelé); **Totanus semipalmatus** Gm. (Chevalier semipalmé); et **Totanus nutans ?**

Totanus macularius L.

Relativement à la présence, dans la province normande, du Chevalier grivelé ou Guignette grivelée, je ne connais que les deux renseignements suivants, qui me semblent trop incertains pour inscrire cette espèce dans le catalogue des Oiseaux venus d'une façon naturelle en Normandie :

« Cette espèce..... ne se trouve que très-rarement dans notre pays ». [C.-G. Chesnon. — *Op. cit.*, p. 304].

Espèce mentionnée comme étant de passage régulier en Normandie. [Noury. — *Op. cit.*, p. 101]. — Il y a certainement erreur de signe conventionnel, et c'est de passage accidentel qu'il faut lire ; car, en admettant que le Chevalier grivelé vienne dans cette province, il ne le fait, à coup sûr, que d'une manière très-exceptionnelle.

Totanus semipalmatus Gm.

Ainsi que pour l'espèce qui précède, je ne connais que deux renseignements à l'égard de la présence du Chevalier semipalmé ou Symphémie semipalmée dans la Normandie. Bien qu'il soit fort possible que cette espèce y vienne accidentellement, puisque, d'après C.-D. Degland et Z. Gerbe (*Op. cit.*, t. II, p. 234), un individu a été tué près d'Abbeville (Somme), c'est-à-dire dans un département qui touche à la Normandie, je considère néanmoins les deux renseignements qui suivent comme insuffisants pour inscrire le Chevalier semipalmé au nombre des Oiseaux venus d'une façon naturelle dans cette province :

« Très-rare en Normandie, où il ne se trouve qu'accidentellement ». [C.-G. CHESNON. — *Op. cit.*, p. 300].

Espèce mentionnée comme étant de passage régulier en Normandie. [NOURY. — *Op. cit.*, p. 101]. — Il y a certainement erreur de signe conventionnel, et c'est de passage accidentel qu'il faut lire ; car, en admettant que le Chevalier semipalmé vienne dans cette province, il ne le fait, sans nul doute, que d'une manière exceptionnelle.

Totanus nutans ?

« Chevalier branle-tête (*T. nutans*)....... Cette espèce, originaire de l'Amérique septentrionale, ne se trouve que très-rarement en Normandie. Elle est remarquable par l'agitation continuelle de sa tête, lorsqu'elle marche ou qu'elle est en repos sur le sable. On ne la trouve que vers la fin de l'automne sur le littoral ». [C.-G. CHESNON. — *Op. cit.*, p. 304]. — J'ignore quel est cet Oiseau, dont Chesnon donne (*loc. cit.*) une courte description.

7ᵉ Genre. *MACHETES* — COMBATTANT.

I. **Machetes pugnax** L. — Combattant commun.

Glareola pugnax Klein.
Limosa Hardwickii Gray.
Machetes alticeps Brehm, *M. minor* Brehm, *M. optatus*
    Hdgs., *M. planiceps* Brehm, *M. pugnax* Risso.
Pavoncella pugnax Leach.
Philomachus pugnax G.-R. Gray.
Totanus cinereus Briss., *T. indica* Gray, *T. pugnax* Nilss.
Tringa equestris Lath., *T. grenovicensis* Lath., *T. littorea*
    L., *T. pugnax* L.

Bécasseau combattant.
Chevalier combattant.
Combattant ordinaire, C. querelleur, C. variable, C. vulgaire.

Coq de marais (mâle), Coq des marais (mâle), Grisette, Paon
    de mer (mâle), Sotte (femelle).

Paul BERT. — *Op. cit.*, p. 93, et pl. I, fig. 26; tir. à part,
    p. 69, et même fig.
C.-D. DEGLAND et Z. GERBE. — *Op. cit.*, t. II, p. 211.
E. LEMETTEIL. — *Op. cit.*, *Vermivores*, p. 96; tir. à part,
    t. II, p. 204.
Amb. GENTIL. — *Op. cit.*, *Échassiers*, p. 46; tir. à part,
    p. 66.
Alphonse DUBOIS. — *Op. cit.* : texte, t. II, p. 183; atlas,
    t. II, pl. 201 et 201ᵇ, et t. I, pl. XXXIV, figs. 180.
Léon OLPHE-GALLIARD. — *Op. cit.*, fasc. XIV, p. 109.

Le Combattant commun habite les marais et les prairies
humides ; on le rencontre souvent aussi dans le voisinage de
la mer ; pendant ses migrations, il va dans un grand nombre
d'endroits où il y a de l'eau, mais rarement près des rivières.
Il est migrateur et sédentaire, et sociable, hormis l'époque

de la reproduction, pendant laquelle les mâles se livrent des combats à peu près continuels, dont il est parlé ci-dessous. A la migration de printemps, les mâles émigrent les premiers, par petites bandes de dix à quinze individus ; puis les femelles passent en bandes plus ou moins grandes. A la migration d'automne, les mâles adultes passent les premiers, puis les femelles, qui émigrent ordinairement, soit par bandes composées seulement d'individus de leur sexe, soit formées aussi de mâles de l'année. Son naturel est vif et actif. Ses mœurs sont surtout aurorales et crépusculaires ; au cours des nuits claires, il reste en activité, se reposant pendant la plus grande partie de la journée. Son vol est rapide ; il marche d'une façon gracieuse et non trottinante, et court avec aisance et rapidité. Sa nourriture se compose d'Insectes, de larves, de Vers, de Mollusques, de Crustacés, etc., et de graines. La femelle ne fait normalement qu'une couvée par an, de quatre œufs, rarement de trois. La ponte de la couvée normale a lieu en mai. La durée de l'incubation est de dix-huit jours. Le nid consiste en tiges et feuilles de plantes herbacées ou en racines, garnissant une petite dépression que la femelle a creusée dans le sol, parmi des végétaux herbacés. Ce nid est placé près de l'eau, dans un marais ou dans une prairie humide.

NOTE. — Le genre de vie des mâles du Combattant commun présente, pendant l'époque des amours, une particularité fort curieuse. A cette époque, dit A.-E. Brehm (*Op. cit.*, t. II, p. 592), « les mâles sont continuellement en lutte, sans cause appréciable ; il est même probable que la possession d'une femelle n'en est pas le mobile ; car ils se battent pour une mouche, un ver, un insecte, pour tout et pour rien, qu'il y ait ou non des femelles dans leur voisinage, qu'ils soient libres ou captifs, qu'ils aient passé en cage quelques heures ou plusieurs années, et quelle que soit l'heure de la journée.

« En liberté, les Combattants se réunissent à des places déterminées, et dans les localités où l'espèce est abondante, ces places sont éloignées l'une de l'autre de cinq à six cents pas : les Oiseaux

y reviennent tous les ans. Rien, d'ailleurs, ne distingue ces endroits du terrain avoisinant. Une petite élévation, toujours humide,
couverte d'un gazon court, d'un mètre et demi à deux mètres de
diamètre, tel est le champ de bataille où chaque jour arrive plusieurs fois un certain nombre de mâles. Chacun y a sa place, et
c'est à cette place, toujours à peu près la même, qu'il attend ses
adversaires. Il n'y vient pas avant que sa collerette soit complètement poussée ; mais lorsqu'il a revêtu tout son plumage de noces,
il s'y montre avec une régularité vraiment surprenante. J'ai eu
occasion d'observer souvent ces Oiseaux ; j'ai pu me convaincre
de l'exactitude de la description donnée par Naumann, et je crois
ne pouvoir mieux faire que de la reproduire :

« Le premier mâle qui arrive regarde de tous côtés et attend
« qu'un autre se montre. En vient-il un qui n'est pas disposé à se
« battre, il en attend un troisième, un quatrième, et bientôt la lutte
« s'engage. Deux adversaires se sont rencontrés; ils fondent l'un
« sur l'autre, luttent jusqu'à ce qu'ils soient épuisés, puis chacun
« retourne à sa place, se repose, refait ses forces, pour recommen-
« cer une nouvelle lutte. Cela continue ainsi jusqu'à ce que la
« lassitude l'emporte. Alors ils abandonnent la place, mais géné-
« ralement pour y revenir bientôt. Ces combats ne sont jamais
« que des duels ; jamais plus de deux ne se battent ensemble.
« Cependant, si le terrain est assez spacieux, il arrive souvent
« que deux, trois paires de Combattants en viennent aux prises
« en même temps, mais chacune pour soi ; leurs coups se succè-
« dent, se croisent avec une telle rapidité, que l'observateur, de
« loin, est tenté de croire que ces Oiseaux sont affolés.

« Deux mâles qui se provoquent commencent à trembler, à
« hocher la tête ; ils hérissent les plumes de la poitrine et du dos,
« relèvent celles de la nuque, étalent leur collerette, fondent l'un
« sur l'autre, se portent des coups de bec ; les verrucosités de la
« tête leur servent de casque, leur collerette de bouclier. Les
« attaques se suivent, se précipitent avec une rapidité étonnante ;
« l'ardeur de ces Oiseaux est telle qu'ils tremblent de tous leurs
« membres. Ils se reposent par moments. Enfin le combat finit
« comme il avait commencé, par un tremblement général de l'Oi-
« seau et par des hochements de tête. Le Combattant semble lancer
« un coup de bec à son adversaire, et celui-ci lui répond de la
« même façon. Tous deux secouent leur plumage, et retournent

« à leur ancienne place; s'ils sont trop las, ils se séparent pour
« quelque temps.

« Ils n'ont d'autre arme que leur bec mou, en massue à son
« extrémité, à tranchants émoussés; ils ne peuvent se blesser, faire
« couler leur sang; il est même rare qu'ils perdent quelques plu-
« mes; le pis qui puisse arriver à l'un deux, c'est d'être pris par
« la langue et tué ainsi par son adversaire. Il n'est pas invrai-
« semblable que, dans leurs attaques, leur bec ne se recourbe
« quelquefois, et il est probable que c'est là l'origine des tubérosi-
« tés, des saillies que portent sur leur bec les vieux mâles, qui
« sont les batailleurs les plus acharnés ».

« Parfois, poursuit A.-E. Brehm, une femelle arrive sur le
champ de bataille, prend les mêmes postures que les mâles, court
au milieu d'eux, mais ne participe pas à la lutte et s'en va bientôt.
Il peut arriver alors qu'un mâle l'accompagne et demeure quelque
temps avec elle. Bientôt, cependant, il revient à la place du combat, sans plus s'inquiéter d'elle. Jamais deux mâles ne se poursui-
vent en volant. Ils ne se battent que sur le lieu à ce destiné; hors
de là, ils vivent en paix. On remarque bien vite que ce n'est pas
la jalousie qui les fait ainsi se battre. Quelle en est donc la vraie
raison ? C'est ce qui est encore pour nous une énigme ».

Toute la Normandie. — De passage régulier en mars,
avril et mai, et en juillet, août, septembre et octobre; un
certain nombre de couples nichent dans le département de
la Manche. — A.C.

8e Genre. *TRINGA* — BÉCASSEAU.

1. Tringa pygmaea Bchst. — Bécasseau platyrhynque.

Limicola platyrhyncha G.-R. Gray, *L. pygmaea* K.-L. Koch,
L. sibirica Dress.
Numenius pusillus Bchst., *N. pygmaeus* Bchst.
Pelidna megarhynchos Brehm, *P. platyrhynchos* Brehm.
Tringa eloroides Vieill., *T. platyrhyncha* Temm., *T.
pygmaea* Savi.

Bécasseau pygmée.
Limicole platyrhynque.
Pélidne platyrhynque.

C.-D. DEGLAND et Z. GERBE. — *Op. cit.*, t. II, p. 206.
E. LEMETTEIL. — *Op. cit.*, *Vermivores*, p. 100; tir. à part,
    t. II, p. 209.
Alphonse DUBOIS. — *Op. cit.* : texte, t. II, p. 179 ; atlas, t. II,
    pl. 200, et t. I, pl. XXXVI, figs. 179ᵃ.
Léon OLPHE-GALLIARD. — *Op. cit.*, fasc. XIV, p. 68.

Le Bécasseau platyrhynque habite les marais, les bords
vaseux des étangs et des rivières, les prairies humides et le
littoral. Il est migrateur et sédentaire, et n'est point sociable.
Son vol est rapide et généralement au ras de l'eau ou du sol ;
il trottine à petits pas. Sa nourriture se compose de Vers, de
Mollusques, de larves et d'Insectes. La femelle ne fait normalement qu'une couvée par an, de quatre œufs. La ponte de la
couvée normale a lieu dans la seconde quinzaine de mai et
en juin. Cette espèce niche en société. Son nid se trouve dans
les marais.

Toute la Normandie. — De passage irrégulier en avril
et mai, et en août et septembre. — A. R.

2. **Tringa subarquata** Güldst. — Bécasseau cocorli.

Ancylocheilus subarquatus Kaup.
Erolia pygmaea Brehm, *E. varia* Vieill., *E. variegata*
    Vieill.
Falcinellus cursorius Temm., *F. Cuvieri* Bp., *F. pyg-
    maeus* Cuv.
Numenius africanus Lath., *N. ferrugineus* M. et W., *N.
    pygmaeus* Lath., *N. subarquata* Bchst.
Pelidna arquata Brehm, *P. macrorhynchos* Brehm, *P.
    subarquata* Brehm.

Schoeniclus subarquatus G.-R. Gray.

Scolopax africana Gm., *S. pygmaea* Gm., *S. subarquata*
  Güldst.

Tringa islandica Retz., *T. macrorhynchos* Brehm, *T.*
  pygmaea Leach, *T. subarquata* Temm.

Trynga falcinella Pall.

Pélidne cocorli.

Grosse Alouette de mer, Guerlette.

Paul BERT. — *Op. cit.*, p. 94 ; tir. à part, p. 70.

C.-D. DEGLAND et Z. GERBE. — *Op. cit.*, t. II, p. 195.

E. LEMETTEIL. — *Op. cit.*, *Vermivores*, p. 103 ; tir. à part,
  t. II, p. 211.

Alphonse DUBOIS. — *Op. cit.* : texte, t. II, p. 162 ; atlas, t. II,
  pl. 196, et t. I, pl. XXXVI[a], figs. 173.

Léon OLPHE-GALLIARD. — *Op. cit.*, fasc. XIV, p. 62.

Le Bécasseau cocorli habite les endroits vaseux et marécageux des eaux douces et salées ; il ne reste pas longtemps
près des eaux claires à fond sableux, et s'arrête volontiers,
pendant ses migrations, dans le voisinage des eaux bordées
de prairies à herbe courte et serrée, distantes des habitations.
Il est migrateur et sédentaire. Il émigre par couples et par
petites bandes de huit à douze individus. Son naturel est
remuant. Sa nourriture se compose de Vers, de larves et
d'Insectes. La femelle ne fait normalement qu'une couvée
par an, de trois ou quatre œufs, qui sont pondus dans
une petite excavation du sol, près de l'eau.

Toute la Normandie. — De passage régulier en avril et
mai, et en juillet, août, septembre et octobre. — A. C.

3. **Tringa alpina** L. — Bécasseau variable.

Cinclus minor Briss., *C. torquatus* Briss.

Numenius variabilis Bchst.

Pelidna alpina Brehm, *P. americana* Brehm, *P. calidris*
Brehm, *P. cinclus* Cuv., *P. Schinzii* Brehm, *P. torquata*
Degl. et Gerbe, *P. variabilis* Steph.

Schoeniclus cinclus G.-R. Gray.

Scolopax alpina Pall., *S. pusilla* Gm.

Tringa cinclus L., *T. pygmaea* Schinz, *T. Schinzii* Brehm,
T. subarquata Swinh., *T. torquata* Degl., *T. variabilis*
M. et W.

Bécasseau à collier, B. brunette, B. cinclo, B. de Schinz.
Pélidne à collier, P. cincle, P. de Schinz, P. variable.

Brunette, Ménagère, Petite Alouette de mer.

Paul BERT. — *Op. cit.*, p. 91 ; tir. à part, p. 70.

C.-D. DEGLAND et Z. GERBE. — *Op. cit.*, t. II, p. 197.

E. LEMETTEIL. — *Op. cit.*, *Vermivores*, p. 104 et 106 ; tir.
à part, t. II, p. 213 et 215.

Amb. GENTIL. — *Op. cit.*, *Échassiers*, p. 44; tir. à part,
p. 64.

Alphonse DUBOIS. — *Op. cit.* : texte, t. II, p. 166; atlas, t. II,
pl. 197, et t. I, pl. XXIX, figs. 174, et pl. XXXVI,
figs. 175.

Léon OLPHE-GALLIARD. — *Op. cit.*, fasc. XIV, p. 91.

Le Bécasseau variable habite les endroits vaseux des eaux
salées et douces ; et ne reste pas longtemps près des eaux claires à fond sableux ; il évite les endroits où la végétation est
abondante, les eaux couvertes de plantes, et aussi les eaux
qui sont entourées d'arbres. Il est migrateur et sédentaire,
et très-sociable. Il émigre en bandes, souvent composées de
milliers d'individus. Habituellement, les jeunes forment des
bandes à part. Pendant leurs voyages, ces Oiseaux volent
très-bas s'ils suivent le littoral ou les vallées des fleuves ;
par contre, lorsqu'ils traversent des terrains variés, ils
s'élèvent généralement très-haut, franchissant l'espace

en ligne droite et avec une grande vitesse. Son naturel est vif. Son vol est rapide, varié, facile, bas et en ligne droite; il court très-vite et très-lestement ; il imprime à sa queue un mouvement d'oscillation très-fréquent et assez prononcé. Sa nourriture se compose de Vers, de larves, d'Insectes, de Mollusques et de graines. La femelle ne fait normalement qu'une couvée par an, de trois ou quatre œufs. La ponte de la couvée normale a lieu dans la seconde quinzaine de mai et la première quinzaine de juin. La durée de l'incubation est de seize à dix-sept jours. Cette espèce niche en société. Le nid consiste en tiges et feuilles de plantes herbacées ou en racines, garnissant une petite excavation du sol, que l'Oiseau a creusée en un point pourvu de bruyères ou d'autres végétaux herbacés, dans un endroit marécageux ou dans le voisinage de la mer.

Toute la Normandie. — De passage régulier en mars, avril, mai et juin, et en juillet, août, septembre et octobre; un grand nombre d'individus restent pendant la saison froide dans cette province, et un petit nombre y est sédentaire. — C.

4. **Tringa maritima** Brünn. — Bécasseau violet.

Arquatella maritima Sp. Baird.
Totanus maritimus Steph.
Tringa canadensis Lath., *T. littoralis* Brehm, *T. nigricans* Mont., *T. Schinzi* Roux, *T. striata* Retz., *T. undata* Brünn.
Trynga arquatella Pall.

Bécasseau maritime.
Maubèche maritime.

Guerlette brune.

Paul BERT. — *Op. cit.*, p. 94 ; tir. à part, p. 70.

C.-D. DEGLAND et Z. GERBE. — *Op. cit.*, t. II, p. 192.

E. LEMETTEIL. — *Op. cit.*, *Vermivores*, p. 108 ; tir. à part, t. II, p. 218.

Alphonse DUBOIS. — *Op. cit.* : texte, t. II, p. 159 ; atlas, t. II, pl. 195, et t. I, pl. XXXIII, figs. 178.

Léon OLPHE-GALLIARD. — *Op. cit.*, fasc. XIV, p. 73.

Le Bécasseau violet habite le bord de la mer, où il recherche surtout les endroits pierreux, les falaises et les rochers escarpés, qui sont battus constamment par les flots ; on le voit souvent, pendant la saison chaude, dans les endroits vaseux ou marécageux des régions élevées, situées parfois loin dans l'intérieur des terres. Il est migrateur et sédentaire, et très-sociable. Il émigre en bandes de vingt à trente individus ; dans certaines contrées, on voit arriver cet Oiseau par bandes formées de plusieurs centaines de sujets, et, dans d'autres, il arrive isolément et quelquefois par couples. Son naturel est vif et remuant. Son vol est rapide, facile, élégant et varié ; il rase souvent, avec rapidité, la surface de la mer, en suivant les ondulations des flots. Naumann dit que le Bécasseau violet nage fort bien, et que même il s'aventure à une assez grande distance du rivage, ce que pas un autre Oiseau de son genre n'oserait faire. Sa nourriture se compose principalement de Vers, de Crustacés et de Mollusques ; il mange exceptionnellement des larves et des Insectes. La femelle ne fait normalement qu'une couvée par an, de trois ou quatre œufs. La ponte de la couvée normale a lieu en mai et juin, et, dans l'extrême Nord, seulement en juillet. Le nid consiste en quelques fragments de plantes herbacées garnissant une petite excavation du sol abritée par des végétaux herbacés ou des pierres. Il est placé dans une falaise ou un rocher du littoral, et même dans des montagnes situées loin de la mer ; on le trouve moins souvent dans les endroits pierreux des vallées et près des mares d'eau douce.

Toute la Normandie. — De passage irrégulier en avril et mai, et en septembre et octobre. — A. R.

5. **Tringa minuta** Leisl. — Bécasseau minule.

Actodromas minuta Kaup.
Calidris minuta Cuv.
Pelidna minuta Boie, *P. pusilla* Brehm.
Schoeniclus minuta G.-R. Gray.
Tringa Temminckii K.-L. Koch.

Actodrome nain.
Bécasseau échasses, B. minute, B. petit.
Pélidne minule.

Guerlette.

C.-D. Degland et Z. Gerbe. — *Op. cit.*, t. II, p. 203.
E. Lemetteil. — *Op. cit.*, *Vermivores*, p. 111; tir. à part,
    t. II, p. 221.
Alphonse Dubois. — *Op. cit.* : texte, t. II, p. 171; atlas, t. II,
    pl. 198, et t. I, pl. XXXVI, figs. 177.
Léon Olphe-Galliard. — *Op. cit.*, fasc. XIV, p. 78.

Le Bécasseau minule habite les endroits vaseux dépour-
vus de végétation des bords des anses et des criques du littoral et du bord des lacs, des étangs et autres eaux tran-
quilles; on le rencontre moins souvent près des fleuves et
des rivières. Il est migrateur et sédentaire, et très-sociable.
Il émigre par bandes plus ou moins grandes. En automne, ce
n'est pas rare de voir plusieurs centaines de ces Oiseaux volant très-près les uns des autres. Il est intéressant de remarquer que ce sont les jeunes qui voyagent en grandes bandes,
tandis que les adultes émigrent par petites bandes, et par-
tent ordinairement de leur séjour d'été après les jeunes. Son
naturel est vif, remuant et très-gracieux. Son vol est rapide,
aisé, léger, capricieux et rarement en ligne droite; il vole
soit en rasant l'eau où en suivant les ondulations des vagues,
soit très-haut quand il franchit une grande distance; il court
bien. Sa nourriture se compose de larves, d'Insectes et de

Vers. La femelle ne fait normalement qu'une couvée par an, de trois ou quatre œufs. Le nid consiste en fragments de plantes herbacées garnissant une petite excavation du sol. Il est placé parmi des végétaux monocotylédonés (*Carex*) ou des mousses (*Sphagnum*) propres aux régions arctiques.

Toute la Normandie. — De passage régulier en avril, mai et juin, et en août et septembre. — P. C.

6. **Tringa Temminckii** Leisl. — Bécasseau de Temminck.

Actodromas Temminckii Bp.
Calidris Temminckii Cuv.
Leimonites Temminckii Kaup.
Numenius pusillus Bchst.
Pelidna Temminckii Boie.
Schoeniclus Temminckii G.-R. Gray.

Bécasseau temmia.
Pélidne de Temminck, P. temmia.

Criquet.

C.-D. Degland et Z. Gerbe. — *Op. cit.*, t. II, p. 205.
E. Lemetteil. — *Op. cit.*, *Vermivores*, p. 113 ; tir. à part, t. II, p. 222.
Amb. Gentil. — *Op. cit.*, *Échassiers*, p. 44 et 45; tir. à part, p. 64 et 65.
Alphonse Dubois. — *Op. cit.* : texte, t. II, p. 175; atlas, t. II, pl. 199, et t. I, pl. XXXV, figs. 176.
Léon Olphe-Galliard. — *Op. cit.*, fasc. XIV, p. 86.

Le Bécasseau de Temminck habite les endroits vaseux des eaux douces et salées, préfère les eaux stagnantes, et ne reste pas longtemps sur les rives sablonneuses. Il est migrateur et sédentaire, et très-sociable. Il émigre par bandes plus ou moins grandes. Son naturel est doux, très-agile et très-remuant. Son vol a quelque chose de papillonnant; il rase le sol et l'eau d'un vol très-rapide. Sa nourriture se compose principalement de Vers et de larves; il ne paraît prendre des Insectes qu'à défaut des précédents, et mange aussi, probablement par exception, des substances végétales. La femelle ne fait normalement qu'une couvée par an, de quatre ou cinq œufs. La ponte de la couvée normale a lieu en juin et dans la première dizaine de juillet. Les nids ne sont pas très-éloignés les uns des autres. Ils consistent en fragments de plantes herbacées, garnissant une petite cavité du sol creusée par l'Oiseau, et sont cachés dans l'herbe d'un endroit relativement sec, parfois même dans un champ cultivé, mais ordinairement à peu de distance de l'eau.

Toute la Normandie. — De passage régulier en mai et juin, et en août, septembre, octobre, et parfois dans la première quinzaine de novembre. — R.

7. **Tringa canutus** L. — Bécasseau canut.

Calidris canutus J. Gould, *C. grisea* Briss., *C. naevia* Briss.

Canutus cinereus Brehm, *C. islandicus* Brehm.

Tringa australis Gm., *T. calidris* L., *T. cinerea* Brünn., *T. ferruginea* Brünn., *T. grisea* Gm., *T. islandica* L., *T. lomatina* Lcht., *T. naevia* Gm.

Bécasseau maubèche.
Maubèche canut, M. grise.

C.-D. Degland et Z. Gerbe. — *Op. cit.*, t. II, p. 190.

E. Lemetteil. — *Op. cit.*, *Vermivores*, p. 115; tir. à part, t. II, p. 224.

Amb. Gentil. — *Op. cit.*, *Échassiers*, p. 44 ; tir. à part, p. 64.

42

Alphonse DUBOIS. — *Op. cit.* : texte, t. II, p. 154 ; atlas, t. II, pl. 194, et t. I, pl. XXXVI, figs. 179.
Léon OLPHE-GALLIARD. — *Op. cit.*, fasc. XIV, p. 56.

Le Bécasseau canut habite le bord et le voisinage de la mer ; il ne va près des eaux douces de l'intérieur des terres que d'une façon accidentelle, et les individus que l'on y rencontre sont le plus souvent des jeunes. Il est migrateur et sédentaire, et très-sociable. Il émigre par bandes plus ou moins grandes, souvent par bandes formées de plusieurs centaines d'individus. Son naturel est très-actif. Son vol est rapide, facile et ordinairement en ligne droite ; il vole généralement bas, surtout au-dessus de l'eau ; mais lorsqu'il le veut, il s'élève à une grande hauteur ; il court d'une façon rapide et gracieuse, et sait nager, mais ne le fait que dans le cas de nécessité. Sa nourriture se compose de Vers, de Mollusques, de Crustacés, d'Insectes et de larves. La femelle ne fait normalement qu'une couvée par an, de quatre œufs. Le nid se trouve parmi des végétaux herbacés, dans un endroit marécageux.

Toute la Normandie. — De passage régulier en avril, mai et juin, et en juillet, août, septembre et octobre.— A. C.

9ᵉ Genre. *MACRORHAMPHUS* — MACRORHAMPHE.

1. Macrorhamphus griseus Gm. — Macrorhamphe gris.

Limosa grisea Schleg., *L. scolopacea* Say.
Macrorhamphus griseus Leach, *M. punctatus* Less., *M. scolopaceus* Lawr.
Scolopax grisea Gm., *S. leucophaea* Vieill., *S. noveboracensis* Gm., *S. Paykullii* Nilss.
Totanus ferrugineicollis Vieill.

C.-D. DEGLAND et Z. GERBE. — *Op. cit.*, t. II, p. 174.

Le Macrorhamphe gris habite les marais, les prairies humides, le bord des lacs et des étangs et le littoral. Il est migrateur et sédentaire. Il émigre habituellement par bandes formées de dix à quarante individus. Son vol est vigoureux et très-rapide, mais rarement prolongé; au besoin, il nage sans difficulté, en se tenant sur l'eau avec une grande légèreté. Sa nourriture se compose presque uniquement de Vers, de larves et d'Insectes; on dit qu'il mange aussi des Mollusques et des graines, et il est probable qu'il absorbe des fruits charnus. La femelle ne fait normalement qu'une couvée par an, de quatre œufs. Le nid consiste en une petite cavité du sol garnie de quelques feuilles mortes, et se trouve dans un endroit marécageux, parfois tout près de la mer.

Seine-Inférieure :

« Tuée par M. Raoul Oursel, au Havre ». [J. HARDY. — *Op. cit.*, p. 293].

« Un individu en robe d'hiver a été tué par M. R. Oursel, dans les marais du Hoc, près du Havre, sur une petite bande composée de cinq individus ». [C.-D. DEGLAND et Z. GERBE. — *Op. cit.*, t. II, p. 175].

10ᵉ Genre. *SCOLOPAX* — BÉCASSE.

1. **Scolopax minima** Klein — Bécasse sourde.

Ascolopax gallinula Keys. et Bl.
Gallinago gallinula Bp., *G. minima* Salerne, *G. minor* Briss.
Lymnocryptes gallinula Kaup.
Philolimnos gallinula Brehm, *P. minor* Brehm, *P. stagnatilis* Brehm.
Scolopax gallinula L.
Telmatias gallinula Droste.

Bécassine gallinule, B. jacquet, B. minime, B. sourde.
Philolimne gallinule.

Bécasson, Bécot, Jacquet.

Paul Bert. — *Op. cit.*, p. 93 et 94 ; tir. à part, p. 69 et 70.
C.-D. Degland et Z. Gerbe. — *Op. cit.*, t. II, p. 185.
E. Lemetteil. — *Op. cit.*, *Vermivores*, p. 119 ; tir. à part,
    t. II, p. 229.
Amb. Gentil. — *Op. cit.*, *Échassiers*, p. 42 ; tir. à part,
    p. 62.
Alphonse Dubois. — *Op. cit.* : texte, t. II, p. 231 ; atlas,
    t. II, pl. 210, et t. I, pl. XXXV, figs. 183.
Léon Olphe-Galliard. — *Op. cit.*, fasc. XIV, p. 34.

La Bécasse sourde habite les endroits marécageux, les
prairies et les champs humides, et les bords, riches en
plantes herbacées et en buissons, des eaux stagnantes ; on
ne la rencontre pas sur les rives des fleuves ni près de la
mer. Elle est migratrice et sédentaire, et n'est pas sociable.
Elle émigre isolément, mais elle est parfois si abondante,
que l'on voit alors un assez grand nombre de sujets épars
sur une étendue relativement restreinte. Son vol est assez
rapide, léger, silencieux et incertain ; elle vole à une faible
élévation, sauf pendant ses migrations, où elle s'élève
haut. Sa nourriture se compose de larves, d'Insectes, de
Vers, de Mollusques et de graines. La femelle ne fait
normalement qu'une couvée par an, de quatre œufs. La ponte
de la couvée normale a lieu en mai. Le nid consiste en
quelques fragments de végétaux herbacés, garnissant une
petite excavation du sol que l'Oiseau a creusée sur une
légère éminence, parmi des plantes herbacées d'un endroit
marécageux.

Toute la Normandie. — De passage régulier en mars et
avril, et en septembre, octobre et novembre. — A.C. en
général ; T.-C. dans certaines années.

Observat. — Noury (*Op. cit.*, p. 102) indique cette espèce comme étant sédentaire en Normandie. Ce fait, en admettant qu'il soit exact, est à coup sûr exceptionnel.

2. **Scolopax gallinago** L. — Bécasse bécassine.

Ascolopax gallinago Keys. et Bl., *A. Sabini* Keys. et Bl.
Enalius Sabini Kaup.
Gallinago aegyptiaca Bp., *G. Brehmii* Bp., *G. burka* Bp.,
   G. coelestis Dress., *G. gallinago* Lcht., *G. japonica*
   Bp., *G. Lamottii* Bp., *G. media* Leach, *G. minor*
   Salerne, *G. nilotica* Bp., *G. picta* Bp., *G. pygmaea* Bp.,
   G. russala J. Gould, *G. Sabini* Bp., *G. sakhalina* Bp.,
   G. scolopacinus Bp., *G. uniclavus* Hdgs., *G. vulgaris*
   C.-F. Dubois.
Pelorhynchus Brehmii Kaup.
Scolopax Brehmii Kaup, *S. coelestis* Frenz., *S. Lamotti*
   Baill., *S. media* Vieill., *S. peregrina* Temm., *S. Sa-*
   bini Vig., *S. sakhalina* Vieill.
Telmatias brachypus Brehm, *T. Brehmii* Boie, *T. fae-*
   roeensis Brehm, *T. lacustris* Brehm, *T. peregrina*
   Brehm, *T. Petenyi* Brehm, *T. robusta* Brehm, *T. Sa-*
   bini Rchb., *T. salicaria* Brehm, *T. septentrionalis*
   Brehm, *T. stagnatilis* Brehm.

Bécassine commune, B. ordinaire, B. vulgaire.

Paul Bert. — *Op. cit.*, p. 93 et 94 ; tir. à part, p. 69 et 70.
C.-D. Degland et Z. Gerbe. — *Op. cit.*, t. II, p. 183.
E. Lemetteil. — *Op. cit.*, *Vermivores*, p. 121 ; tir. à part,
   t. II, p. 231.
Amb. Gentil. — *Op. cit.*, *Échassiers*, p. 42 ; tir. à part,
   p. 62.
Alphonse Dubois. — *Op. cit.* : texte, t. II, p. 226 ; atlas,
   t. II, pl. 211, et t. I, pl. XXXIII, figs. 182.
Léon Olphe-Galliard. — *Op. cit.*, fasc. XIV, p. 25.

La Bécasse bécassine habite les marais, les prairies humides, les bords des étangs, etc., recherchant les endroits pourvus d'une végétation basse et abondante, et situés près de lieux boisés. Elle est migratrice et sédentaire ; elle n'est pas véritablement sociable, car si l'on voit un certain nombre d'individus non loin les uns des autres, chacun d'eux vit pour soi. Elle émigre isolément. Son naturel est assez remuant. Ses mœurs sont nocturnes et partiellement diurnes, mais surtout crépusculaires. Son vol est rapide et léger ; en s'élevant, elle décrit d'abord plusieurs zigzags, puis monte haut, s'éloigne, décrit une grande courbe, revient à peu près au point d'où elle est partie, ferme les ailes et se laisse tomber obliquement sur le sol ; sa marche est facile, mais peu rapide. Sa nourriture se compose de larves, d'Insectes, de Vers et de Mollusques. La femelle ne fait normalement qu'une couvée par an, de quatre œufs. La ponte de la couvée normale a lieu en avril et mai, et, dans l'extrême Nord, seulement dans la seconde quinzaine de juin et la première quinzaine de juillet. La durée de l'incubation est de quinze à dix-sept jours. Le nid consiste en fragments de végétaux herbacés garnissant une petite excavation du sol, que l'Oiseau a creusée ordinairement sur une légère éminence couverte de plantes herbacées et entourée d'eau, ou au pied d'un buisson, dans un endroit marécageux.

Toute la Normandie. — De passage régulier en mars, avril et mai, et en août, septembre et octobre ; un petit nombre d'individus sont sédentaires. — T.-C.

3. **Scolopax media** J.-L. Frisch — Bécasse double-bécassine.

Ascolopax major Keys. et Bl.

Gallinago major Leach, *G. media* Guerini, *G. Montagui* Bp.

Scolopax leucurus Sws., *S. major* Gm., *S. paludosa* Retz.,
    S. palustris Pall., *S. solitaria* Macg.
Telmatias brachyptera Brehm, *T. major* Brehm, *T. nisoria*
    Brehm, *T. uliginosa* Brehm.

Bécassine double.

Bécasson du Nord.

C.-D. DEGLAND et Z. GERBE. — *Op. cit.*, t. II, p. 181.
E. LEMETTEIL. — *Op. cit.*, *Vermivores*, p. 124 ; tir. à part,
    t. II, p. 234.
Alphonse DUBOIS. — *Op. cit.* : texte, t. II, p. 223 ; atlas,
    t. II, pl. 209, et t. I, pl. XXXIII, figs. 181.
Léon OLPHE-GALLIARD. — *Op. cit.*, fasc. XIV, p. 20.

La Bécasse double-bécassine habite les prairies humides
et les marais, de préférence ceux qui sont dans le voisinage
d'une rivière ; elle évite les lieux garnis de roseaux et de
joncs, et se contente souvent d'un endroit humide où l'herbe
est courte et serrée, surtout si le terrain présente de petites
excavations où elle puisse se cacher. Elle est migratrice et
sédentaire, et n'est pas sociable. Au printemps, elle émigre
isolément ou par couples ; mais seulement d'une façon isolée
à la migration d'automne. Son naturel est assez paresseux.
Ses mœurs sont plus nocturnes que diurnes. Son vol est
assez rapide, lourd, bas en général, et ordinairement en
ligne droite ; elle marche avec agilité, mais, habituellement,
ne court pas vite, aimant mieux voler dès que la distance
à parcourir est d'une certaine longueur ; elle sait un peu
nager, mais ne le fait que dans le cas de nécessité. Sa nourriture se compose d'Insectes, de larves, de Vers et de Mollusques. La femelle ne fait normalement qu'une couvée par
an, de quatre œufs. La durée de l'incubation est de dix-
sept à dix-huit jours. Le nid consiste en fragments de
plantes herbacées garnissant une petite cavité du sol,
dans une prairie humide, dans un marais, ou près d'un
étang ou d'une mare.

Normandie :

Espèce mentionnée comme étant de passage accidentel en Normandie. [NOURY. — *Op. cit.*, p. 102].

Seine-Inférieure :

Espèce mentionnée comme ayant été observée dans
la Seine-Inférieure. [J. HARDY. — *Op. cit.*, p. 293].

« De double passage en septembre et avril ; se tient
de préférence dans les joncs humides ». [J. HARDY.
— *Manusc. cit.*, p. 41].

« MM. Charles Vasse et Delahaye, qui comptent
également par milliers celles (Bécasses bécassines)
qu'ils ont abattues dans notre département, n'ont
trouvé la Double que trois et quatre fois. Nous
croyons cependant qu'elle passe presque chaque
année dans nos localités, mais toujours en très-petit
nombre, et à des époques peu favorables, en août,
avant l'ouverture de la chasse, et en avril, après la
clôture. Nous l'avons vue une seule fois, vers la fin
d'août ». [E. LEMETTEIL. — *Op. cit.*, *Vermivores*,
p. 126 ; tir. à part, t. II, p. 236].

Calvados :

« Très-rare..... Dans la collection de M. de la
Fresnaye ». [LE SAUVAGE. — *Op. cit.*, p. 205].

Manche :

« Rare ; je ne l'ai tuée que deux fois ». [Emma-
nuel CANIVET. — *Op. cit.*, p. 24].

« Rare..... De passage régulier tous les ans dès
la fin d'août, toujours en petit nombre et ne reste
que quelques jours ». [J. LE MENNICIER. — *Op. cit.*,
p. 143 ; tir. à part, p. 35].

4. Scolopax rusticula L. — Bécasse commune.

Rusticola europaea Less., *R. sylvestris* Macg., *R. vul-*
garis Vieill.

Scolopax communis Selby, *S. major* Leach, *S. maxima*
Klein, *S. orientalis* Brehm, *S. pinetorum* Brehm,
S. rusticola L., *S. scoparia* Bp., *S. sylvestris* Brehm,
S. torquata Brehm.

Bécasse ordinaire, B. vulgaire.

Bécache, Grosse buissonnière, Martinet, Nordette, Sudette,
Vico, Vit-de-coq, Viteco, Bécard (mâle).

Paul Bert. — *Op. cit.*, p. 93, et pl. II, fig. 10 ; tir. à part,
p. 69, et même fig.
C.-D. Degland et Z. Gerbe. — *Op. cit.*, t. II, p. 177.
E. Lemetteil. — *Op. cit.*, *Vermivores*, p. 127 ; tir. à part,
t. II, p. 237.
Amb. Gentil. — *Op. cit.*, *Échassiers*, p. 41 ; tir. à part,
p. 61.
Alphonse Dubois. — *Op. cit.* : texte, t. II, p. 234 ; atlas,
t. II, pl. 212, et t. I, pl. XXXIV, figs. 184.
Léon Olphe-Galliard. — *Op. cit.*, fasc. XIV, p. 7.

La Bécasse commune habite les forêts et les bois de n'im-
porte quelle essence, aussi bien ceux des plaines que ceux
des montagnes, et recherche les endroits humides bien
ombragés et buissonneux des forêts ; elle ne se montre que
pendant ses migrations dans les endroits découverts, et
s'abat souvent alors dans les haies qui bordent les champs
et dans les jardins des campagnes ; rarement on la voit dans
les prairies, les marais et près des eaux. Elle est migratrice
et sédentaire, et n'est pas sociable. Elle émigre isolément ou
par couples. Ses mœurs sont crépusculaires et nocturnes, et
peu diurnes. Son vol est généralement assez lent; néanmoins,
quand elle le veut, il devient rapide ; elle marche lente-

ment, d'une façon trottinante, mais pas très-longtemps de suite. Sa nourriture se compose de larves, d'Insectes, de Vers et de Mollusques. La femelle ne fait normalement qu'une couvée par an, de quatre œufs, rarement de trois et jamais de cinq. Elle en fait une seconde quand les œufs de la première ont été pris, et il parait qu'elle peut élever deux couvées lorsque la saison est favorable. La durée de l'incubation est de dix-sept jours. Le nid consiste en feuilles mortes, en fragments de tiges et feuilles de plantes herbacées, en mousse et en racines, garnissant une petite cavité du sol, naturelle ou creusée par la femelle. Ce nid est placé dans la mousse, dans l'herbe, au pied d'un buisson ou d'un arbre, dans les bruyères, etc., soit dans un lieu boisé d'une montagne, soit dans une forêt où l'Oiseau recherche un endroit pourvu de clairières et de taillis, car il ne va pas dans les futaies.

Toute la Normandie. — De passage régulier en mars et dans la première quinzaine d'avril, et en octobre et novembre; un certain nombre d'individus passent la saison froide en Normandie, quand cette saison n'est pas rigoureuse ; et un petit nombre y est sédentaire. — C.

11e Genre. *NUMENIUS* — COURLIS.

1. **Numenius arquata** L. — Courlis cendré.

Numenius arquata Lath., *N. assimilis* Brehm, *N. europaeus* Klein, *N. longirostris* Brehm, *N. madagascariensis* Briss., *N. major* Steph., *N. medius* Brehm, *N. rufescens* Brehm, *N. virgatus* Cuv.
Scolopax arquata L., *S. madagascariensis* L.

Courlis arqué.

Corbejeon, Siffleur.

Paul Bert. — *Op. cit.*, p. 91 ; tir. à part, p. 67.

C.-D. Degland et Z. Gerbe. — *Op. cit.*, t. II, p. 159.

E. Lemetteil. — *Op. cit.*, *Vermivores*, p. 133; tir. à part, t. II, p. 244.

Amb. Gentil. — *Op. cit.*, *Échassiers*, p. 38; tir. à part, p. 58.

Alphonse Dubois. — *Op. cit.* : texte, t. II, p. 249; atlas, t. II, pl. 215, et pl. XL, figs. 194.

Léon Olphe-Galliard. — *Op. cit.*, fasc. XIV, p. 171.

Le Courlis cendré habite les marais, le voisinage de la mer, des lacs et des rivières, les champs, les prairies et même les plaines arides, et ne va pas dans les lieux boisés, ni près des habitations. Il est migrateur et sédentaire, et très-sociable. Il émigre généralement, par bandes plus ou moins grandes. Son vol est peu rapide, mais facile et régulier; il marche à grands pas, et nage aisément, même sans y être contraint. Sa nourriture se compose de larves, d'Insectes, de Vers, de Mollusques, de Crustacés, de Poissons, etc., et de substances végétales, principalement de baies. La femelle ne fait normalement qu'une couvée par an, de quatre ou cinq œufs. La ponte de la couvée normale a lieu d'habitude au commencement de mai. Le nid consiste en fragments de plantes herbacées ou en feuilles mortes, garnissant une petite dépression dans l'herbe ou la mousse, et qui est plutôt le résultat du poids de l'Oiseau qu'une cavité creusée dans le sol; il est caché parmi des végétaux herbacés, sur une éminence d'un endroit marécageux.

Toute la Normandie. — De passage régulier en avril, et en août, septembre et octobre; un certain nombre d'individus passent la saison froide en Normandie, et un petit nombre y est sédentaire. — C.

2. **Numenius tenuirostris** Vieill. — Courlis à bec grêle.

C.-D. DEGLAND et Z. GERBE. — *Op. cit.*, t. II, p. 160.

E. LEMETTEIL. — *Op. cit.*, *Vermivores*, p. 136 ; tir. à part, t. II, p. 247.

Alphonse DUBOIS. — *Op. cit.* : texte, t. II, p. 254; atlas, t. II, pl. 216.

Léon OLPHE-GALLIARD. — *Op. cit.*, fasc. XIV, p. 180.

Le Courlis à bec grêle habite le voisinage des eaux douces courantes et stagnantes, les champs en friche et les prairies peu éloignés de l'eau douce, mais ne va que rarement sur le bord de la mer. Il est migrateur et sédentaire. La femelle ne fait normalement qu'une couvée par an, de quatre ou cinq œufs. Il niche parmi les herbes, dans les plaines marécageuses.

Calvados :

« Deux individus seulement de cette rare espèce ont été tués dans le Calvados, où elle est de passage en automne; l'un fait partie de la riche collection de M. le docteur Delangle ; j'ai tué l'autre le 14 septembre 1857, à l'embouchure de l'Orne, sur les bancs que la mer laisse à découvert. Il volait au milieu d'un grand nombre de Barges rousses (*Limosa rufa*), dont il paraît suivre les bandes jusque sur nos rivages ». [Octave FAUVEL. — Sur la présence du *Numenius tenuirostris* Vieill. dans le Calvados (*Op. cit.*), p. 116].

Un individu tué à « Sallenelles, en septembre 1865 ». [Albert FAUVEL, renseign. manuscrit, 1890]. [Collection d'Albert FAUVEL, à Caen].

« Nous avons vu, chez M. le docteur Le Sauvage, à Caen, et dans le muséum de cette ville, des sujets qui ont été tués sur les plages maritimes du Calva-

dos ». [C.-D. DEGLAND et Z. GERBE. — *Op. cit.*, t. II,
p. 161].

3. **Numenius phaeopus** L. — Courlis corlieu.

Numenius melanorhynchus Bp., *N. minor* Klein, *N. phaeo-*
pus Lath., *N. pluvialis* C.-F. Dubois.
Phaeopus arquatus Steph., *P. phaeopus* Cuv., *P. vul-*
garis Flem.
Scolopax phaeopus L.

Courlis pluvial.

Cotret, Courlis de terre, Merrieu.

Paul BERT. — *Op. cit.*, p. 91; tir. à part, p. 67.
C.-D. DEGLAND et Z. GERBE. — *Op. cit.*, t. II, p. 162.
E. LEMETTEIL. — *Op. cit.*, *Vermivores*, p. 134; tir. à part,
t. II, p. 245.
Amb. GENTIL. — *Op. cit.*, *Échassiers*, p. 38 et 39; tir. à
part, p. 58 et 59.
Alphonse DUBOIS. — *Op. cit.* : texte, t. II, p. 257; atlas, t. II,
pl. 217, et pl. XXXVII, figs. 193.
Léon OLPHE-GALLIARD. — *Op. cit.*, fasc. XIV, p. 182.

Le Courlis corlieu habite principalement le bord de la
mer, où il recherche les bancs de sable; toutefois, on le rencontre souvent aussi sur le bord des lacs, des fleuves, des
rivières et autres eaux découvertes, d'où il se rend dans
les prairies, les plaines garnies de bruyères, et même dans
des endroits arides. Il est migrateur et sédentaire, et très-
sociable. Il émigre par bandes plus ou moins grandes,
quelquefois composées de plusieurs centaines d'individus,
et moins souvent isolément ou par petites bandes. Son vol
est peu rapide, mais facile et régulier; il marche à grands
pas, et nage aisément, même sans y être contraint. Sa nourriture se compose de larves, d'Insectes, de Crustacés, de

Vers, de Mollusques et de baies. La femelle ne fait normalement qu'une couvée par an, de quatre œufs, rarement de trois. La ponte de la couvée normale a lieu dans la
seconde quinzaine de mai et en juin. Le nid consiste en
fragments de végétaux herbacés et en feuilles mortes, garnissant une petite dépression du sol cachée dans une touffe
d'herbe ou au pied d'un buisson.

Toute la Normandie. — De passage régulier dans la
seconde quinzaine d'avril et en mai, et en août et septembre.
— P. C.

Observat. — Noury (*Op. cit.*, p. 100) indique cette
espèce, sans doute par erreur de signe conventionnel,
comme étant sédentaire en Normandie. Je suis très-porté à
croire que cet Oiseau ne vient dans cette province que
pendant ses migrations.

5ᵉ Famille. *ARDEIDAE* — ARDÉIDÉS.

1ᵉʳ Genre. *IBIS* — IBIS.

1. Ibis falcinellus L. — Ibis falcinelle.

Falcinellus Aldrovandi Salerne, *F. castaneus* Dubois,
  F. falcinellus G.-R. Gray, *F. Gesneri* Salerne, *F. igneus*
  G.-R. Gray.
Ibis castaneus Brehm, *I. cuprea* Brehm, *I. falcinellus*
  Sav., *I. fuscata* Vieill., *I. ignea* Leach, *I. Ordii* Bp.,
  I. sacra Temm.
Numenius castaneus Briss., *N. chihi* Vieill., *N. falcinel-*
  lus Pall., *N. ibis* Briss., *N. igneus* S. Gm., *N. mexi-*
  canus Briss., *N. viridis* Briss.
Plegadis falcinellus Kaup.
Plegadornis falcinella Brehm, *P. major* Brehm, *P. mi-*
  nor Brehm.
Scolopax guarauna L., *S. rufa* Scop.

Tantalides falcinellus Wagl.
Tantalus chalcoptèrus Temm., *T. falcinellus* L., *T. igneus*
  S. Gm., *T. viridis* Gm.

Falcinelle éclatant.
Ibis noir, I. vert.

Paul Bert. — *Op. cit.*, p. 91; tir. à part, p. 67.
C.-D. Degland et Z. Gerbe. — *Op. cit.*, t. II, p. 329.
Amb. Gentil. — *Op. cit.*, *Échassiers*, p. 66; tir. à part, p. 86.
Alphonse Dubois. — *Op. cit.* : texte, t. II, p. 376 ; atlas,
  t. II, pl. 241, et pl. XLI, fig. 196.
Léon Olphe-Galliard. — *Op. cit.*, fasc. XV, p. 6.

L'Ibis falcinelle habite les marais, les bords vaseux des
étangs et des lacs, et, d'une façon générale, les endroits
bourbeux pourvus de roseaux et autres plantes herbacées,
aussi bien dans l'intérieur des terres que sur le littoral. Il
visite quelquefois les prairies et les champs, même ceux qui
sont éloignés de l'eau. Il est migrateur et sédentaire, et
très-sociable, vivant constamment en bandes plus ou moins
grandes, et ne se montrant que fort peu en couples ou à
l'état isolé. Il émigre par grandes bandes, souvent composées de plusieurs milliers d'individus volant tous à côté
l'un de l'autre, en formant une ligne ondulée qui traverse
obliquement l'espace. Son naturel est vif. Ses mœurs sont
diurnes. Il vole généralement très-haut, mais d'une façon
peu rapide, le cou et les pattes étendus en ligne droite; il
marche tranquillement, à grands pas, le bec dirigé vers le
sol, le cou en S et le corps relevé; au besoin, il nage, en
s'aidant des pattes et des ailes. Sa nourriture se compose de
Vers, de larves, d'Insectes, de Crustacés, de Mollusques, de
Reptiles et de Poissons. La femelle ne fait normalement
qu'une couvée par an, de trois ou quatre œufs. La ponte de
la couvée normale a lieu, dans les régions tempérées, vers
la fin de mai ; à Ceylan, Legge trouva des nids en mars,
et, dans l'Inde, Doig en vit au mois de juin. Cette espèce

niche en société. Le nid est placé sur un arbre, sur un buisson ou à terre, dans un endroit vaseux ou marécageux. Quand il est construit sur un arbre ou un buisson, le nid consiste en branches entrelacées, garnies, à l'intérieur, de fragments de végétaux herbacés; s'il repose à terre, il est seulement composé de fragments des végétaux en question. Cet Oiseau s'empare volontiers d'un nid abandonné de Héron, qu'il arrange à son usage.

Normandie :

« Cette espèce se trouve quelquefois en Normandie. M. Cyrus Pophillat, à Isigny, possède un bel Ibis vert, tué dans les environs de cette ville ». [C.-G. CHESNON. — *Op. cit.*, p. 316].

Espèce mentionnée comme étant de passage accidentel en Normandie. [NOURY. — *Op. cit.*, p. 100].

Seine-Inférieure :

Espèce mentionnée comme n'ayant encore été observée qu'une fois dans la Seine-Inférieure. [J. HARDY. — *Op. cit.*, p. 292].

Au printemps de 1872, un individu, que je possède, a été tué dans la vallée de la Bresle. [Louis-Henri BOURGEOIS, renseign. manuscrit, 1891].

Calvados :

Un bel individu a été tué dans les environs d'Isigny. [Voir 14 lignes plus haut].

« Cet Oiseau parait être extrêmement rare. Je ne le connais que dans ma collection et dans celle de M. C. Pophillat, à Isigny. L'un a été tué à Troarn, l'autre au Vey ». [LE SAUVAGE. — *Op. cit.*, p. 201].

« Très-rare. Le 10 octobre 1886, une petite bande de huit individus fut aperçue sur le marais de Villers-sur-Mer (Calvados). Un chasseur heureux, de ses 2 coups, en abattit cinq. Un autre chasseur culbuta le sixième, et les deux restant s'empressèrent de sauver leurs jours fortement menacés. J'ai obtenu deux exemplaires de ces Ibis; et par quelques plumes blanches qui se voient encore au vertex et au cou, ce sont, je pense, des sujets de 2ᵉ année ». [Émile ANFRIE, renseign. manuscrit, 1888].

« J'ai vu un Ibis vert semi-adulte, tué en septembre 1891, dans les prairies de Colombelles, près de Caen ». [Albert FAUVEL, renseign. verbal, 1892].

Manche :

« Très-rare; j'en ai tué deux dans les environs de Sainte-Marie-du-Mont ». [Emmanuel CANIVET. — *Op. cit.*, p. 21].

« Marais de Pont-l'Abbé ». [Aᵈ BENOIST. — *Op. cit.*, p. 238].

« Très-rare ». [J. LE MENNICIER. — *Op. cit.*, p. 144; tir. à part, p. 36].

2ᵉ Genre. *GRUS* — GRUE.

1. **Grus communis** Bchst. — Grue cendrée.

Ardea grus L.

Grus canorus Th. Forst., *G. cineracea* Brehm, *G. cinerea* Bchst., *G. vulgaris* Pall.

Megalornis grus G.-R. Gray.

Grue commune, G. ordinaire, G. vulgaire.

Paul BERT. — *Op. cit.*, p. 87; tir. à part, p. 63.

C.-D. DEGLAND et Z. GERBE. — *Op. cit.*, t. II, p. 274.

E. LEMETTEIL. — *Op. cit.*, tir. à part, t. II, p. 252.

Amb. GENTIL. — *Op. cit.*, *Échassiers*, p. 58; tir. à part, p. 78.

Alphonse Dubois. — *Op. cit.* : texte, t. II, p. 308; atlas, t. II, pl. 229, et pl. XXXIX, figs. 197.

Léon Olphe-Galliard. — *Op. cit.*, fasc. XV, p. 33.

La Grue cendrée habite les champs garnis de cultures, situés à proximité de marais et loin de toute habitation, les plaines, les bois marécageux bordés de champs, les marais et les îlots des grands fleuves; elle évite les endroits touffus, où il ne lui est pas possible de voir au loin. Elle est migratrice et sédentaire, et très-sociable. Elle émigre en bandes, qui volent à une grande hauteur; lorsqu'ils sont en petit nombre, ces Oiseaux voyagent le plus souvent l'un derrière l'autre; mais, quand ils sont nombreux, ils volent d'ordinaire en formant un Y renversé (λ). Son naturel est fort gracieux. Ses mœurs sont diurnes. Elle vole facilement et rapidement, le cou et les pattes étendus; elle plane fréquemment, en décrivant de grandes circonférences et tout en s'élevant de plus en plus; elle marche d'une façon légère et mesurée; au besoin, elle court avec agilité. Sa nourriture se compose principalement de matières végétales, telles que graines, jeunes Graminées, fruits charnus, pois, fèves, etc.; elle mange aussi des Vers, des larves, des Insectes, des Mollusques, des Grenouilles, des Lézards, des Mammifères, etc. La femelle ne fait normalement qu'une couvée par an, de deux œufs, rarement de trois. La ponte de la couvée normale a lieu dans la seconde quinzaine d'avril et en mai. Cette espèce niche isolément. Le nid, grand et de forme aplatie, consiste en branches recouvertes de fragments de plantes herbacées; il est très-bien caché en un point sec d'un endroit marécageux, soit sur un monticule herbé dans le voisinage de l'eau, soit sur des herbes mortes, soit dans un buisson.

Normandie :

Espèce mentionnée comme étant de passage accidentel en Normandie. [Noury. — *Op. cit.*, p. 99].

Seine-Inférieure :

Espèce mentionnée comme ayant été observée dans la Seine-Inférieure. [J. HARDY. — *Op. cit.*, p. 291].

Un individu a été tué au Havre, dans la plaine de l'Heure, il y a environ trente à trente-cinq ans; un mâle a été abattu aux environs du Havre, il y a une quinzaine d'années; et un autre mâle fut tué à Sandouville, il y a huit ou neuf ans. [G. LENNIER, renseign. manuscrit, 1892].

Un jeune individu a été tué à Petitville, près de Lillebonne, vers la mi-novembre 1871, et indignement mis à la broche, comme un vulgaire Dindon. [F. LEMETTEIL. — *Op. cit.*, tir. à part, t. II, p. 254].

« M. Lemetteil annonce la capture d'une Grue femelle presque adulte (*Grus cinerea* Bchst.), sur les marais de Saint-Jean-d'Abbetot (commune de La Cerlangue) ». [Comité d'Ornithologie de la Soc. des Amis des Scienc. natur. de Rouen, (*Op. cit.*), séance du 2 décembre 1875, p. 243 ; tir. à part, p. 11].

Calvados :

Espèce observée dans ce département par M. de Formigny. [Note in Mémoir. de la Soc. linnéenne de Normandie, ann. 1839-42, p. x].

Un individu tué à « Petiville, vers 1862 ». [Albert FAUVEL, renseign. manuscrit, 1890]. [Collection d'Albert FAUVEL, à Caen].

« M. Octave Fauvel signale quelques espèces d'Oiseaux rares, récemment observés par lui dans nos environs (Caen) :

. . . .

« Grue cendrée (*Grus cinerea* Bchst.). Depuis près de deux mois, sept ou huit individus ont été tués dans les marais de nos environs (Caen) ». [Note in Bull.

de la Soc. linnéenne de Normandie, ann. 1864-65, séance du 6 mars 1865, p. 113].

Un mâle jeune et un mâle adulte, « marais de Vara-ville, 20 mars 1865 ». [Albert FAUVEL, renseign. manuscrit, 1890]. [Collection d'Albert FAUVEL, à Caen].

3ᵉ Genre. *CICONIA* — CIGOGNE.

1. **Ciconia alba** Klein — Cigogne blanche.

Ardea ciconia L.
Ciconia albescens Brehm, *C. candida* Brehm, *C. major* Brehm, *C. nivea* Brehm.

Paul BERT. — *Op. cit.*, p. 89; tir. à part, p. 65.
C.-D. DEGLAND et Z. GERBE. — *Op. cit.*, t. II, p. 316.
E. LEMETTEIL. — *Op. cit.*, *Vermivores*, p. 141; tir. à part, t. II, p. 258.
Amb. GENTIL. — *Op. cit.*, *Échassiers*, p. 64; tir. à part, p. 84.
Alphonse DUBOIS. — *Op. cit.* : texte, t. II, p. 358; atlas, t. II, pl. 238, et pl. LXXI, fig. 199.
Léon OLPHE-GALLIARD. — *Op. cit.*, fasc. XV, p. 14.

La Cigogne blanche habite les prairies basses traversées par des cours d'eau ou entrecoupées d'endroits marécageux; elle va souvent dans les champs, et se plaît beaucoup dans les villages et les villes où on ne l'inquiète pas, mais elle n'aime point les lieux secs et les pays montagneux. Elle est migratrice et sédentaire, et sociable ou non, suivant les individus. Elle émigre en bandes, parfois composées de plusieurs milliers de sujets, qui volent à une grande hauteur, en longues files irrégulières. Ses mœurs sont diurnes. Son vol est majestueux et facile, mais peu rapide; en volant, elle étend le cou et les pattes, qui, avec le corps, sont presque sur une même ligne droite; elle plane souvent; sa démarche est lente et mesurée; elle tient généralement le corps assez relevé, le cou un peu en forme d'S, et la tête légèrement inclinée vers le sol; elle court fort peu. Sa nourriture se compose de Grenouilles, de Mammifères, de Reptiles, de Poissons, de jeunes Oiseaux, d'Insectes, de larves, de Mollusques, de Vers et de Crustacés. La femelle ne fait normalement qu'une couvée par an. Le nombre des œufs pondus varie suivant l'âge de la femelle : une jeune en pond trois, et une plus âgée en a quatre, cinq, et parfois six. La pônte de la couvée normale a lieu dans la seconde quinzaine de mars, en avril et en mai, suivant la latitude. La durée de l'incubation est de vingt-huit à trente et un jours. Cette espèce niche en société et isolément. Le nid, très-vaste, est construit d'une manière solide, mais sans élégance, avec des branches et des mottes de plantes herbacées, entremêlées de terre et formant la base, au-dessus de laquelle se trouve la couche moyenne, composée de petites branches et de fragments de végétaux herbacés, et surmontée de fragments plus fins des végétaux en question, de plumes, de chiffons, etc., qui constituent la couche supérieure. Ce nid est placé à découvert dans la partie terminale d'un arbre élevé, ou sur un toit, une cheminée, une tour, une muraille en ruines, etc.

Toute la Normandie. — De passage presque régulier en avril et mai; séjourne quelque temps; et de passage accidentel en automne. — A.R.

2. **Ciconia nigra** L. — Cigogne noire.

Ardea atra Gm., *A. chrysopelargus* A.-A.-H. Lcht., *A. nigra* L.
Ciconia fusca Briss., *C. nigra* Salerne.
Melanopelargus niger Rchb.

Cigogne brune.

Paul BERT. — *Op. cit.*, p. 89; tir. à part, p. 65.

C.-D. DEGLAND et Z. GERBE. — *Op. cit.*, t. II, p. 318.

E. LEMETTEIL. — *Op. cit.*, *Vermivores*, p. 143; tir. à part, t. II, p. 260.

Amb. GENTIL. — *Op. cit.*, *Échassiers*, p. 64; tir. à part, p. 84.

Alphonse DUBOIS. — *Op. cit.* : texte, t. II, p. 366; atlas, t. II, pl. 239, pl. XLIV, fig. 198, et pl. LI, fig. 198.

Léon OLPHE-GALLIARD. — *Op. cit.*, fasc. XV, p. 26.

La Cigogne noire habite les bois qui bordent les fleuves et les rivières, les forêts humides contenant des étangs, des mares ou des endroits marécageux, et même les parties boisées des montagnes ; elle va dans les prairies, et se rend parfois aussi dans les champs et dans le voisinage de la mer, mais n'y reste pas longtemps ; en toute occasion elle évite l'Homme. Elle est migratrice et sédentaire, et vit par couples ou isolément, émigrant ainsi d'une façon générale, car les petites bandes que l'on voit pendant les migrations ne sont habituellement formées que de jeunes. Pendant ses voyages, elle vole à une très-grande hauteur. Ses mœurs sont diurnes. Son vol est majestueux, mais peu rapide ; en volant, elle étend le cou et les pattes, qui, avec le corps, sont presque sur une même ligne droite ; elle marche d'une façon lente et mesurée. Sa nourriture se compose de Grenouilles, de Mammifères, de Reptiles, de Poissons, de jeunes Oiseaux, d'Insectes, de larves, de Mollusques et de Vers. La femelle ne fait normalement qu'une couvée par an, de trois à cinq œufs. La ponte de la couvée normale a lieu en avril et mai. La durée de l'incubation est d'environ vingt-huit jours. Cette espèce niche isolément. Le nid est vaste et construit avec des branches entremêlées de terre, composant la couche inférieure et soutenant la couche moyenne, faite avec des fragments de végétaux herbacés, et au milieu de laquelle se trouve une cavité garnie de fragments plus fins des végétaux en question, de feuilles mortes, de poils, de plumes, etc., qui constituent la couche supérieure. Quelquefois, le nid abandonné d'un gros Oiseau Carnivore sert de base à celui de la Cigogne noire. Le nid de cette espèce est habituellement placé sur un gros arbre d'une forêt ou d'un bois, et souvent, dans les pays de montagnes, sur un rocher escarpé.

Normandie :

Espèce mentionnée comme étant de passage accidentel en Normandie. [Noury. — *Op. cit.*, p. 99].

Seine-Inférieure :

Espèce mentionnée comme ayant été observée dans la Seine-Inférieure. [J. Hardy. — *Op. cit.*, p. 291].

« Une magnifique femelle très-adulte, qui fait partie de notre collection, a été abattue le 28 avril dernier (1874 ?), sur le marais de Saint-Jean-d'Abbetot (commune de La Cerlangue). Elle avait dans l'ovaire des œufs de la grosseur d'une belle noisette ». [E. Lemetteil. — *Op. cit.*, tir. à part, t. II, p. 304].

« Cette espèce a été vue, en octobre 1887, dans la vallée de la Bresle ». [Louis-Henri Bourgeois, renseign. manuscrit, 1891].

Calvados :

« Excessivement rare. Un individu, tué dans nos parages, est dans la collection de M. de Roncherolles. Un second, qui avait été blessé, a vécu chez M. le Comte de Turgot ». [Le Sauvage. — *Op. cit.*, p. 200].

Manche :

« Elles sont rares sur nos côtes; ce sont presque toujours des jeunes que l'on rencontre au moment du passage ». [Emmanuel Canivet. — *Op. cit.*, p. 20].

— Il est très-important de faire observer que cette phrase concerne la Cigogne blanche et la Cigogne noire, et, qu'à n'en point douter, cette dernière est infiniment plus rare en Normandie que la Cigogne blanche.

« Encore plus rare que la précédente (Cigogne blanche) ». [J. LE MENNICIER. — *Op. cit.*, p. 145 ; tir. à part, p. 37].

4ᵉ Genre. *PLATALEA* — SPATULE.

1. **Platalea leucorodia** L. — Spatule blanche.

Pelecanus Aldrovandi Salerne.
Platalea alba Scop., *P. nivea* Cuv., *P. pyrrhops* Hdgs.
Platea leucopodius S. Gm., *P. leucorodia* Leach.

Palette.

Paul BERT. — *Op. cit.*, p. 90, et pl. II, fig. 9 ; tir. à part, p. 66, et même fig.

C.-D. DEGLAND et Z. GERBE. — *Op. cit.*, t. II, p. 321.

E. LEMETTEIL. — *Op. cit.*, *Vermivores*, p. 145 ; tir. à part, t. II, p. 262.

Amb. GENTIL. — *Op. cit.*, *Échassiers*, p. 65 ; tir. à part, p. 85.

Alphonse DUBOIS. — *Op. cit.* : texte, t. II, p. 371 ; atlas, t. II, pl. 240, et pl. XXXVIII, figs. 200.

Léon OLPHE-GALLIARD. — *Op. cit.*, fasc. XV, p. 46.

La Spatule blanche habite les bords vaseux des cours d'eau, le voisinage des lacs, les marais, les plages vaseuses des côtes maritimes et les embouchures des fleuves, et ne va que dans les endroits découverts. Elle est migratrice et sédentaire, et très-sociable. Elle émigre en bandes plus ou moins grandes, qui forment une ligne simple ou double, et quelquefois un angle irrégulier. Son naturel est doux et paisible. Ses mœurs sont diurnes, quoique, parfois, elle soit active pendant les nuits bien claires. Son vol est élégant et facile; en volant, elle tient le cou et les pattes étendus horizontalement; elle plane quelquefois, en décrivant des circonférences; elle marche d'une façon grave et mesurée. Sa nourriture se compose de Poissons, d'Insectes, de larves, de Crustacés, de Vers, de Mollusques, d'œufs de Poissons et de plantes aquatiques. La femelle ne fait normalement qu'une couvée par an, de deux à quatre œufs. Cette espèce niche en société. Le nid est construit d'une façon grossière, mais solide, avec des branches garnies intérieurement de feuilles mortes et de fragments de plantes herbacées. Il repose sur un arbre, qui, parfois, en porte autant qu'il est possible ; on le rencontre aussi dans un buisson, ou à terre parmi des végétaux herbacés. Ce nid se trouve sur le bord d'une rivière, près de l'embouchure d'un fleuve, près d'un lac, ou près du littoral.

Toute la Normandie. — De passage régulier en avril et mai, et en septembre et octobre. — P. C.

5e Genre. *ARDEA* — HÉRON.

1. **Ardea cinerea** L. — Héron cendré.

Ardea cineracea Brehm, *A. cristata* Briss., *A. griseo-alba* Rich. et Bern., *A. Johannae* Gm., *A. leucophaea* J. Gould, *A. major* L., *A. naevia* Briss., *A. rhenana* Sander.

Héron commun, H. ordinaire, H. vulgaire.

Cohéron, Coq-héron.

Paul BERT. — *Op. cit.*, p. 88; tir. à part, p. 64.

C.-D. DEGLAND et Z. GERBE. — *Op. cit.*, t. II, p. 286.

E. LEMETTEIL. — *Op. cit.*, *Vermivores*, p. 149 ; tir. à part,
  t. II, p. 267.

Amb. GENTIL. — *Op. cit.*, *Échassiers*, p. 59 ; tir. à part,
  p. 79.

Alphonse DUBOIS. — *Op. cit.* : texte, t. II, p. 315 ; atlas, t. II,
  pl. 230, et pl. XL, fig. 201.

Léon OLPHE-GALLIARD. — *Op. cit.*, fasc. XV, p. 70.

Le Héron cendré habite près des eaux douces et salées,
courantes et stagnantes, qui sont poissonneuses et dont les
bords ne sont pas profonds ; il recherche les eaux claires, et
s'écarte parfois de l'eau pour aller chercher sa nourriture
dans les prairies et les champs. Il est migrateur et sédentaire, et n'est guère sociable, excepté pendant la période de
la reproduction, où il l'est un peu plus. Il émigre par bandes
composées de vingt à cinquante individus ou par familles,
qui volent très-haut, lentement et en formant une ligne
oblique. Son naturel est méchant, haineux et nonchalant.
Ses mœurs sont diurnes. Son vol est facile et assez uniforme ;
en volant, le cou de l'Oiseau est renversé en arrière, de
telle sorte que la tête repose sur la base du cou, et les pattes
sont étendues postérieurement ; il marche d'une façon lente
et ne peut pas courir très-vite ; il nage maladroitement et
non sans y être forcé. Sa nourriture se compose de Poissons,
de Grenouilles, de têtards, de Reptiles, de larves, d'Insectes, de Vers, de Crustacés et de Mollusques ; à l'occasion,
il mange des œufs, des jeunes Oiseaux et des Mammifères.
La femelle ne fait normalement qu'une couvée par an, de
trois à six œufs. La durée de l'incubation est de trois
semaines. Cette espèce niche en société et isolément. Le nid,
grand et de forme généralement aplatie, est construit, quand
il repose sur un arbre, avec des branches et des fragments
de végétaux herbacés, et garni, à l'intérieur, de fragments
plus fins de ces végétaux, de poils, de laine et de plumes ;
il est fait grossièrement, et d'une manière assez lâche pour
que l'on voie les œufs à travers. Lorsqu'il est placé sur des

roseaux ou sur un buisson parmi des roseaux, il est construit d'une façon très-négligente avec des fragments de plantes herbacées. En Chine, on trouve aussi le nid de cet Oiseau dans des ruines, et même sur des constructions jusque dans l'intérieur de la ville de Pékin.

Toute la Normandie. — De passage régulier en mars et avril, et en septembre et octobre ; un certain nombre d'individus passent la saison froide dans cette province, et un petit nombre y est sédentaire. — P. C.

2. **Ardea purpurascens** Briss. — Héron pourpré.

Ardea botaurus Gm., *A. caspia* S. Gm., *A. caspica* Turt., *A. monticola* Lapeyr., *A. pharaonica* Bp., *A. purpurata* Gm., *A. purpurea* L., *A. rufa* Scop., *A. rutila* Lath., *A. variegata* Scop.
Botaurus major S. Gm.

Paul Bert. — *Op. cit.*, p. 88 ; tir. à part, p. 64.
C.-D. Degland et Z. Gerbe. — *Op. cit.*, t. II, p. 290.
E. Lemetteil. — *Op. cit., Vermivores*, p. 152 ; tir. à part, t. II, p. 270.
Amb. Gentil. — *Op. cit., Échassiers*, p. 59 et 60 ; tir. à part, p. 79 et 80.
Alphonse Dubois. — *Op. cit.* : texte, t. II, p. 321 ; atlas, t. II, pl. 231, et pl. XXXVII, fig. 202.
Léon Olphe-Galliard. — *Op. cit.*, fasc. XV, p. 82.

Le Héron pourpré habite les endroits marécageux couverts de végétaux herbacés plus hauts que lui, les bords des eaux courantes garnis de grandes plantes herbacées ou de buissons, et les endroits humides buissonneux ; ce sont les lieux couverts de roseaux et de joncs qu'il recherche particulièrement. Il est migrateur et sédentaire, et assez sociable. Il émigre par petites bandes ; les individus qui les composent volant à une grande hauteur, et formant une ligne oblique. Son naturel est inoffensif. Ses mœurs sont surtout aurorales et crépusculaires. Sa nourriture se compose principalement de Poissons, de Grenouilles et de têtards ; il mange aussi des Insectes, des larves, des Vers et des Mammifères. La femelle ne fait normalement qu'une couvée par an, le plus ordinairement de quatre œufs, souvent de trois et quelquefois de cinq. « L'époque de la ponte, dit Alphonse Dubois (*Op. cit.*, texte, t. II, p. 324), varie suivant les contrées : en Europe elle a lieu en mai, et dans les parties les plus méridionales, vers la mi-avril ; dans l'Inde, d'après Hume, on trouve des œufs frais depuis avril jusqu'en août, suivant la région ; le major Legge trouva des œufs en décembre dans le nord de Ceylan, et des poussins en mars dans le sud de la même île ». Cette espèce niche isolément et en société. Le nid, vaste et de forme aplatie, est grossièrement construit avec des branches et des fragments de plantes herbacées ; il se trouve à terre parmi les roseaux ou les joncs d'un marais, moins souvent dans un buisson ou sur un arbre.

Normandie :

« Beaucoup plus rare en Normandie » que le Héron cendré. [C.-G. CHESNON. — *Op. cit.*, p. 289].

Espèce mentionnée comme étant de passage régulier en Normandie. [NOURY. — *Op. cit.*, p. 99].

Seine-Inférieure :

Espèce mentionnée comme ayant été observée dans la Seine-Inférieure. [J. HARDY. — *Op. cit.*, p. 291].

« De double passage en avril et mai, et en septembre et octobre ». [J. HARDY. — *Manusc. cit.*, p. 44].

« Nous avons dans notre collection une femelle de trois ans, prenant sa livrée complète, et qui nous a été offerte par M. A. Oursel, du Havre, où cet oiseau avait été abattu ». [E. LEMETTEIL. — *Op. cit.*, *Vermivores*, p. 153 ; tir. à part, t. II, p. 271].

« Un Héron pourpré a été tué dans un herbage, à Bracquemont, en 1881 ». [Léon GAILLON, renseign. manuscrit, 1890].

« Cet Oiseau a été tué une fois, à ma connaissance, sur les bords de la Seine, en amont de Rouen ». [Raoul FORTIN, renseign. manuscrit, 1892].

Eure :

« Fort rare. J'ai vu, en 1848, un sujet très-adulte, à Beuzeville, et provenant de Toutainville, près Pont-Audemer ». [Émile ANFRIE, renseign. manuscrit, 1888].

Calvados :

« Peut-être moins commun que le précédent (Héron cendré) ; et cependant on le trouve dans la plupart des collections. On en a tué 12 à 15 cet automne (1834), dans nos environs ». [LE SAUVAGE. — *Op. cit.*, p. 200].

Un jeune, tué « vers 1860, prairie de Caen ». [Albert FAUVEL, renseign. manuscrit, 1890]. [Collection d'Albert FAUVEL, à Caen].

Un individu de cette espèce a été tué au commencement d'octobre 1863, à Saint-Vaast, arrondissement de Bayeux. [Albert FAUVEL, note in Bull. de la Soc. linnéenne de Normandie, ann. 1863-64, p. 127].

Manche :

Espèce mentionnée comme nichant dans la Manche. [Emmanuel CANIVET. — *Op. cit.*, p. 21].

« Très-rare. Tué, en octobre 1874, dans les environs de Carentan ». [J. Le Mennicier. — *Op. cit.*, p. 145; tir. à part, p. 37].

3. **Ardea alba** L. — Héron aigrette.

Ardea egretta Bchst., *A. egrettoides* S. Gm., *A. flaviros-tris* Wagl., *A. intermedia* Finsch, *A. melanorhyncha* Wagl., *A. modesta* Gray, *A. orientalis* Keys. et Bl., *A. syrmatophora* G.-R. Gray.
Egretta alba Bp., *E. melanorhyncha* Wagl., *E. modesta* Bp., *E. syrmatophora* Bp.
Erodius albus Macg., *E. Victoriae* Macg.
Herodias alba Rchb., *H. candida* Brehm, *H. egretta* Boie, *H. flavirostris* Gray, *H. modesta* Gray, *H. syrmato-phorus* J. Gould.

Aigrette blanche.

C.-D. Degland et Z. Gerbe. — *Op. cit.*, t. II, p. 294.
A.-E. Brehm. — *Op. cit.*, t. II, p. 655; pl. XXXIV (p. 652), et fig. 162 (p. 656).
Alphonse Dubois. — *Op. cit.* : texte, t. II, p. 325 ; atlas, t. II, pl. 232, et pl. XLIII, fig. 203.
Léon Olphe-Galliard. — *Op. cit.*, fasc. XV, p. 88.

Le Héron aigrette habite le voisinage des cours d'eau, des étangs et des lacs, les marais et les prairies, mais ne va pas sur les côtes maritimes. Il est migrateur et sédentaire, et assez sociable. Il émigre en bandes plus ou moins grandes, qui volent très-haut. Sa nourriture se compose de Poissons, de Grenouilles, d'Insectes, de larves, de Vers et de Mammifères. La femelle ne fait normalement qu'une couvée par an, de trois ou quatre œufs, et quelquefois de cinq. Cette espèce niche en société. Le nid, quand il repose sur un arbre, est grossièrement construit avec des branches, les plus petites à l'intérieur ; et il est composé de fragments de roseaux et autres végétaux herbacés, lorsqu'il se trouve à terre, parmi les roseaux d'un marais.

Normandie :

> Cette espèce est seulement de passage en Normandie, où elle est très-rare. [C.-G. Chesnon. — *Op. cit.*, p. 289].

Seine-Inférieure :

> Espèce mentionnée comme ayant été observée dans la Seine-Inférieure. [J. Hardy. — *Op. cit.*, p. 291].

Calvados :

> « J'ai préparé un individu jeune, pour un M. Delauney, qui l'avait tué dans la vallée d'Orbec, il y a bien une trentaine d'années. C'est le seul spécimen, et le fait me paraît rare ». [Émile Anfrie, renseign. manuscrit, 1888].

4. **Ardea garzetta** L. — Héron garzette.

Ardea melanopus Wagl., *A. nigripes* Temm., *A. nigrirostris* Gray, *A. nivea* S. Gm., *A. orientalis* Gray, *A. santodactyla* S. Gm., *A. xanthodactyla* Raf.
Egretta garzetta Bp., *E. jubata* Brehm, *E. Lindermayeri* Brehm, *E. nigrirostris* Bp., *E. nivea* Bp., *E. orientalis* Bp.
Erodius garzetta Macg.
Garzetta egretta Bp., *G. immaculata* Bp., *G. nigripes* Bp., *G. nivea* Tacz., *G. orientalis* Bp.
Herodias garzetta Boie, *H. immaculata* J. Gould, *H. jubata* Brehm, *H. Lindermayeri* Brehm, *H. melanopus* J. Gould, *H. nivea* Brehm.

Aigrette garzette.

C.-D. DEGLAND et Z. GERBE. — *Op. cit.*, t. II, p. 295.

Amb. GENTIL. — *Op. cit.*, *Échassiers*, p. 61 ; tir. à part, p. 81.

Alphonse DUBOIS. — *Op. cit.* : texte, t. II, p. 331 ; atlas, t. II, pl. 233, et pl. LXXIII, figs. 203[a].

Léon OLPHE-GALLIARD. — *Op. cit.*, fasc. XV, p. 94.

Le Héron garzette habite les marais, le bord des étangs, des lacs et des eaux courantes, les prairies humides et le littoral, et recherche les fonds sableux. Il est migrateur et sédentaire, et sociable. Ses mœurs sont diurnes. Il marche légèrement. Sa nourriture se compose de Poissons, de Grenouilles, de Vers, d'Insectes, de larves, etc. La femelle ne fait normalement qu'une couvée par an, de trois à six œufs. « L'époque de la ponte, dit Alphonse Dubois (*Op. cit.*, texte, t. II, p. 334), varie selon le pays : en Europe elle a lieu en mai, dans le nord de l'Inde, d'après Hume, en juillet et août, dans le sud de ce pays en décembre, et à Ceylan en avril ». Cette espèce niche le plus souvent en société, à terre, dans un buisson ou sur un arbre, et il est rare de trouver un couple à l'état isolé. Le nid, lorsqu'il est placé à terre, parmi les roseaux ou les joncs d'un marais, est construit avec des fragments de roseaux et autres plantes herbacées ; et, quand il repose sur un arbre, il est fait avec des branches et des brindilles lâchement entrelacées, qui, parfois, laissent voir les œufs à travers.

Normandie :

Cette espèce est seulement de passage en Normandie, où elle est très-rare. [C.-G. CHESNON. — *Op. cit.*, p. 289].

Espèce mentionnée comme étant de passage accidentel en Normandie. [NOURY. — *Op. cit.*, p. 99].

Calvados :

« Je l'ai rencontré, il y a douze ans, sur le marché de Caen ; un second individu, tué dans le Calvados,

est dans la collection de M. Paris, au château de
Villers-sur-Mer ». [LE SAUVAGE. — *Op. cit.*, p. 200].

« M. Eudes-Deslongchamps annonce qu'une Petite
Aigrette (*Ardea garzetta*) a été tuée dernièrement
le long du canal maritime de Caen à la mer ». [Note
in Bull. de la Soc. linnéenne de Normandie, ann.
1859-60, séance du 9 juillet 1860, p. 296].

OBSERVAT. — Charles Bouchard signale (*Op. cit.*, p. 22)
« l'Aigrette (*Ardea garzetta*) » comme ayant été observée
dans le canton de Gisors (Eure); mais mon habituelle prudence, en matière scientifique, me fait ne pas tenir compte
de ce vague renseignement.

5. Ardea ralloides Scop. — Héron crabier.

Ardea audax Lapeyr., *A. botaurulus* Schrnk., *A. castanea*
S. Gm., *A. comata* Pall., *A. erythropus* Gm., *A. Mar-
sigli* Lepechin, *A. pumila* Lepechin, *A. senegalensis*
Gm., *A. squajotta* Gm.

Ardeola comata G.-R. Gray, *A. ralloides* Boie.

Botaurus comatus Macg.

Buphus castaneus Brehm, *B. comatus* Boie, *B. illyricus*
Brehm, *B. ralloides* Brehm.

Cancrophagus luteus Briss., *C. ralloides* Kaup.

Egretta comata Sws.

Nycticorax ralloides Hempr. et Ehrbg.

Crabier chevelu, C. commun, C. ordinaire, C. vulgaire.

Paul BERT. — *Op. cit.*, p. 88 et 89; tir. à part, p. 64 et 65.
C.-D. DEGLAND et Z. GERBE. — *Op. cit.*, t. II, p. 301.
E. LEMETTEIL. — *Op. cit.*, *Vermivores*, p. 153; tir. à part,
t. II, p. 271.

44

Amb. GENTIL. — *Op. cit.*, *Échassiers*, p. 61 ; tir. à part,
p. 81.

Alphonse DUBOIS. — *Op. cit.* : texte, t. II, p. 335 ; atlas, t. II,
pl. 234, et pl. LI, figs. 104.

Léon OLPHE-GALLIARD. — *Op. cit.*, fasc. XV, p. 105.

Le Héron crabier habite les marais, le voisinage des lacs,
des étangs et des cours d'eau, et les prairies humides ; on
le voit aussi, pendant ses migrations, dans le voisinage de
la mer ; ce sont les eaux bourbeuses, douces et salées,
environnées de roseaux et de joncs, et les prairies humides
entourées de buissons, qu'il semble préférer. Il est migrateur et sédentaire, et fort sociable. Il émigre par bandes ou
par couples. Son naturel est doux et inoffensif. Ses mœurs
sont essentiellement diurnes. Son vol est silencieux et assez
rapide ; l'Oiseau le prend difficilement lorsqu'il se croit
caché. Sa nourriture se compose de Poissons, de Grenouilles,
de têtards, d'Insectes, de larves, de Crustacés, de Mollusques
et de Vers. La femelle ne fait normalement qu'une couvée par
an, de quatre à six œufs. La ponte de la couvée normale a
lieu généralement dans la première quinzaine de juin. Le
nid consiste en fragments de plantes herbacées, quand il se
trouve à terre, parmi les roseaux ou les joncs ; et il est
construit, lorsqu'il repose sur un arbre, avec des petites
branches si lâchement entrelacées, que l'on voit les œufs à
travers.

Normandie :

« Extrêmement rare en Normandie. J'en possède
un très-bel individu, tué à Vaucelles, près de Bayeux,
et que je dois à la bienveillance de M. Féron, doc-
teur-médecin, qui me l'a procuré ». — Le Héron
crabier que j'ai eu cette année, a été tué « dans le
mois de juillet, époque à laquelle le thermomètre
marquait 39 degrés à Bordeaux ». [Presque certainement juillet 1835. J'ignore si c'est le même indi-

vidu. (H. G. de K.)]. — [C.-G. CHESNON. — *Op. cit.* :
1re phrase, p. 290 ; 2° phrase, p. 389].

Espèce mentionnée comme étant de passage accidentel en Normandie. [NOURY. — *Op. cit.*, p. 99].

Seine-Inférieure :

Espèce mentionnée comme n'ayant encore été observée qu'une fois dans la Seine-Inférieure. [J. HARDY.
— *Op. cit.*, p. 291].

« Le Crabier....... ne se montre que très-accidentellement dans notre département. Deux individus,
perdus pour l'ornithologie, ont été abattus, l'un près
du Havre, l'autre dans les environs de Bolbec, à
Mirville, pendant l'été de 1865 ». [E. LEMETTEIL. —
Op. cit., Vermivores, p. 154 ; tir. à part, t. II,
p. 272].

Une jeune femelle a été tuée au bord de la Seine,
près de Moulineaux. [Comité d'Ornithologie de la
Soc. des Amis des Scienc. natur. de Rouen, (*Op. cit.*),
séance du 8 novembre 1877, p. 254 ; tir. à part,
p. 22].

Eure :

J'ai vu en 1847, à Pont-Audemer, un mâle et une
femelle de cette espèce, qui avaient été tués dans les
marais de Toutainville, près de Pont-Audemer. [Émile
ANFRIE, renseign. manuscrit, 1888].

Calvados :

« Un très-bel individu, tué à Vaucelles, près de
Bayeux ». [Voir la page précédente, ligne 7 en remon-
tant].

« Plusieurs individus de cette belle espèce ont été
tués dans nos parages. On le voit dans la collection
de M. Chesnon, et chez Mme Person, au château de
Vaux, à Grey, à l'obligeance de laquelle je dois le

bel individu de ma collection ». [Le Sauvage. — *Op. cit.*, p. 201].

Manche :

« Un adulte et un jeune ont été envoyés au Musée de Saint-Lô, en juin 1869 ; ils avaient été pris dans les marais du Cotentin. C'est la première fois, à ma connaissance, que cette espèce a été trouvée dans la Manche ». [J. Le Mennicier. — *Op. cit.*, p. 146 ; tir. à part, p. 38].

6. Ardea nycticorax L. — Héron bihoreau.

Ardea discors Nutt., *A. ferruginea* S. Gm., *A. Gardeni* Gm., *A. grisea* Briss., *A. Hoactli* Gm., *A. jamaicensis* Gm., *A. kwakwa* S. Gm., *A. maculata* Gm., *A. sexsetacea* Vieill., *A. tayazaguira* Vieill.
Botaurus nycticorax C.-F. Dubois.
Cancrophagus castaneus Briss.
Nyctiardea europaea Sws., *N. Gardeni* Sp. Baird, *N. nycticorax* Swinh.
Nycticorax americanus Bp., *N. ardeola* Temm., *N. badius* Brehm, *N. brevipes* Hempr. et Ehrbg., *N. europaeus* Steph., *N. Gardeni* Jard., *N. griseus* G.-R. Gray, *N. infaustus* Th. Forst., *N. meridionalis* Brehm, *N. naevius* G.-R. Gray, *N. nycticorax* Boie, *N. orientalis* Brehm, *N. vulgaris* Hempr. et Ehrbg.
Nyctirodius nycticorax Macg.
Scotaeus guttatus Hgl., *S. nycticorax* Hgl.

Bihoreau à manteau noir, B. d'Europe.

Paul Bert. — *Op. cit.*, p. 88 et 89 ; tir. à part, p. 64 et 65.
C.-D. Degland et Z. Gerbe. — *Op. cit.*, t. II, p. 312.
E. Lemetteil. — *Op. cit.*, *Vermivores*, p. 154 ; tir. à part, t. II, p. 272.

Amb. GENTIL. — *Op. cit.*, *Échassiers*, p. 63; tir. à part, p. 83.

Alphonse DUBOIS. — *Op. cit.* : texte, t. II, p. 351; atlas, t. II, pl. 237, et pl. XLIV, fig. 205.

Léon OLPHE-GALLIARD. — *Op. cit.*, fasc. XV, p. 61.

Le Héron bihoreau habite les marais et le voisinage des cours d'eau, des lacs et des étangs, où se trouvent des roseaux et des joncs, et préfère ceux qui sont pourvus d'arbres. Il est migrateur et sédentaire, et sociable. Il émigre, d'une façon générale, isolément ou par familles. Son naturel est actif et agile. Ses mœurs sont essentiellement crépusculaires et nocturnes; toutefois, lorsqu'il a des petits, il est forcé d'aller aussi, pendant le jour, chercher de la nourriture pour apaiser leur faim insatiable. Son vol est silencieux; en volant, il tient les pattes étendues en arrière; il marche d'une façon mesurée. Sa nourriture se compose de Poissons, de Grenouilles, de têtards, de Lézards, de Crustacés, d'Insectes, de larves, de Vers, de Mollusques et d'œufs de Poissons et de Batraciens. La femelle ne fait normalement qu'une couvée par an, de trois à cinq œufs. L'époque de la ponte de la couvée normale varie suivant les pays. « Dans la vallée du Danube, dit Alphonse Dubois (*Op. cit.*, texte, t. II, p. 355), l'Oiseau niche en mai et en juin; le capitaine Legge trouva des œufs à Ceylan en mars; au Cachemir, Brooks l'a vu nicher en avril et mai; mais dans les plaines du nord-ouest de l'Inde, Hume trouva des œufs de cet Oiseau jusqu'au 21 août ». Cette espèce niche en société. Le nid, lorsqu'il repose sur un arbre ou dans un buisson, est grossièrement construit avec des branches recouvertes de feuilles mortes et de fragments de plantes herbacées; et, quand il se trouve à terre parmi les roseaux ou les joncs, ou dans un trou de rocher, il est fait aussi d'une manière grossière, avec des fragments de plantes herbacées. En Chine, on l'a vu près des habitations, et jusque dans l'intérieur de la ville de Pékin.

Normandie :

« De passage et rare en Normandie ». [C.-G. Chesnon. — *Op. cit.*, p. 291].

Espèce mentionnée comme étant de passage régulier en Normandie. [Noury. — *Op. cit.*, p. 99]. — Il
doit y avoir erreur de signe conventionnel, et c'est,
je le crois bien, de passage accidentel qu'il faut lire.

Seine-Inférieure :

Espèce mentionnée comme ayant été observée dans
la Seine-Inférieure. [J. Hardy. — *Op. cit.*, p. 291].

« Un individu mâle, de très-forte taille....., tué
le 5 mai 1846, près de Dieppe, et conservé dans la
collection de M. Hardy,..... ». [C.-D. Degland et
Z. Gerbe. — *Op. cit.*, t. II, p. 313]. — Sur l'étiquette
de ce mâle, que j'ai examiné au Musée de Dieppe, il
y a 3 mai 1846, et non 5 mai 1846. [H. G. de K.].

« Nous avons dans notre collection un individu de
trois ans, et un magnifique mâle très-vieux, tués l'un
et l'autre sur le bord de la Seine ». « Deux individus
adultes, tués en été, près de Dieppe,..... ». [E. Lemetteil. — *Op. cit.*, *Vermivores*, p. 155 (1re phrase),
et p. 156 (2e phrase); tir. à part, t. II, p. 273
(1re phrase), et p. 274 (2e phrase)].

Calvados :

« Est rare et paraît à des époques très-irrégulières.
On le trouve dans les collections de MM. de la Fresnaye, Paris, etc. Trois individus adultes ont été
tués cet automne (1834), et montés par l'artiste Abadie ». [Le Sauvage. — *Op. cit.*, p. 200].

Un jeune tué « vers 1862, prairie de Caen; et une
vieille femelle en noces, Varaville, 15 avril 1867 ».
[Albert Fauvel, renseign. manuscrit, 1890]. [Collec-
tion d'Albert Fauvel, à Caen].

Manche :

 « Très-rare, et n'est que de passage ». [Emmanuel
CANIVET. — *Op. cit.*, p. 21].

 « De passage, très-rare ». [J. LE MENNICIER. — *Op.
cit.*, p. 145 ; tir. à part, p. 37].

7. Ardea stellaris L. — Héron butor.

Ardea botaurus Briss.
Botaurus arundinaceus Brehm, *B. lacustris* Brehm,
 B. stellaris Steph., *B. vulgaris* C.-F. Dubois.
Butor stellaris Sws.
Nycticorax stellaris Hempr. et Ehrbg.

Butor commun, B. étoilé, B. ordinaire, B. vulgaire.
Héron grand butor.

Adjudant.

Paul BERT. — *Op. cit.*, p. 88 et 89 ; tir. à part, p. 64 et 65.
C.-D. DEGLAND et Z. GERBE. — *Op. cit.*, t. II, p. 308.
E. LEMETTEIL. — *Op. cit.*, *Vermivores*, p. 156 ; tir. à part,
 t. II, p. 274.
Amb. GENTIL. — *Op. cit.*, *Échassiers*, p. 62 ; tir. à part,
 p. 82.
Alphonse DUBOIS. — *Op. cit.* : texte, t. II, p. 345 ; atlas, t. II,
 pl. 236, et pl. XXXVII, figs. 206.
Léon OLPHE-GALLIARD. — *Op. cit.*, fasc. XV, p. 111.

 Le Héron butor habite les marais et le voisinage des lacs,
des étangs, des cours d'eau, et, d'une façon générale, de
toutes les eaux où se trouvent des roseaux. Il est migrateur
et sédentaire, et tout à fait insociable. Son naturel est paresseux et méchant. Ses mœurs sont crépusculaires et nocturnes. Son vol est lent et silencieux ; ce n'est que pendant
la nuit qu'il s'élève à une grande hauteur ; dans le jour, il
vole aussi bas que possible, et encore ne le fait-il que par

nécessité ; il marche lentement, d'une façon mesurée, et ne
court pas. Sa nourriture se compose principalement de
Poissons ; il mange aussi des têtards, des Insectes, des
larves, des Vers, des Grenouilles, des Mammifères, des œufs
de Poissons, etc. La femelle ne fait normalement qu'une
couvée par an, de trois à cinq œufs. La ponte de la couvée
normale a lieu dans la seconde quinzaine de mai et en
juin. La durée de l'incubation est de vingt et un à vingt-
trois jours. Cette espèce niche isolément. Le nid est tantôt
arrondi, de forme plus ou moins aplatie, et construit avec
des branches et des fragments de roseaux et de joncs, garnis
intérieurement de petits fragments de plantes herbacées et
de feuilles mortes ; et tantôt consiste en une masse informe
de diverses matières végétales. Il est bien caché parmi les
roseaux ou les joncs, ordinairement sur le sol, ou sur l'eau,
mais tenant aux roseaux voisins, ou sur un tas d'herbes.

Toute la Normandie. — De passage régulier en mars et
avril, et en octobre et novembre ; un certain nombre d'individus nichent dans cette province. — P. C.

8. **Ardea ardeola** Briss. — Héron blongios.

Ardea minuta L.
Ardeola minor Salerne, *A. minuta* Bp., *A. naevia* Brehm,
    A. pusilla Brehm.
Ardetta minuta G.-R. Gray.
Botaurus minutus Boie, *B. pusillus* Brehm, *B. rufus*
    Briss., *B. striatus* Briss.
Butor minutus Sws.
Cancrophagus minutus Kaup.

Blongios nain.

Paul BERT. — *Op. cit.*, p. 88 et 89 ; tir. à part, p. 64 et 65.
C.-D. DEGLAND et Z. GERBE. — *Op. cit.*, t. II, p. 305.

E. LEMÉTTEIL. — *Op. cit.*, *Vermivores*, p. 158; tir. à part,
t. II, p. 276.

Amb. GENTIL. — *Op. cit.*, *Échassiers*, p. 62; tir. à part,
p. 82.

Alphonse DUBOIS. — *Op. cit.* : texte, t. II, p. 339; atlas,
t. II, pl. 235, et pl. LI, figs. 107.

Léon OLPHE-GALLIARD. — *Op. cit.*, fasc. XV, p. 122.

Le Héron blongios habite, d'une façon générale, les endroits garnis de roseaux ou de buissons et d'arbres, près
de toutes les eaux. Il est migrateur et sédentaire, et fort
peu sociable. Il émigre isolément ou par familles. Son naturel est méchant. Ses mœurs sont crépusculaires et nocturnes.
Son vol est rapide et facile; en volant, il laisse pendre un
peu obliquement les pattes; il marche d'une façon légère,
en hochant la queue, et, au besoin, court très-vite; il grimpe
aux tiges de roseaux avec une adresse remarquable. Sa
nourriture se compose d'Insectes, de larves, de Vers, de
Crustacés, de Poissons, de Grenouilles, de têtards et d'œufs
de Batraciens et de Poissons. La femelle ne fait normalement qu'une couvée par an, de cinq à neuf œufs. La ponte
de la couvée normale a lieu en mai et juin. La durée de
l'incubation est de seize à dix-sept jours. Cette espèce niche
isolément. Le nid est volumineux, grossièrement construit
avec des fragments de roseaux et de joncs, parfois entre-
mêlés de bûchettes, et garni intérieurement de feuilles
mortes et de fragments de végétaux herbacés; le tout formant une masse peu compacte, mais solide. Ce nid est placé
parmi les roseaux ou les joncs, ordinairement à terre ou sur
des roseaux ou des joncs renversés, moins souvent dans un
buisson ou sur un arbre peu élevé; il paraît même que ce
Héron utilise parfois un nid abandonné d'Oiseau, quand il
se trouve sur un arbre dans le voisinage de l'eau.

Toute la Normandie. — De passage régulier : arrive
dans la seconde quinzaine d'avril et la première quinzaine

de mai, avant la reproduction, et repart en septembre. —
P. C.

6° Famille. *RALLIDAE* — RALLIDÉS.

1ᵉʳ Genre. *RALLUS* — RALE.

1. **Rallus aquaticus L.** — Râle d'eau.

Aramus aquaticus G.-R. Gray.
Fulica naevia Gm.
Porphyrio naevius Briss.
Rallus fuscilateralis Brehm, *R. germanicus* Brehm,
  R. minor Brehm, *R. sericeus* Leach.
Scolopax obscura S. Gm.

Râle aquatique, R. noir.

Gambillard.

Paul Bert. — *Op. cit.*, p. 96; tir. à part, p. 72.
C.-D. Degland et Z. Gerbe. — *Op. cit.*, t. II, p. 251.
E. Lemetteil. — *Op. cit.*, *Vermivores*, p. 164; tir. à part,
  t. II, p. 283.
Amb. Gentil. — *Op. cit.*, *Échassiers*, p. 53; tir. à part,
  p. 73.
Alphonse Dubois. — *Op. cit.* : texte, t. II, p. 279; atlas,
  t. II, pl. 222, et pl. XLI, figs. 208.
Léon Olphe-Galliard. — *Op. cit.*, fasc. XVI, p. 6.

  Le Râle d'eau habite les marais, et, d'une façon générale,
le voisinage de toutes les eaux où se trouvent des buissons
et de grandes plantes herbacées; on le rencontre même
près des mares et des fossés inondés à la lisière ou dans
l'intérieur des bois et des forêts, pourvu que leurs bords
soient garnis de roseaux ou de joncs, ou de buissons entre-
mêlés de végétaux herbacés touffus; pendant ses migrations, on le voit parfois dans des endroits buissonneux ou

garnis de hautes herbes, éloignés de l'eau. Il est migrateur
et sédentaire, et insociable, ne vivant avec sa femelle que
pendant la période de la reproduction. Il émigre isolément.
Son naturel est méchant et querelleur. Ses mœurs sont
plus nocturnes que diurnes, et surtout crépusculaires. Son
vol est difficile, bas, rectiligne et peu soutenu; il marche
d'une façon légère et gracieuse, en tenant le corps horizontal, le cou rentré et la queue relevée; il court rapidement, et nage bien, même sans y être obligé. Sa nourriture
se compose de larves, d'Insectes, de Mollusques, de Vers, et
de graines qui, pendant la saison froide, constituent son
aliment principal. La femelle ne fait normalement qu'une
couvée par an, de six à douze œufs. La ponte de la couvée
normale a lieu dans la seconde quinzaine de mai et en juin.
La durée de l'incubation est de vingt jours environ. Cette
espèce niche isolément. Le nid est assez profond et construit
d'une façon lâche avec des fragments de végétaux herbacés;
il se trouve en un point bien caché, parmi les joncs, les
roseaux ou autres plantes herbacées, près d'une eau douce.

Toute la Normandie. — Sédentaire. — C.

2. **Rallus crex** L. — Râle des genêts.

Crex alticeps Brehm, *C. herbarum* Brehm, *C. pratensis*
  Bchst.
Gallinula crex Tunst.
Ortygometra Aldrovandi Salerne, *O. crex* Leach.
Porphyrio rufus Briss.
Rallus genistarum Briss., *R. terrestris* Klein.

Crex des prés.
Poule d'eau de genêt.
Râle rouge.

Paul Bert. — *Op. cit.*, p. 96; tir. à part, p. 72.
C.-D. Degland et Z. Gerbe. — *Op. cit.*, t. II, p. 253.

E. Lemétteil. — *Op. cit.*, *Vermivores*, p. 166; tir. à part, t. II, p. 285.

Amb. Gentil. — *Op. cit.*, *Échassiers*, p. 54; tir. à part, p. 74.

Alphonse Dubois. — *Op. cit.* : texte, t. II, p. 283; atlas, t. II, pl. 223, et pl. XLI, figs. 210.

Léon Olphe-Galliard. — *Op. cit.*, fasc. XVI, p. 35.

Le Râle des genêts habite les prairies, les champs et les autres endroits découverts garnis de végétaux herbacés, pourvu que le sol ne soit ni trop sec ni trop humide. Il est migrateur et sédentaire, et insociable. Il émigre isolément, en volant à une grande hauteur, mais il fait en courant une partie du voyage. Ses mœurs sont plus nocturnes que diurnes ; c'est au crépuscule, à l'aurore et pendant les nuits claires et chaudes qu'il est le plus actif. Son vol est recti-ligne, assez rapide, mais lourd, le plus généralement d'une brève durée, et au ras du sol en dehors des migrations ; il court d'une façon très-légère et avec une étonnante rapidité, la tête baissée, le cou rentré et le corps horizontal. Sa nour-riture se compose d'Insectes, de larves, d'Araignées, de Vers, de Mollusques, de Mammifères, d'Oiseaux et de graines. La femelle ne fait normalement qu'une couvée par an, ordinairement de sept à neuf œufs, et parfois de dix, onze et même douze ; elle fait une seconde couvée si la pre-mière a été détruite, mais cette couvée n'est plus habituelle-ment que de cinq œufs. La durée de l'incubation est de trois semaines. Cette espèce niche isolément. Le nid con-siste en tiges et feuilles de végétaux herbacés, en feuilles mortes, en mousse et en racines, garnissant grossièrement une petite cavité du sol, que la femelle a creusée parmi les plantes herbacées d'une prairie ou d'un champ.

Toute la Normandie. — De passage régulier : arrive en avril et mai, avant la reproduction, et repart en septembre et octobre, et parfois même en novembre seulement. — C. dans certaines années, et P. C. dans d'autres.

3. **Rallus porzana** L. — Râle marouette.

Crex porzana Lcht.

Gallinula gracilis Brehm, *G. leucothorax* Brehm, *G. maculata* Brehm, *G. ochra* Guerini, *G. porzana* Lath., *G. punctata* Brehm.

Octogometra maruetta Th. Forst.

Ortygometra arabica Lcht., *O. maruetta* Leach, *O. porzana* Steph.

Porzana maculata C.-F. Dubois, *P. maruetta* G.-R. Gray, *P. porzana* G.-R. Gray.

Rallus fulicula Scop.

Zapornia porzana J. Gould.

Gallinule marouette.
Marouette tachetée.
Porzane marouette.
Poule d'eau marouette.

Paul BERT. — *Op. cit.*, p. 96 ; tir. à part, p. 72.

C.-D. DEGLAND et Z. GERBE. — *Op. cit.*, t. II, p. 256.

E. LEMETTEIL. — *Op. cit.*, *Vermivores*, p. 168 ; tir. à part, t. II, p. 287.

Amb. GENTIL. — *Op. cit.*, *Échassiers*, p. 55 ; tir. à part, p. 75.

Alphonse DUBOIS. — *Op. cit.* : texte, t. II, p. 287 ; atlas, t. II, pl. 224, et pl. XXXVIII, figs. 211.

Léon OLPHE-GALLIARD. — *Op. cit.*, fasc. XVI, p. 17.

Le Râle marouette habite les prairies humides, les marais, et le voisinage des étangs et des fossés inondés contenant des végétaux herbacés, et ne va pas souvent dans les endroits couverts de roseaux et de massettes. Il est migrateur et sédentaire, et vit seul. Il émigre isolément, en franchissant l'espace à une grande hauteur. Ses mœurs sont crépusculaires, nocturnes et aurorales. Son vol est rectiligne, silencieux, rapide, mais lourd, difficile et de brève durée ; il

marche à grands pas, court avec une agilité surprenante, et
nage bien et sans contrainte. Sa nourriture se compose d'Insectes, de larves, de Mollusques, de Vers, de substances
végétales vertes et de graines. La femelle ne fait normalement qu'une couvée par an, de huit à douze œufs ; elle en
fait une seconde si la première a été détruite, mais cette
couvée n'est que de six à huit œufs. La ponte de la première couvée a lieu ordinairement dans la seconde quinzaine de mai et la première quinzaine de juin. La durée de
l'incubation est de trois semaines. Cette espèce niche isolément. Le nid, volumineux et assez profond, est construit
avec des tiges et feuilles de plantes herbacées, légèrement
enchevêtrées, et retenues par des brindilles aux plantes envi-
ronnantes ; il est garni intérieurement de fragments ténus
de végétaux herbacés et de duvet végétal ; la femelle a le
soin d'incliner les plantes qui l'entourent, de façon à lui
faire une sorte de toit de verdure qui le dissimule à la vue.
Ce nid est placé sur des plantes renversées et piétinées d'un
sol humide, dans un marais, dans une prairie, sur le bord
d'un fossé inondé, ou dans un autre endroit similaire.

Toute la Normandie. — De passage régulier dans la
seconde quinzaine de mars et en avril, et dans la seconde
quinzaine de septembre et en octobre; un assez grand
nombre de couples se reproduisent dans cette province. —
A.C.

4. **Rallus pusillus** Pall. — Râle de Baillon.

Crex Bailloni Lcht., *C. Foljambei* Eyton, *C. pygmaea*
J.-A. Naum.

Gallinula Bailloni Temm., *G. pygmaea* J.-A. Naum.,
G. stellaris Temm.

Ortygometra Bailloni Steph., *O. minuta* Radde, *O. pygmaea* Keys. et Bl.

Phalaridion pygmaeum Kaup.

Porzana Bailloni C.-F. Dubois, *P. pusilla* Bogd., *P. pygmaea* Bp.

Rallus Bailloni Vieill.

Zapornia pygmaea Bp.

Gallinule de Baillon.

Marouette de Baillon.

Porzane de Baillon.

Poule d'eau de Baillon.

Paul BERT. — *Op. cit.*, p. 96; tir. à part, p. 72.

C.-D. DEGLAND et Z. GERBE. — *Op. cit.*, t. II, p. 258.

E. LEMETTEIL. — *Op. cit.*, *Vermivores*, p. 170; tir. à part, t. II, p. 289.

Alphonse DUBOIS. — *Op. cit.* : texte, t. II, p. 294; atlas, t. II, pl. 226, et pl. XLI, figs. 213.

Léon OLPHE-GALLIARD. — *Op. cit.*, fasc. XVI, p. 30.

Le Râle de Baillon habite les marais, les prairies humides, le voisinage des lacs, des étangs et des rivières, et autres lieux humides analogues, garnis de plantes herbacées et de buissons. Il est migrateur et sédentaire, et peu sociable. Il émigre isolément. Son naturel est fort agile. Ses mœurs sont crépusculaires, nocturnes et aurorales. Sa nourriture se compose de Vers, de larves, d'Insectes, d'Araignées et de Mollusques. La femelle ne fait normalement qu'une couvée par an, de quatre à huit œufs, le plus généralement de six. « Brehm et Paessler font remarquer, dit Alphonse Dubois (*Op. cit.*, texte, t. II, p. 297), que quand la première couvée a été détruite, les oiseaux construisent un second nid, et parfois même un troisième, ce qui fait que l'on trouve quelquefois encore des nids de cette Marouette jusqu'en août ». « En Europe, dit le même auteur (*loc. cit.*), la ponte a lieu fin mai ou en juin, mais dans l'Inde, d'après Hume, elle ne se fait qu'en juillet et août ». Cette espèce niche isolément. Le nid, assez volumineux, est grossièrement construit avec des tiges et feuilles de plantes herbacées, et garni intérieurement de fragments plus fins de telles plantes ; il est placé à terre parmi les roseaux, les joncs ou autres plantes aquatiques, dans un endroit marécageux ou un autre lieu humide.

Toute la Normandie. — De passage régulier en avril et en août ; un certain nombre de couples se reproduisent dans cette province. — P. C.

5. **Rallus parvus** Scop. — Râle poussin.

Crex parva Seebohm, *C. pusilla* Lcht.
Gallinula Foljambii Mont., *G. minuta* Mont., *G. minutissima* Brehm, *G. parva* Brehm, *G. pusilla* Bchst.
Ortygometra minuta Keys. et Bl., *O. olivacea* Leach, *O. pusilla* Bp.
Phalaridion pusillum Kaup.
Porzana minuta Bp., *P. parva* Dubois, *P. pusilla* C.-F. Dubois.
Rallus mixtus Lapeyr., *R. Peyrousei* Vieill., *R. pusillus* Gm.
Zapornia minuta Leach.

Gallinule poussin.
Marouette poussin.
Porzane poussin.
Poule d'eau poussin.

Rallot-marouet.

Paul Bert. — *Op. cit.*, p. 96 ; tir. à part, p. 72.
C.-D. Degland et Z. Gerbe. — *Op. cit.*, t. II, p. 259.
E. Lemetteil. — *Op. cit.*, *Vermivores*, p. 171 ; tir. à part, t. II, p. 290.
Amb. Gentil. — *Op. cit.*, *Échassiers*, p. 55 et 56 ; tir. à part, p. 75 et 76.

Alphonse Dubois. — *Op. cit.* : texte, t. II, p. 291 ; atlas,
. t. II, pl. 225, et pl. XXXIX, figs. 212.
Léon Olphe-Galliard. — *Op. cit.*, fasc. XVI, p. 24.

Le Râle poussin habite les marais, les prairies humides,
le voisinage des lacs et des étangs, et va même, pendant ses
migrations, près des rivières et des fleuves ; il recherche les
terrains boueux garnis de joncs, de roseaux, d'herbes, de
massettes et autres plantes aquatiques, et de buissons. Il est
migrateur et sédentaire, et vit seul. Il émigre isolément.
Ses mœurs sont crépusculaires, nocturnes et aurorales. Son
vol est très-mouvementé et de brève durée, l'Oiseau ne le
prenant que dans le cas de nécessité ; il court très-vite et
avec une admirable légèreté, la queue relevée et étalée, et
nage d'une manière aussi facile qu'élégante. Sa nourriture
se compose d'Insectes, de larves, de Mollusques, de Vers,
de graines et autres substances végétales. La femelle ne
fait normalement qu'une couvée par an, de sept à dix œufs.
La durée de l'incubation est de trois semaines. Cette espèce
niche isolément. Le nid, assez vaste, est grossièrement
construit avec des tiges et feuilles de plantes herbacées, et
garni intérieurement de fragments plus fins de tels végétaux ; la femelle a le soin de pencher sur lui les plantes qui
l'entourent, pour le soustraire à la vue ; il est placé à terre,
parmi les roseaux, les joncs ou autres plantes aquatiques,
dans un endroit marécageux ou un autre lieu humide.

Toute la Normandie. — De passage régulier dans la
seconde quinzaine de mars, en avril et en mai, et en septembre ; un petit nombre de couples se reproduisent dans cette
province. — R.

2ᵉ Genre. *GALLINULA* — POULE D'EAU.

1. **Gallinula chloropus** L. — Poule d'eau commune.

Crex chloropus Lcht.

Fulica chloropus L., *F. fistulans* Gm., *F. flavipes* Gm.,
  F. fusca L., *F. maculata* Gm.

Gallinula chloropus Lath., *G. communis* C.-F. Dubois,
  G. fusca Lath., *G. minor* Briss.

Porphyrio fuscus Briss., *P. olivarius* Barrère.

Rallus chloropus Savi.

Stagnicola chloropus Brehm, *S. fistulans* Brehm, *S. flavipes* Brehm, *S. minor* Brehm, *S. parvifrons* Brehm,
  S. septentrionalis Brehm.

Gallinule commune, G. ordinaire, G. poule d'eau, G. vulgaire.

Poule d'eau ordinaire, P. vulgaire.

Coq d'eau.

Paul BERT. — *Op. cit.*, p. 97 ; tir. à part, p. 73.

C.-D. DEGLAND et Z. GERBE. — *Op. cit.*, t. II, p. 262.

E. LEMETTEIL. — *Op. cit.*, *Vermivores*, p. 174 ; tir. à part,
  t. II, p. 294.

Amb. GENTIL. — *Op. cit.*, *Échassiers*, p. 56 ; tir. à part,
  p. 76.

Alphonse DUBOIS. — *Op. cit.* : texte, t. II, p. 298 ; atlas,
  t. II, pl. 227, et pl. XXXVIII, figs. 209.

Léon OLPHE-GALLIARD. — *Op. cit.*, fasc. XVI, p. 50.

La Poule d'eau commune habite les mares, les étangs,
les lacs, les petites rivières et les marais, où se trouvent des
roseaux, des joncs et autres plantes aquatiques, et des buissons ; elle recherche les endroits où l'eau est assez profonde,
et s'établit souvent dans le voisinage des habitations. Elle est
migratrice et sédentaire, et vit par couples, émigrant ainsi.
Son naturel est doux et paisible. Ses mœurs sont aurorales,
diurnes et crépusculaires. Son vol est rectiligne, pénible et
peu rapide, mais, à une certaine hauteur, il devient plus
rapide et plus facile, quoiqu'elle ne le prenne pas volontiers ;

elle tient, en volant, le cou et les pattes étendus ; elle
marche avec aisance et rapidité, court d'une façon légère,
et, au besoin, très-vite, nage parfaitement et rapidement, et
plonge très-bien. Sa nourriture se compose d'Insectes, de
larves, de Vers, de Mollusques et de substances végétales.
La femelle fait deux couvées par an : la première de huit à
onze œufs, et la seconde habituellement de moins. La durée
de l'incubation est de dix-neuf à vingt et un jours. Cette
espèce niche isolément. Le nid, assez volumineux, et dont
la forme est celle d'une coupe profonde, est construit avec
des tiges et feuilles de végétaux herbacés, qui sont entrelacées habilement et disposées par couches ; il repose sur un
sol humide, ordinairement sur des herbes, des joncs ou des
roseaux renversés, parmi des plantes herbacées ; rarement il
se trouve en un point sec.

Toute la Normandie. — Sédentaire. — C.

3ᵉ Genre. *FULICA* — FOULQUE.

1. Fulica atra L. — **Foulque macroule.**

Fulica aethiops Sparrm., *F. aterrima* L., *F. atrata* Pall.,
F. australis J. Gould, *F. fuliginosa* Scop., *F. lugubris*
S. Müll., *F. major* Briss., *F. platyuros* Brehm, *F. pul-
lata* Pall.

Foulque noirâtre, F. noire.

Baguette, Blary, Gueuderelle, Gueute, Jeudelle, Judelle,
Macreuse, Morelle, Morette.

Paul BERT. — *Op. cit.*, p. 97, pl. I, fig. 27, et pl. II, fig. 11 ;
tir. à part, p. 73, et mêmes figs.
C.-D. DEGLAND et Z. GERBE. — *Op. cit.*, t. II, p. 268.
E. LEMETTEIL. — *Op. cit.*, *Vermivores*, p. 177 ; tir. à part,
t. II, p. 297.

Amb. Gentil. — *Op. cit.*, *Échassiers*, p. 57; tir. à part, p. 77.

Alphonse Dubois. — *Op. cit.* : texte, t. II, p. 304; atlas, t. II, pl. 228, et pl. XXXVII, figs. 218.

Léon Olphe-Galliard. — *Op. cit.*, fasc. XVI, p. 61.

La Foulque macroule habite les eaux stagnantes, douces et saumâtres, d'une certaine étendue, sur le bord desquelles se trouvent des roseaux et des joncs; elle habite aussi les marais, et s'établit même dans le voisinage des lieux habités; on ne la voit que rarement sur les petits étangs et les rivières. Elle est migratrice et sédentaire, et très-sociable. Elle émigre isolément ou par bandes, en volant haut et assez vite. Ses mœurs sont diurnes. Son vol est rectiligne, lourd et pénible, et elle ne le prend que par nécessité; elle court assez lestement, et nage et plonge d'une façon admirable. Sa nourriture se compose de jeunes feuilles, de bourgeons, de graines, de radicelles de plantes aquatiques, et de larves, d'Insectes, de Vers et de Mollusques. La femelle ne fait normalement qu'une couvée par an, ordinairement de sept ou huit œufs, parfois de neuf, dix ou onze, et même de douze, treize, quatorze et quinze. La ponte de la couvée normale a lieu en mai. La durée de l'incubation est de vingt à vingt et un jours. Cette espèce niche isolément. Le nid, assez profond, est construit avec des tiges et feuilles, entrelacées habilement, de différentes plantes herbacées, et garni proprement, à l'intérieur, avec les mêmes substances, mais plus fines, et des feuilles mortes. Généralement, la femelle rassemble au-dessus du nid les plantes qui l'entourent, afin de le couvrir et de le dérober à la vue. Il repose à terre parmi des roseaux, des joncs ou autres végétaux aquatiques, ou flotte librement, mais il est alors protégé par des plantes qui l'empêchent d'aller à la dérive. Ce nid est placé près du bord d'une eau stagnante ou dans un marais.

Toute la Normandie. — De passage régulier en mars, et en octobre, novembre et décembre; un assez grand nombre d'individus passent la saison froide dans cette province, et un certain nombre y est sédentaire. — A. C.

7ᵉ Famille. *PHALAROPIDAE* — PHALAROPIDÉS.

1ᵉʳ Genre. *PHALAROPUS* — PHALAROPE.

1. **Phalaropus cinereus** Briss. — Phalarope hyperboré.

Lobipes cinereus Landb., *L. hyperborea* Steph., *L. lobatus* Baird, Brew. et Ridgw., *L. tropicus* Hume.

Phalaropus angustirostris J.-A. Naum., *P. cinerascens* Pall., *P. fuscus* Briss., *P. hyperboreus* Tunst., *P. lobatus* Salvad., *P. ruficollis* Pall., *P. vulgaris* Bchst., *P. Williamsii* Simm.

Tringa fusca Gm., *T. hyperborea* L., *T. lobata* Brünn.

Lobipède hyperboré.

C.-D. DEGLAND et Z. GERBE. — *Op. cit.*, t. II, p. 239.

E. LEMETTEIL. — *Op. cit.*, *Vermivores*, p. 181; tir. à part, t. II, p. 301.

Alphonse DUBOIS. — *Op. cit.* : texte, t. II, p. 266; atlas, t. II, pl. 218, fig. 2; pl. 219, fig. 2, et pl. XXXIX, figs. 216.

Léon OLPHE-GALLIARD. — *Op. cit.*, fasc. XII, p. 11.

Le Phalarope hyperboré habite les rivages maritimes, et les étangs, les lacs, les marais et les rivières situés dans le voisinage de la mer ou qui n'en sont pas trop éloignés ; il va souvent en mer à une grande distance du rivage. Il est migrateur et sédentaire. Son vol est rapide ; il nage d'une manière élégante, facile et très-légère, mais ne plonge pas. Sa nourriture se compose de petits animaux marins, d'Insectes, de larves, de Crustacés, de Vers, d'Araignées et de végétaux. La femelle ne fait normalement qu'une couvée par an, de quatre œufs. La ponte de la couvée normale a lieu en juin. La durée de l'incubation est de quinze à dix-sept jours. Le nid consiste en une petite cavité que l'Oiseau a creusée dans le sol, parmi des plantes herbacées ou des pierres, ou au pied d'un buisson, cavité garnie avec des fragments de végétaux herbacés et des feuilles mortes. Il se trouve près de l'eau d'un étang ou d'un lac, ou dans un endroit marécageux.

Normandie :

Espèce mentionnée comme étant de passage régulier en Normandie. [NOURY. — *Op. cit.*, p. 102]. — Il doit y avoir erreur de signe conventionnel, et c'est, je le crois bien, de passage accidentel qu'il faut lire.

Seine-Inférieure :

Espèce mentionnée comme ayant été observée dans la Seine-Inférieure. [J. HARDY. — *Op. cit.*, p. 291].

« Il ne paraît dans nos régions tempérées qu'en automne et en hiver, à la suite de tempêtes violentes. Nous l'avons acheté sur le marché de Bolbec, le 10 octobre de cette année (1869) ». [E. LEMETTEIL. — *Op. cit. Vermivores*, p. 182; tir. à part, t. II, p. 302].

Calvados :

« Il est peu commun, et rare dans nos collections. On le trouve dans la mienne et celles de MM. Eudes-Deslongchamps et Pophillat ». [LE SAUVAGE. — *Op. cit.*, p. 206]. — Voir p. 345, ligne 9.

M. Albert Fauvel annonce qu'un Phalarope hyperboré a été tué dans le Calvados, exemplaire qui est en la possession de M. le Dr Delangle. [Note in Bull. de la Soc. linnéenne de Normandie, ann. 1870-72, séance du 4 décembre 1871, p. 253].

Manche :

« On le trouve à l'embouchure de la Vire, de la Taute, le long des Veys ». [Emmanuel Canivet. — *Op. cit.*, p. 24].

Espèce indiquée comme ayant été observée dans l'arrondissement de Valognes. [A^d Benoist. — *Op. cit.*, p. 239].

« Accidentellement en hiver dans la baie des Veys. Un individu de l'espèce a été tué sur la Vire, près de Saint-Lô, en novembre 1875 ». [J. Le Mennicier. — *Op. cit.*, p. 148; tir. à part, p. 40].

2. **Phalaropus fulicarius** L. — Phalarope platy-rhynque.

Crymophilus fulicarius Stejneg., *C. rufus* Vieill.
Phalaropus asiaticus Hume, *P. fulicarius* Bp., *P. griseus* Leach, *P. lobatus* Tunst., *P. platyrhynchus* Temm., *P. platyrostris* Nordm., *P. rufescens* Briss., *P. rufus* Bchst.
Tringa fulicaria L., *T. glacialis* Gm., *T. hyperborea* Gm., *T. lobata* Lepechin.

Phalarope dentelé, P. roux.

C.-D. Degland et Z. Gerbe. — *Op. cit.*, t. II, p. 236.
E. Lemetteil. — *Op. cit.*, *Vermivores*, p. 182; tir. à part, t. II, p. 302.
Amb. Gentil. — *Op. cit.*, *Échassiers*, p. 50; tir. à part, p. 70.
Alphonse Dubois. — *Op. cit.* : texte, t. II, p. 261; atlas, t. II, pl. 218, fig. 1; pl. 219, fig. 1, et pl. XXXVIII, figs. 217.
Léon Olphe-Galliard. — *Op. cit.*, fasc. XII, p. 6.

Le Phalarope platyrhynque habite les rivages maritimes, et les étangs, les lacs, les marais et les rivières situés dans

le voisinage des côtes ; il va souvent en mer à une grande
distance du rivage. Il est migrateur et sédentaire. Son vol
est élevé, rapide et en zigzag ; il court vivement, nage
d'une manière élégante et facile et avec une remarquable
célérité, mais ne plonge pas. Sa nourriture se compose de
petits animaux marins, d'Insectes, de larves, de Crustacés,
de Vers, d'Araignées et de végétaux. La femelle ne fait
normalement qu'une couvée par an, de quatre œufs. La
ponte de la couvée normale a lieu en juin. Cette espèce
niche isolément. Le nid consiste en une petite cavité que
l'Oiseau a creusée dans le sol, parmi des plantes herbacées
ou des pierres, cavité nue ou garnie quelquefois avec
plusieurs fragments de végétaux herbacés ou des feuilles
mortes. Il se trouve près de l'eau d'un étang ou d'un lac,
ou dans un endroit marécageux ou sec.

Normandie :

« Rare en Normandie ». [C.-G. CHESNON. — *Op.
cit.*, p. 322].

Seine-Inférieure :

Espèce mentionnée comme ayant été observée dans
la Seine-Inférieure. [J. HARDY. — *Op. cit.*, p. 294].

« Cette espèce est, en automne, de passage accidentel dans notre département. Un de ces Oiseaux,
qui fait partie de notre collection, a été abattu en
pleine Seine, à Port-Jérôme (commune de Notre-
Dame-de-Gravenchon), par M. Bellejambe, un de nos
chasseurs les plus intelligents et les plus dévoués ».
[E. LEMETTEIL. — *Op. cit., Vermivores*, p. 183; tir.
à part, t. II, p. 303].

« J'en possède un dans ma collection, qui a été
déterminé par M. Lemetteil. Il a été tué le 25 janvier 1874, sur la Seine, dans les parages d'Amfreville-la-Mivoie. Il était seul et posé sur l'eau. Tiré et

manqué une première fois, il s'envola et fut se
remettre à une soixantaine de pas plus loin ; il se
laissa suffisamment approcher et fut tué au posé ».
[Raoul FORTIN, renseign. manuscrit, 1892].

Calvados :

« Est sans doute beaucoup plus rare que le précédent (Phalarope hyperboré)... Il doit être dans la
collection de M. Chesnon ». [LE SAUVAGE. — *Op. cit.*,
p. 207]. — « Erreur, c'est précisément le contraire ; je
n'ai vu la Phalarope hyperborée dans aucune collection ». [EUDES-DESLONGCHAMPS, renseign. manuscrit
sur cet ouvrage, p. 207].

« Se rencontre parfois dans nos vallées. Un sujet a
été tué dans un fossé, aux portes de Lisieux. Je possède un individu femelle, prenant sa robe d'hiver,
tué à Cambremer ». [Émile ANFRIE, renseign. manuscrit, 1888].

8e Ordre. *PALMIPEDES* — PALMIPÈDES.

1re Famille. *LARIDAE* — LARIDÉS.

1er Genre. *STERNA* — STERNE.

1. Sterna nigra Briss. — Sterne épouvantail.

Hydrochelidon fissipes G.-R. Gray, *H. nigra* Boie, *H. ni-
gricans* Brehm, *H. obscura* Brehm, *H. pallida* Brehm.
Larus merulinus Scop.
Rallus lariformis L.
Sterna atricapilla Briss., *S. fissipes* L., *S. naevia* Briss.,
S. obscura Gm.
Viralva nigra Steph.

Guifette épouvantail, G. fissipède.
Hirondelle de mer épouvantail.
Sterne fissipède.

Paul Bert. — *Op. cit.*, p. 100; tir. à part, p. 76.
C.-D. Degland et Z. Gerbe. — *Op. cit.*, t. II, p. 465.
E. Lemetteil. — *Op. cit.*, tir. à part, t. II, p. 312.
Amb. Gentil. — *Op. cit.*, *Palmipèdes*, p. 44 et 45; tir. à part, p. 104 et 105.
Alphonse Dubois. — *Op. cit.* : texte, t. II, p. ?; atlas, t. II, pl. 286, et pl. XLVI, figs. 259.
Léon Olphe-Galliard. — *Op. cit.*, fasc. XI, p. 49.

La Sterne épouvantail habite les lacs et les grands étangs, de préférence ceux qui sont pourvus de roseaux, de joncs, de prêles, de potamots et autres plantes aquatiques; elle habite aussi les fleuves, les rivières, les marais, les lagunes, et ne va que peu sur les rivages maritimes. Elle est migratrice et sédentaire, et très-sociable. Elle émigre par bandes formées d'un nombre très-variable d'individus. Son vol est très-gracieux. Sa nourriture se compose principalement d'Insectes, de larves et de Vers; à l'occasion, elle mange des Poissons et des têtards. La femelle ne fait normalement qu'une couvée par an, de trois œufs et parfois de quatre. La ponte de la couvée normale a lieu dans la seconde quinzaine de mai et en juin. Cette espèce niche en société. Le nid est construit avec des fragments de plantes aquatiques, et placé sur des végétaux flottants.

Toute la Normandie. — De passage régulier en avril et mai, et en août et septembre. — P. C.

2. **Sterna leucoptera** Meisn. et Schinz — **Sterne leu-coptère.**

Hydrochelidon leucoptera Boie, *H. nigra* G.-R. Gray, *H. subleucoptera* Brehm.

Sterna fissipes Pall., *S. naevia* Pall., *S. nigra* Gm.
Viralva leucoptera Steph.

Guifette leucoptère.

Hirondelle de mer leucoptère.

Hydrochélidon leucoptère.

C.-D. Degland et Z. Gerbe. — *Op. cit.*, t. II, p. 466.

E. Lemetteil. — *Op. cit.*, tir. à part, t. II, p. 314.

Alphonse Dubois. — *Op. cit.* : texte, t. II, p. ? ; atlas, t. II,
pl. 287, et pl. XLVII, figs. 257.

Léon Olphe-Galliard. — *Op. cit.*, fasc. XI, p. 46.

La Sterne leucoptère habite les lacs, les grands étangs,
les fleuves, les rivières, les marais, les lagunes, et ne va
que peu sur les rivages maritimes. Elle est migratrice et
sédentaire, et très-sociable. Sa nourriture se compose principalement d'Insectes, de larves et de Vers. La femelle ne
fait normalement qu'une couvée par an, ordinairement de
trois œufs et parfois de quatre. Cette espèce niche en société.
Le nid est construit avec des fragments de plantes aquatiques, et placé sur des végétaux flottants.

Normandie :

Espèce mentionnée comme étant de passage régulier en Normandie. [Noury. — *Op. cit.*, p. 103]. —
Il y a certainement erreur de signe conventionnel,
et c'est de passage accidentel qu'il faut lire.

Seine-Inférieure :

« J'en ai tué une paire dans notre marais (près de
Dieppe), fin mai, les seuls que j'aie jamais vus ».
[J. Hardy. — *Op. cit.*, p. 294].

Cette espèce est beaucoup plus rare dans ce département que la Sterne épouvantail, et « n'y fait que

des apparitions très-irrégulières ». [E. LEMETTEIL. —
Op. cit., tir. à part, t. II, p. 314].

3. **Sterna leucopareia** Natt. — Sterne moustac.

Hydrochelidon Delalandi Bp., *H. fluviatilis* J. Gould,
   H. hybrida G.-R. Gray, *H. leucogenys* Brehm, *H. leu-
   copareia* Brehm.
Pelodes Delalandii G.-R. Gray, *P. fluviatilis* G.-R. Gray,
   P. hybrida G.-R. Gray, *P. indica* G.-R. Gray, *P. leu-
   copareia* Kaup.
Sterna Delamottei Vieill., *S. grisea* Horsf., *S. hybrida*
   Pall., *S. javanica* Horsf., *S. similis* Gray et Hardw.
Viralva indica Steph., *V. leucopareia* Steph.

Guifette hybride, G. moustac.
Hirondelle de mer moustac.
Hydrochélidon cendré, H. hybride.

C.-D. DEGLAND et Z. GERBE. — *Op. cit.*, t. II, p. 468.
E. LEMETTEIL. — *Op. cit.*, tir. à part, t. II, p. 315.
Alphonse DUBOIS. — *Op. cit.* : texte, t. II, p. ?; atlas, t. II,
   pl. 288, et pl. LXVIII, figs. 258.
Léon OLPHE-GALLIARD. — *Op. cit.*, fasc. XI, p. 41.

La Sterne moustac habite les lacs, les grands étangs, les
fleuves, les rivières, les marais, les lagunes, et ne va que
peu sur les rivages maritimes. Elle est migratrice et sédentaire, et très-sociable. Sa nourriture se compose principalement d'Insectes, de larves et de Vers. La femelle ne fait
normalement qu'une couvée par an, de deux ou trois œufs,
et parfois de quatre. La ponte de la couvée normale a lieu
en mai, juin et juillet, suivant la latitude. Cette espèce niche
en société. Le nid est flottant et grossièrement construit
avec des fragments de plantes aquatiques. Cette Sterne pond
aussi dans un nid abandonné d'Oiseau.

Seine-Inférieure :

« J'en ai trouvé trois voltigeant sur notre marais (près de Dieppe), le 21 mai 1841, et je les ai tués... Le vent soufflait du S.-S.-E. avec violence. Printemps hâtif et chaud ». [J. HARDY. — *Manusc. cit.*, p. 79].

« La Sterne moustac est un Oiseau que nous eussions volontiers fait suivre d'un point de doute sur notre catalogue local, tant ses apparitions sont rares sur nos côtes ; il paraît cependant certain qu'elle y a été abattue plusieurs fois ». [E. LEMETTEIL. — *Op. cit.*, tir. à part, t. II, p. 316].

Calvados :

« Cette petite espèce est peu commune, et on ne voit jamais que les jeunes. Elle se trouve dans ma collection et dans celles de MM. Hardouin, Bourienne, etc. ». [LE SAUVAGE. — *Op. cit.*, p. 208].

4. Sterna minor Briss. — Sterne naine.

Sterna metopoleucos S. Gm., *S. minuta* L., *S. parva* Penn. *Sternula danica* Brehm, *S. fissipes* Brehm, *S. minuta* Boie, *S. pomarina* Brehm.

Sterne minule, S. petite, S. petite hirondelle de mer. Sternule naine.

Petit étêley.

Paul BERT. — *Op. cit.*, p. 100; tir. à part, p. 76.
C.-D. DEGLAND et Z. GERBE. — *Op. cit.*, t. II, p. 461.
E. LEMETTEIL. — *Op. cit.*, tir. à part, t. II, p. 317.
Alphonse DUBOIS. — *Op. cit.* : texte, t. II, p. ?; atlas, t. II, pl. 285, et pl. XLVI, figs. 256.
Léon OLPHE-GALLIARD. — *Op. cit.*, fasc. XI, p. 35.

La Sterne naine habite les rivages maritimes, sableux plutôt que rocheux, les lagunes, les fleuves, les rivières et les lacs. Elle est migratrice et sédentaire. Son naturel est très-vif et très-agile. Son vol est rapide et facile. Sa nourriture se compose principalement de Poissons; elle mange aussi des Insectes, des larves, des Crustacés, etc. La femelle ne fait normalement qu'une couvée par an, ordinairement de trois œufs, et parfois de deux ou de quatre. La ponte de la couvée normale a lieu dans la seconde quinzaine d'avril et en mai. La durée de l'incubation est de quatorze à quinze jours. Le nid consiste en une petite cavité creusée par l'Oiseau dans le sol, près d'une eau salée ou d'une eau douce, cavité garnie avec quelques fragments de plantes herbacées, ou nue.

Toute la Normandie. — De passage régulier en mai, et en août et septembre ; et sédentaire. — P.C.

5. **Sterna major** Briss. — Sterne pierre-garin.

Hydrocecropis hirundo Boie.
Sterna fluviatilis Naum., *S. hirundo* Gm., *S. pomarina* Brehm, *S. vulgaris* C.-F. Dubois.

Hirondelle de mer pierre-garin.
Sterne commune, S. fluviatile, S. hirondelle, S. ordinaire, S. vulgaire.

Éperlet, Grand étéley, Taillet.

Paul Bert. — *Op. cit.*, p. 100; tir. à part, p. 76.
C.-D. Degland et Z. Gerbe. — *Op. cit.*, t. II, p. 456.
E. Lemetteil. — *Op. cit.*, tir. à part, t. II, p. 318.
Amb. Gentil. — *Op. cit.*, *Palmipèdes*, p. 44; tir. à part, p. 104.
Alphonse Dubois. — *Op. cit.* : texte, t. II, p. ?; atlas, t. II, pl. 284, et pl. XLV, figs. 255.
Léon Olphe-Galliard. — *Op. cit.*, fasc. XI, p. 28.

La Sterne pierre-garin habite les rivages maritimes, les estuaires, les fleuves, les grandes rivières et les lacs. Elle est migratrice et sédentaire. Pendant ses voyages, elle vole à une grande hauteur. Son vol est rapide, en ligne droite, très-puissant et très-gracieux; elle ne marche point très-bien et ne plonge pas. Sa nourriture se compose de Poissons, de Crustacés, de Vers, d'Insectes, de Grenouilles, de têtards, etc. La femelle ne fait normalement qu'une couvée par an, de deux ou trois œufs, et rarement de quatre. La ponte de la couvée normale a lieu dans la seconde quinzaine de mai et en juin. La durée de l'incubation est de seize à dix-sept jours. Cette espèce niche en société. Le nid consiste en une petite cavité creusée par l'Oiseau et garnie avec quelques fragments de plantes herbacées; il se trouve parmi des galets ou des végétaux herbacés d'un sol bas, ou sur un rocher ou une falaise, dans le voisinage d'une eau salée ou d'une eau douce; souvent, l'Oiseau ne fait pas de nid, et les œufs sont pondus à nu sur le sol.

Toute la Normandie. — De passage régulier en mai, et en août et septembre; et sédentaire. — C.

6. Sterna paradisea Brünn. — Sterne paradis.

Sterna arctica Temm., *S. argentacea* Brehm, *S. argentata* Brehm, *S. fluviatilis* H. Saund., *S. hirundo* Faber, *S. macroura* Naum.

Hirondelle de mer arctique.

Sterne arctique.

C.-D. Degland et Z. Gerbe. — *Op. cit.*, t. II, p. 458.

E. Lemetteil. — *Op. cit.*, tir. à part, t. II, p. 320.

Amb. Gentil. — *Op. cit.*, *Palmipèdes*, p. 44 et 45; tir. à part, p. 104 et 105.

Alphonse Dubois. — *Op. cit.* : texte, t. II, p. ?; atlas, t. II,
pl. 282, et pl. LXXII, figs. 254.
Léon Olphe-Galliard. — *Op. cit.*; fasc. XI, p. 21.

La Sterne paradis habite les rivages maritimes rocheux et
sableux, les estuaires, les fleuves, les grandes rivières et
les lacs. Elle est migratrice et sédentaire, et vit en sociétés
parfois énormes et parfois seulement de quelques couples.
Son vol est très-gracieux. Sa nourriture se compose de
Poissons, de Crustacés, etc. La femelle ne fait normalement
qu'une couvée par an, de deux ou trois œufs, et rarement
de quatre. La ponte de la couvée normale a lieu dans la
seconde quinzaine de mai et en juin. Cette espèce niche en
société. Les œufs sont pondus à nu sur le sable, entre les
galets, sur une pierre ou parmi un amas d'algues, et tout
près ou dans le voisinage d'une eau salée ou d'une eau
douce; rarement cet Oiseau fait un nid, qui consiste en
une petite cavité creusée par lui et garnie avec quelques
fragments de plantes herbacées.

Toute la Normandie. — De passage régulier en mai, et
en août et septembre. — R.

7. **Sterna Dougalli** Mont. — **Sterne de Dougall.**

Hydrocecropis Dougalli Boie.
Sterna gracilis J. Gould, *S. Mac Dougalli* Macg., *S. paradisea* Keys. et Bl.
Thalassea Dougalli Kaup.

Hirondelle de mer de Dougall.

C.-D. Degland et Z. Gerbe. — *Op. cit.*, t. II, p. 459.
E. Lemetteil. — *Op. cit.*, tir. à part, t. II, p. 321.
Alphonse Dubois. — *Op. cit.* : texte, t. II, p. ?; atlas, t. II,
pl. 283, et pl. XLIX, figs. 247[b].
Léon Olphe-Galliard. — *Op. cit.*, fasc. XI, p. 19.

La Sterne de Dougall habite tout particulièrement les rivages maritimes. Elle est migratrice et sédentaire. Sa nourriture se compose presque uniquement de Poissons. La femelle ne fait normalement qu'une couvée par an, de deux ou trois œufs, et quelquefois de quatre. La ponte de la couvée normale a lieu dans la seconde quinzaine de mai et en juin. Cette espèce niche en société. Le nid consiste en une petite cavité creusée dans le sable par l'Oiseau, ou se trouvant dans une pierre, cavité généralement nue, mais garnie parfois avec quelques fragments de plantes herbacées; cette Sterne fait aussi son nid sur un rocher ou une falaise.

Seine-Inférieure :

> Espèce mentionnée au nombre des Oiseaux qui ont été observés dans ce département. [E. Lemetteil. — *Op. cit.*, tir. à part, t. II, p. 321].

Manche :

> Espèce mentionnée comme ayant été observée dans la Manche. [J. Le Mennicier. — *Op. cit.*, p. 152; tir. à part, p. 44].

8. **Sterna cantiaca** Gm. — Sterne caugek.

Actochelidon cantiacus Kaup.

Sterna africana Gm., *S. Boysii* Lath., *S. canescens* M. et W., *S. columbina* Schrnk., *S. stubberica* Bchst.

Thalasseus candidus Brehm, *T. canescens* Brehm, *T. cantiacus* Boie.

Hirondelle de mer caugek.

Criard, Grand étêley, Pilvarais-essayes.

C.-D. Degland et Z. Gerbe. — *Op. cit.*, t. II, p. 452.

E. Lemetteil. — *Op. cit.*, tir. à part, t. II, p. 322.

Amb. GENTIL. — *Op. cit.*, *Palmipèdes*, p. 44; tir. à part, p. 104.

Alphonse DUBOIS. — *Op. cit.* : texte, t. II, p. ?; atlas, t. II, pl. 281, et pl. XLV, figs. 252.

Léon OLPHE-GALLIARD. — *Op. cit.*, fasc. XI, p. 11.

La Sterne caugek habite tout particulièrement les rivages maritimes, et ne va que peu sur les eaux de l'intérieur du pays. Elle est migratrice et sédentaire, et très-sociable. Son vol est rapide et très-soutenu. Sa nourriture se compose presque uniquement de Poissons. La femelle ne fait normalement qu'une couvée par an, de deux ou trois œufs. La ponte de la couvée normale a lieu en mai et juin. Cette espèce niche en société et isolément. Le nid consiste en une petite cavité que l'Oiseau a creusée dans le sol, et qui est nue ou garnie avec quelques fragments de plantes herbacées. Il se trouve généralement près de la mer; cependant, il en est quelquefois à une distance assez grande.

Toute la Normandie. — De passage régulier en mai, et en août et septembre. — C.

OBSERVAT. — Noury (*Op. cit.*, p. 103) indique cette espèce comme étant sédentaire en Normandie. Il est possible qu'un petit nombre d'individus séjournent toute l'année dans cette province, mais ce fait est certainement exceptionnel.

9. **Sterna anglica** Mont. — Sterne hansel.

Gelochelidon agraria Brehm, *G. anglica* Brehm, *G. aranea* Brehm, *G. balthica* Brehm, *G. meridionalis* Brehm, *G. palustris* Macg.
Laropis anglica Wagl.
Sterna affinis Horsf., *S. aranea* Wils., *S. risoria* Brehm.
Thalasseus anglicus Boie.
Viralva anglica Steph.

Hirondelle de mer hansel.

C.-D. DEGLAND et Z. GERBE. — *Op. cit.*, t. II, p. 450.

E. LEMETTEIL. — *Op. cit.*, tir. à part, t. II, p. 324.

Alphonse DUBOIS. — *Op. cit.* : texte, t. II, p. ?; atlas, t. II, pl. 280, et pl. XLIII, figs. 251.

Léon OLPHE-GALLIARD. — *Op. cit.*, fasc. XI, p. 15.

La Sterne hansel habite les rivages maritimes, où elle recherche les endroits à l'abri des grosses mers, comme les lagunes et les estuaires; elle habite aussi les lacs, de préférence ceux d'eau salée, les fleuves et les grandes rivières, mais elle ne va pas dans les marais. Elle est migratrice et sédentaire. Son vol est élevé et rapide. Sa nourriture se compose de Poissons, d'Insectes, de larves, de Vers, d'œufs et de jeunes Oiseaux, de têtards, etc. La femelle ne fait normalement qu'une couvée par an, de deux ou trois œufs, et parfois de quatre. La ponte de la couvée normale a lieu vers la fin d'avril, en mai et en juin. Cette espèce niche en société. Le nid consiste en une petite cavité creusée dans le sol par l'Oiseau, et garnie avec quelques fragments de plantes herbacées, ou en une légère dépression naturelle dans le sol nu.

Seine-Inférieure :

Espèce mentionnée comme ayant été observée dans la Seine-Inférieure. [J. HARDY. — *Op. cit.*, p. 294].

« Mâle tué sur la plage (Dieppe), le 25 mai; il y en avait cinq (1834); un autre mâle, le 6 juin 1835; une femelle, le 3 mai 1836; et un mâle, le 10 mai 1839 ». [J. HARDY. — *Manusc. cit.*, p. 57].

« Cet Oiseau se montre accidentellement de passage..., notamment dans les parages de Dieppe ». [C.-D. DEGLAND et Z. GERBE. — *Op. cit.*, t. II, p. 451].

« Cette Sterne a été abattue plusieurs fois sur les côtes de Dieppe ». [E. Lemetteil. — *Op. cit.*, tir. à part, t. II, p. 325].

Calvados :

« Un mâle adulte, en plumage d'été. Embouchure de l'Orne, au Maresquet, 11 juillet... C'est, pour nos environs, une espèce nouvelle à enregistrer ». [Octave Fauvel. — *Op. cit.*, p. 79].

« Un mâle adulte, en plumage d'été, digues de Ouistreham, 11 juillet 1864 ». [Albert Fauvel, renseign. manuscrit, 1890]. [Collection d'Albert Fauvel, à Caen]. — C'est, à n'en pas douter, le même individu que le précédent.

Manche :

Espèce mentionnée comme ayant été observée dans la Manche. [Emmanuel Canivet. — *Op. cit.*, p. 25].

« Très-rare ». [J. Le Mennicier. — *Op. cit.*, p. 152; tir. à part, p. 44].

10. Sterna caspia Pall. — Sterne tschégrava.

Helopus caspius Wagl.
Larus atricilla S. Gm.
Sterna caspica Sparrm., *S. major* Ellman, *S. megarhynchos* M. et W., *S. metopoleucos* Bonnat., *S. Schillingii* Brehm, *S. tschgrava* Lepechin.
Sylochelidon balthica Brehm, *S. caspia* Brehm, *S. Schillingii* Brehm.
Thalasseus caspius Boie.

Hirondelle de mer tschégrava.
Sterne caspienne.
Sylochélidon de la mer Caspienne.

C.-D. Degland et Z. Gerbe. — *Op. cit.*, t. II, p. 448,

E. Lemetteil. — *Op. cit.*, tir. à part, t. II, p. 325.

Alphonse Dubois. — *Op. cit.* : texte, t. II, p. ?; atlas, t. II,
   pl. 279, et pl. XLIII, figs. 250.

Léon Olphe-Galliard. — *Op. cit.*, fasc. XI, p. 5.

La Sterne tschégráva habite les rivages maritimes, où
elle recherche les endroits à l'abri des grosses mers, comme
les lagunes et les estuaires; elle habite aussi les lacs salés,
et ne va que peu dans l'intérieur du pays. Elle est migratrice et sédentaire, et vit en société, par couples ou isolément. Son vol est très-puissant, mais quelque peu lourd. Sa
nourriture se compose presque uniquement de Poissons ;
elle mange aussi des Insectes, des Crustacés, des œufs et
des Oiseaux. La femelle ne fait normalement qu'une couvée
par an, de deux ou trois œufs au maximum. La ponte de la
couvée normale a lieu dans la seconde quinzaine de mai et
en juin. Cette espèce niche généralement en société, et aussi
à l'état isolé. Le nid consiste en une petite cavité que
l'Oiseau a creusée dans le sol, et qui est nue ou garnie avec
quelques fragments de plantes herbacées; il se trouve près
de la mer.

Seine-Inférieure :

Espèce mentionnée comme ayant été observée dans
la Seine-Inférieure. [J. Hardy. — *Op. cit.*, p. 294].

« De passage irrégulier, et isolé ou par paires, en
mai et octobre. Un individu fut tué pendant un coup
de vent, sur nos côtes, le 18 octobre 1834. Le 26 mai
1838, j'en observai un autre qui ne fit que passer et
planer un instant sur notre port (Dieppe) ». [J. Hardy.
— *Manusc. cit.*, p. 63].

Vers 1855, un individu de cette espèce a plané sur
le port de Dieppe, et retournait à la mer, lorsqu'il
fut tué sur le chenal, par M. Delalande, marchand

naturaliste à Dieppe. [Jules VIAN, renseign. manuscrit, 1892].

« De passage tout à fait accidentel dans notre département, où deux sujets adultes ont été abattus par M. Bellejambe, le 30 septembre 1866. L'un, magnifique mâle en parfaite livrée d'hiver, nous a été généreusement offert par l'heureux chasseur, et fait partie de notre collection ; l'autre, tombé à quelque distance, n'a été retrouvé que le lendemain, à moitié dévoré par les rats ». [E. LEMETTEIL. — Op. cit., tir. à part, t. II, p. 326].

« Je possède un exemplaire de cette belle espèce, qui fut pris sur nos côtes, en juillet 1881 ». [Louis-Henri BOURGEOIS, renseign. manuscrit, 1891]. [J'ai examiné cet individu (H. G. de K.)].

Calvados :

« Elle est très-rare. Un individu a été tué sur la côte, en 1834 ; il est au cabinet de la ville (Caen) ». [LE SAUVAGE. — Op. cit., p. 208].

Manche :

« Elle est rare sur nos côtes et n'y est que de passage ». [Emmanuel CANIVET. — Op. cit., p. 25].

« Très-rare, de passage accidentel ». [J. LE MENNICIER. — Op. cit., p. 152 ; tir. à part, p. 44].

2ᵉ Genre. *LARUS* — GOÉLAND.

1. Larus Sabinei Sab. — Goéland de Sabine.

Gavia Sabinei Macg..
Xema collaris Ross, *X. Sabinei* Ross.

Mouette de Sabine.

C.-D. Degland et Z. Gerbe. — *Op. cit.*, t. II, p. 443.

E. Lemetteil. — *Op. cit.*, tir. à part, t. II, p. 329.

Alphonse Dubois. — *Op. cit.* : texte, t. II, p. ?; atlas, t. II, pl. 297, et pl. LXX, figs. 249.

Léon Olphe-Galliard. — *Op. cit.*, fasc. X, p. 108.

Le Goëland de Sabine habite les rivages maritimes, les lacs, les fleuves et les rivières. Il est migrateur et sédentaire. Sa nourriture se compose d'Insectes, de larves, de Vers, de Poissons, etc. La femelle ne fait normalement qu'une couvée par an, de deux œufs et parfois de trois. Le nid consiste en un petit creux que l'Oiseau a pratiqué dans le sol, cavité nue ou garnie avec quelques fragments de plantes herbacées, et qui se trouve près ou à peu de distance de la mer.

Seine-Inférieure :

Espèce mentionnée comme ayant été observée dans la Seine-Inférieure. [J. Hardy. — *Op. cit.*, p. 295].

« Un individu adulte, qui a été tué près de Rouen, fait partie de la belle collection de M. Jules de Lamotte ». [C.-D. Degland et Z. Gerbe. — *Op. cit.*, t. II, p. 444].

2. Larus albus Scop. — Goëland pygmée.

Chroicocephalus minutus Eyton.
Gavia minuta Macg.
Hydrocolaeus minutus Kaup.
Larus atricilloides Falk, *L. minutus* Pall., *L. nigrotis* Less., *L. Orbignyi* Sav.
Xema minutum Boie.

Chroïcocéphale pygmée.
Mouette pygmée.

Paul Bert. — *Op. cit.*, p. 99 et 100; tir. à part, p. 75 et 76.

C.-D. Degland et Z. Gerbe. — *Op. cit.*, t. II, p. 441.

E. Lemetteil. — *Op. cit.*, tir. à part, t. II, p. 330.

Amb. Gentil. — *Op. cit.*, *Palmipèdes*, p. 38 et 43; tir. à part, p. 98 et 103.

Alphonse Dubois. — *Op. cit.* : texte, t. II, p. ?; atlas, t. II, pl. 296, et pl. LX, figs. 248.

Léon Olphe-Galliard. — *Op. cit.*, fasc. X, p. 104.

Le Goëland pygmée habite principalement les rivages maritimes et les lagunes, et va aussi sur les lacs, les fleuves et les rivières. Il est migrateur et sédentaire, et plus ou moins sociable. Son vol est quelque peu irrégulier. Sa nourriture se compose d'animaux marins de sortes variées, de Poissons, d'Insectes, etc. La femelle ne fait normalement qu'une couvée par an, ordinairement de trois œufs, et parfois de deux ou de quatre. Cette espèce niche en société. Le nid est construit avec des fragments de plantes herbacées, et repose sur une masse flottante de végétaux, ou à terre près d'une eau salée ou d'une eau douce.

Normandie :

Espèce mentionnée comme étant de passage accidentel en Normandie. [Noury. — *Op. cit.*, p. 104].

Seine-Inférieure :

Espèce mentionnée comme ayant été observée dans la Seine-Inférieure. [J. Hardy. — *Op. cit.*, p. 295].

« M. Hardy a tué sur la côte de Dieppe, à la fin de septembre de l'année 1843, au milieu d'une bande considérable de Sternes arctique et pierre-garin, qui fuyait devant un coup de vent, un individu en plumage de jeune ». [C.-D. Degland et Z. Gerbe. — *Op. cit.*, t. II, p. 442].

Cette espèce ne fait « dans notre département que des apparitions rares, bien que moins exceptionnelles que celles du précédent (Goëland de Sabine) ». Un individu « a été abattu en 1867, sur la Seine à Port-Jérôme (commune de Notre-Dame-de-Graven-chon), où il voltigeait avec des Goëlands rieurs ». [E. LEMETTEIL. — *Op. cit.*, tir. à part, t. II, p. 331 (1ʳᵉ phrase), et p. 332 (2ᵉ phrase)].

Calvados :

« Je la crois rare ; je ne l'ai vue qu'une fois sur la côte ; je ne la connais pas dans nos collections ». [LE SAUVAGE. — *Op. cit.*, p. 210].

3. **Larus ridibundus** Briss. — Goëland rieur.

Chroicocephalus ridibundus Eyton.

Gavia ridibunda Briss.

Larus atricilla Pall., *L. capistratus* Temm., *L. cinera-rius* L., *L. erythropus* Gm., *L. naevius* Pall., *L. ridi-bundus* L.

Sterna obscura Lath.

Xema capistratum Bp., *X. pileatum* Brehm, *X. ridibun-dum* Boie.

Chroïcocéphale rieuse.
Mouette à capuchon brun, M. rieuse.

Mauvette.

Paul BERT. — *Op. cit.*, p. 99 ; tir. à part, p. 75.

C.-D. DEGLAND et Z. GERBE. — *Op. cit.*, t. II, p. 435.

E. LEMETTEIL. — *Op. cit.*, tir. à part, t. II, p. 332.

Amb. GENTIL. — *Op. cit.*, *Palmipèdes*, p. 38 et 42 ; tir. à part, p. 98 et 102.

Alphonse Dubois. — *Op. cit.* : texte, t. II, p. ? ; atlas, t. II, pl. 295, et pl. XLIX, figs. 247 et figs. 253.

Léon Olphe-Galliard. — *Op. cit.*, fasc. X, p. 97.

Le Goëland rieur habite les rivages maritimes, les estuaires, les lagunes, et va aussi sur les fleuves, les rivières, les lacs, les étangs et les marais ; il visite les champs, les steppes, les villes et les villages. Il est migrateur et sédentaire, et très-sociable. Son vol est très-facile ; il marche vite et longtemps. Sa nourriture se compose d'Insectes, de larves, de Vers, de Crustacés, de Poissons, de Grenouilles, de débris variés, etc. La femelle ne fait normalement qu'une couvée par an, de deux ou trois œufs, et parfois de quatre. La ponte de la couvée normale a lieu en avril et mai. La durée de l'incubation est de dix-huit jours. Cette espèce niche en société. Le nid consiste : soit en une petite dépression que l'Oiseau a pratiquée dans le sol, dans une touffe d'une plante herbacée ou dans un champ, dépression garnie avec des fragments de végétaux herbacés, et qui se trouve près d'une eau douce ou d'une eau salée ; soit en une réunion des matériaux en question, composant un grand nid établi sur des végétaux aquatiques flottants ; rarement le nid est placé sur un arbre, voire même sur un toit ; et, parfois, les œufs reposent à nu dans une petite cavité du sol.

Toute la Normandie. — De passage régulier : arrive en septembre et octobre, et repart en mars et avril, avant la reproduction ; un certain nombre d'individus sont sédentaires. — C.

4. **Larus tridactylus** L. — Goëland tridactyle.

Cheimonea tridactyla Kaup.
Gavia cinerea Briss., *G. tridactyla* Boie.

Larus albus St. Müll., *L. canus* Pall., *L. cinerarius*
O. Fabr., *L. gavia* Pall., *L. riga* Gm., *L. rissa* Brünn.,
L. torquatus Pall.

Rissa borealis Brehm, *R. Brünnichii* Steph., *R. cinerea*
Eyton, *R. minor* Brehm, *R. tridactyla* Brehm.

Mouette tridactyle.

Risse tridactyle.

Pigeon de mer.

Paul Bert. — *Op. cit.*, p. 99 ; tir. à part, p. 75.
C.-D. Degland et Z. Gerbe. — *Op. cit.*, t. II, p. 428.
E. Lemetteil. — *Op. cit.*, tir. à part, t. II, p. 334.
Amb. Gentil. — *Op. cit.*, *Palmipèdes*, p. 38 et 42 ; tir. à
part, p. 98 et 102.
Alphonse Dubois. — *Op. cit.* : texte, t. II, p. ? ; atlas, t. II,
pl. 298, et pl. LXIV, figs. 245.
Léon Olphe-Galliard. — *Op. cit.*, fasc. X, p. 82.

Le Goëland tridactyle habite les rivages maritimes où se
trouvent des rochers et des falaises ; il aime à se tenir au
large et ne va que par l'effet de bourrasques dans l'intérieur
du pays. Il est migrateur et sédentaire, et très-sociable.
Il vole légèrement et facilement, et marche peu et assez
mal. Sa nourriture se compose principalement de Poissons ;
il mange aussi des Crustacés, des Mollusques et autres animaux marins, et différents débris. La femelle ne fait normalement qu'une couvée par an, de deux ou trois œufs, et
parfois de quatre. Cette espèce niche en société. Le nid est
vaste et assez bien construit ; sa base est de la terre dont les
pattes mouillées de l'Oiseau et l'air humide ont fait une sorte
de mortier qui adhère au point où il se trouve, base sur
laquelle sont des fragments de plantes herbacées et parfois
quelques plumes. Ce nid est établi de préférence sur les
saillies et les pentes des rochers escarpés et des falaises, au
bord de la mer.

Toute la Normandie. — De passage régulier : arrive en septembre et octobre, et repart en mars et avril, avant la reproduction ; un petit nombre d'individus sont sédentaires. — A. C.

5. **Larus eburneus** Phipps — Goëland sénateur.

Cetosparactes eburneus Macg.

Gavia alba Stejneg., *G. brachytarsa* Bp., *G. eburnea* Boie.

Larus brachytarsus Holböll, *L. candidus* Müll., *L. niveus* Bodd.

Pagophila brachytarsa Bruch, *P. eburnea* Kaup, *P. nivea* Bp.

Goëland blanc.

Mouette blanche, M. sénateur.

Pagophile blanche.

C.-D. Degland et Z. Gerbe. — *Op. cit.*, t. II, p. 405.

E. Lemetteil. — *Op. cit.*, tir. à part, t. II, p. 336.

A.-E. Brehm. — *Op. cit.*, t. II, p. 805.

Alphonse Dubois. — *Op. cit.* : texte, t. II, p. ? ; atlas, t. II, pl. 299, et pl. LXII, figs. 244.

Le Goëland sénateur habite les rivages maritimes et la haute mer, et passe la plus grande partie de son existence au milieu des glaces. Sa nourriture se compose de Poissons, de Crustacés, de Mollusques et autres animaux marins, de Mammifères, de débris de toutes sortes, etc. La femelle ne fait normalement qu'une couvée par an, de deux ou trois œufs. Le nid consiste en une dépression peu profonde du sol, creusée par l'Oiseau et négligemment garnie avec des fragments de plantes herbacées, du duvet et quelques plumes ; il est établi sur un rocher ou une falaise ; on le trouve aussi sur un sol bas.

Normandie :

« On m'a assuré qu'elle se trouve sur nos côtes ». [C.-G. CHESNON. — *Op. cit.*, p. 354].

Espèce mentionnée comme étant de passage accidentel en Normandie. [NOURY. — *Op. cit.*, p. 104].

Seine-Inférieure :

« Il se montre très-rarement dans nos pays tempérés ; encore n'y voit-on guère que des jeunes poussés par la tempête ou la rigueur de la température ». [E. LEMETTEIL. — *Op. cit.*, tir. à part, t. II, p. 336].

Calvados :

« Excessivement rare. Un individu fut tué, il y a quatre ans, sur la côte de Graye. Ma collection ». [LE SAUVAGE. — *Op. cit.*, p. 209].

6. **Larus canus** L. — Goëland cendré.

Glaucus canus Bruch, *G. lacrymosus* Bruch.

Larus Audouini Tristram, *L. canescens* Brehm, *L. cyanorhynchus* M. et W., *L. delawarensis* Coues, *L. hybernus* Gm., *L. procellosus* Bchst.

Mouette à pieds bleus, M. cendrée.

Pigeon de mer.

Paul BERT. — *Op. cit.*, p. 99 ; tir. à part, p. 75.

C.-D. DEGLAND et Z. GERBE. — *Op. cit.*, t. II, p. 424.

E. LEMETTEIL. — *Op. cit.*, tir. à part, t. II, p. 337.

Amb. GENTIL. — *Op. cit.*, *Palmipèdes*, p. 38 et 41 ; tir. à part, p. 98 et 101.

Alphonse Dubois. — *Op. cit.* : texte, t. II, p. ? ; atlas, t. II,
   pl. 294, et pl. LIII, figs. 246.
Léon Olphe-Galliard. — *Op. cit.*, fasc. X, p. 76.

Le Goëland cendré habite les rivages maritimes, les
fleuves, les rivières et les lacs ; il va souvent dans les
champs, fréquemment s'avance loin dans l'intérieur des
terres, et visite parfois des marais situés à une grande
altitude. Il est migrateur et sédentaire, et plus ou moins
sociable. Son vol est facile et gracieux, mais n'est pas très-
rapide. Sa nourriture se compose de Poissons, d'Insectes,
de larves, de Vers, etc., et aussi de jeunes Oiseaux et de
Mammifères. La femelle ne fait normalement qu'une couvée
par an, de deux ou trois œufs, ordinairement de trois. La
ponte de la couvée normale a lieu dans la seconde quinzaine de mai et en juin. Cette espèce niche en société et
isolément. Le nid est soigneusement construit avec des
fragments de plantes herbacées. Il est établi sur un sol bas,
sur un rocher escarpé ou une falaise, ou dans une touffe
de végétaux herbacés, près ou dans le voisinage de la mer,
sur le bord d'un lac dans l'intérieur des terres, ou au bord
d'un marais dans la montagne. Cette espèce se contente
souvent de creuser une petite cavité dans le sol, et pond
parfois sur un arbre, dans un nid abandonné d'Oiseau.

Toute la Normandie. — De passage régulier : arrive en
septembre et octobre, et repart en mars et avril, avant la
reproduction ; un certain nombre d'individus sont sédentaires. — C.

7. **Larus leucopterus** Faber — Goëland leucoptère.

Laroides glaucoides Brehm, *L. leucopterus* Brehm.
Larus arcticus Macg., *L. argentatus* Sab., *L. glaucoides*
   M. et W., *L. minor* Brehm.
Leucus leucopterus Bp.

Mouette leucoptère.

C.-D. DEGLAND et Z. GERBE. — *Op. cit.*, t. II, p. 411.

E. LEMETTEIL. — *Op. cit.*, tir. à part, t. II, p. 339.

Alphonse DUBOIS. — *Op. cit.* : texte, t. II, p. ? ; atlas, t. II,
pl. 290, et pl. LIV, figs. 242.

Léon OLPHE-GALLIARD. — *Op. cit.*, fasc. X, p. 47.

Le Goëland leucoptère habite les rivages maritimes ; il
fréquente les endroits habités du voisinage de la mer, et va
parfois sur les fleuves et les rivières. Il est migrateur et
sédentaire, et sociable. Sa nourriture se compose de Poissons, de Crustacés et de beaucoup d'autres animaux marins,
de substances végétales et de débris organiques très-variés.
La femelle ne fait normalement qu'une couvée par an, qui
semble être de deux ou trois œufs. La ponte de la couvée
normale a lieu en juin. Le nid est placé au bord de la mer,
sur un rocher escarpé, sur une falaise ou dans le sable du
rivage.

Seine-Inférieure :

Espèce mentionnée comme ayant été observée dans
la Seine-Inférieure. [J. HARDY. — *Op. cit.*, p. 294].

« Cet Oiseau se montre très-accidentellement sur
nos côtes, où il est poussé, pendant les hivers rigoureux, par les tourmentes du Nord-Ouest ; mais on n'y
voit guère que des jeunes, moins capables de résister
à la violence du froid et des courants atmosphé-
riques ». [E. LEMETTEIL. — *Op. cit.*, tir. à part, t. II,
p. 339].

8. **Larus glaucus** Brünn. — Goëland bourgmestre.

Glaucus consul Bruch.

Laroides glaucus Bruch.

Larus consul Boie, *L. glacialis* Macg., *L. leucereles* Schleep, *L. leucopterus* Vieill.

Leucus glaucus Kaup.

Mouette bourgmestre. M. glauque.

C.-D. DEGLAND et Z. GERBE. — *Op. cit.*, t. II, p. 409.

E. LEMETTEIL. — *Op. cit.*, tir. à part, t. II, p. 340.

Amb. GENTIL. — *Op. cit.*, *Palmipèdes*, p. 38 ; tir. à part, p. 98.

Alphonse DUBOIS. — *Op. cit.* : texte, t. II, p. ? ; atlas, t. II, pl. 289, et pl. LIX, figs. 243.

Léon OLPHE-GALLIARD. — *Op. cit.*, fasc. X, p. 41.

Le Goëland bourgmestre habite les rivages maritimes ; il fréquente les endroits habités du voisinage de la mer, va quelquefois sur les fleuves et les rivières, et s'avance parfois assez loin dans l'intérieur du pays. Il est migrateur et sédentaire. Sa nourriture se compose de Poissons, de Crustacés, de Vers, de Mollusques, d'Oiseaux, de Mammifères, de débris organiques variés, etc. La femelle ne fait normalement qu'une couvée par an, de deux ou trois œufs. La ponte de la couvée normale a lieu dans la seconde quinzaine de mai et en juin. Le nid est volumineux et soigneusement construit avec des fragments de plantes herbacées ; il est établi près ou dans le voisinage de la mer, sur un rocher, une falaise, ou sur un sol bas.

Normandie :

« Très-rare sur nos côtes ». [C.-G. CHESNON. — *Op. cit.*, p. 352].

Seine-Inférieure :

Espèce mentionnée comme ayant été observée dans la Seine-Inférieure. [J. HARDY. — *Op cit.*, p. 294].

« Cette espèce n'apparaît sur nos côtes que très-accidentellement. Elle se réunit alors aux Goëlands cendrés et aux Goëlands marins; mais l'on n'y voit guère que des jeunes; les vieux, s'ils s'y montrent quelquefois, y sont excessivement rares ». [E. LEMET-TEIL. — *Op. cit.*, tir. à part, t. II, p. 341].

Calvados :

« Excessivement rare sur nos côtes à l'état adulte; les jeunes s'y montrent quelquefois..... On le trouve dans la collection de M. de la Fresnaye ». [LE SAUVAGE. — *Op. cit.*, p. 209].

Manche :

« Très-rare sur nos côtes; on n'y trouve que des jeunes ». [Emmanuel CANIVET. — *Op. cit.*, p. 25].

Espèce indiquée comme ayant été observée à l'état jeune dans l'arrondissement de Valognes. [A^d BE-NOIST. — *Op. cit.*, p. 239].

« Très-rare sur nos côtes ». [J. LE MENNICIER. — *Op. cit.*, p. 151 ; tir. à part, p. 43].

9. **Larus cinereus** Briss. — Goëland argenté.

Glaucus argentatoides Bruch, *G. argentatus* Bruch.
Laroides argentaceus Brehm, *L. argentatoides* Brehm, *L. argentatus* Brehm, *L. argenteus* Brehm, *L. major* Brehm.
Larus argentatoides Brehm, *L. argentatus* Brünn., *L. argenteus* Macg., *L. fuscus* Penn., *L. glaucus* Retz.

Goëland à manteau bleu.
Mouette à manteau bleu, M. argentée.

Colin-margas.

C.-D. Degland et Z. Gerbe. — *Op. cit.*, t. II, p. 417.

E. Lemetteil. — *Op. cit.*, tir. à part, t. II, p. 341.

Amb. Gentil. — *Op. cit.*, *Palmipèdes*, p. 38 et 40; tir. à part, p. 98 et 100.

Alphonse Dubois. — *Op. cit.* : texte, t. II, p. ?; atlas, t. II, pl. 293, et pl. LV, figs. 241.

Léon Olphe-Galliard. — *Op. cit.*, fasc. X, p. 55.

Le Goëland argenté habite les rivages maritimes et va sur les fleuves, les rivières et les lacs; il fréquente très-souvent les endroits habités du voisinage de la mer, et visite les champs. Il est migrateur et sédentaire. Son vol est lent et un peu pénible; il marche gracieusement. Sa nourriture se compose de Poissons, de Crustacés, de Mollusques, de Vers, de larves, d'Insectes, d'œufs d'Oiseaux, de graines, de débris organiques variés, etc.; il aime les Harengs, et accompagne les bancs de ce Poisson, dont il annonce ainsi la présence. La femelle ne fait normalement qu'une couvée par an, habituellement de trois œufs, et parfois seulement de deux. La ponte de la couvée normale a lieu en mai et juin. Cette espèce niche en société et isolément. Le nid est tantôt volumineux et construit avec des fragments de plantes herbacées, et tantôt consiste en une petite cavité du sol, creusée par l'Oiseau et garnie avec quelques fragments de telles plantes; parfois, des plumes sont ajoutées aux matériaux en question. Il est établi près de la mer ou d'un lac salé, sur une falaise, un rocher escarpé, sur un sol bas et plat, sur un arbre, ou parmi des buissons.

Toute la Normandie. — Sédentaire, et de passage régulier : arrive vers la fin de l'automne, et repart au printemps, avant la reproduction. — C.

9bis. **Larus cinereus** Briss. var. **cachinnans** Pall. —
Goëland argenté var. de Michahelles.

Glaucus leucophaeus Bruch, *G. Michahellesii* Bruch.

Laroides cachinnans Bruch, *L. Michahellesii* Bruch.

Larus argentatus Bruch, *L. cachinnans* Pall., *L. Michahellesii* Bruch.

C.-D. DEGLAND et Z. GERBE. — *Op. cit.*, t. II, p. 420.

Léon OLPHE-GALLIARD. — *Op. cit.*, fasc. X, p. 61.

La biologie de cette variété est semblable à celle du type :
Goëland argenté (*Larus cinereus* Briss.).

Seine-Inférieure :

Variété mentionnée comme ayant été observée dans
la Seine-Inférieure. [J. HARDY. — *Op. cit.*, p. 294].

« Deux *Michahellesii;*..... l'autre tué sur les
côtes de Dieppe, en mars 1844, au milieu d'une bande
de sept individus qui semblaient n'en pas différer.
..... ». [C.-D. DEGLAND et Z. GERBE. — *Op. cit.*,
t. II, p. 420].

10. **Larus fuscus** L. — Goëland brun.

Clupeilarus fuscus Bp.

Dominicanus fuscus Bruch.

Gavia grisea Briss.

Laroides fuscus Brehm, *L. harengorum* Brehm, *L. mela-
notus* Brehm.

Larus argentatus Bewick, *L. cinereus* Leach, *L. flavipes*
M. et W., *L. griseus* Briss.

Leucus fuscus Kaup.

Goëland à pieds jaunes.
Mouette à pieds jaunes.

Gourmat (jeune), Gris (jeune).

Paul BERT. — *Op. cit.*, p. 99 ; tir. à part, p. 75.
C.-D. DEGLAND et Z. GERBE. — *Op. cit.*, t. II, p. 415.
E. LEMETTEIL. — *Op. cit.*, tir. à part, t. II, p. 343.
Amb. GENTIL. — *Op. cit.*, *Palmipèdes*, p. 38 et 40 ; tir. à part, p. 98 et 100.
Alphonse DUBOIS. — *Op. cit.* : texte, t. II, p. ? ; atlas, t. II, pl. 292, et pl. LX, figs. 239.
Léon OLPHE-GALLIARD. — *Op. cit.*, fasc. X, p. 69.

Le Goëland brun habite le littoral et les lacs ; il se tient surtout au large, fréquente les endroits habités du voisinage de la mer, et va parfois sur les grandes rivières, sur les étangs, et dans les champs et les prairies. Il est migrateur et sédentaire, et sociable. Sa nourriture se compose de Poissons et de petits animaux marins de toutes sortes, de Vers, de larves, de débris organiques très-variés et de graines ; il aime les Harengs, et accompagne les bancs de ce Poisson, dont il annonce ainsi la présence. La femelle ne fait normalement qu'une couvée par an, ordinairement de trois œufs, et quelquefois de deux seulement. Le nid est assez volumineux et négligemment construit avec des fragments de plantes herbacées et des feuilles mortes, auxquels sont ajoutées parfois quelques plumes. Il est placé sur un sol bas, sur un rocher ou une falaise, près de la mer ou près d'un lac.

Normandie :

« Les jeunes... se trouvent très-communément sur notre littoral ». [C.-G. CHESNON. — *Op. cit.*, p. 351].

Espèce mentionnée comme étant de passage régulier en Normandie. [NOURY. — *Op. cit.*, p. 103].

Seine-Inférieure :

Espèce mentionnée comme ayant été observée dans la Seine-Inférieure. [J. HARDY. — *Op. cit.*, p. 295].

« Il n'est pas très-rare dans notre département, et il y doit nicher quelquefois..... Nous l'avons vu assez souvent sur les bords de la Basse-Seine, où un magnifique mâle adulte, qui fait partie de notre collection, a été abattu en juin, pleine époque de l'incubation ». [E. LEMETTEIL. — *Op. cit.*, tir. à part, t. II, p. 344].

Calvados :

« Assez commun... Je ne le connais que dans ma collection ». [LE SAUVAGE. — *Op. cit.*, p. 209].

« Un individu en plumage de noces, Colleville-sur-Orne, 10 mai 1866 ». [Albert FAUVEL, renseign. manuscrit, 1890]. [Collection d'Albert FAUVEL, à Caen].

Manche :

« Cette espèce niche en grand nombre dans les falaises de la Hague... ». [Emmanuel CANIVET. — *Op. cit.*, p. 26].

11. **Larus marinus** L. — Goëland marin.

Dominicanus marinus Bruch.

Larus albus St. Müll., *L. Fabricii* Brehm, *L. maximus* Leach, *L. Mülleri* Brehm, *L. naevius* Gm., *L. niger* Briss., *L. varius* Briss.

Leucus marinus Kaup.

Goëland à manteau noir.
Mouette à manteau noir.

Ailes de velours, Dominicain, Margas à dos noir, Tartane, Grisard (jeune).

C.-D. Degland et Z. Gerbe. — *Op. cit.*, t. II, p. 413.

E. Lemetteil. — *Op. cit.*, tir. à part, t. II, p. 345.

Amb. Gentil. — *Op. cit.*, *Palmipèdes*, p. 38 et 39 ; tir. à part, p. 98 et 99.

Alphonse Dubois. — *Op. cit.* : texte, t. II, p. ? ; atlas, t. II, pl. 291, et pl. LII, figs. 240.

Léon Olphe-Galliard. — *Op. cit.*, fasc. X, p. 34.

Le Goëland marin habite le littoral ; il va souvent loin de la terre ferme, et rarement loin de la mer ; cependant il niche parfois près d'un lac dans une région montagneuse de l'intérieur du pays. Il est migrateur et sédentaire, et peu sociable, vivant isolément, par couples ou en petites bandes. Il marche bien. Sa nourriture se compose d'animaux marins très-différents, de charognes et de divers débris organiques ; il mange aussi des œufs et des Oiseaux. La femelle ne fait normalement qu'une couvée par an, de trois œufs ou de deux seulement, et parfois de quatre. La ponte de la couvée normale a lieu en mai et juin. Cette espèce niche isolément et en petite société. Le nid consiste en une cavité du sol creusée par l'Oiseau et garnie avec des fragments de plantes herbacées, auxquels sont parfois ajoutées quelques plumes ou de la laine. On trouve ce nid en un point plus ou moins inaccessible d'un rocher ou d'une falaise, au bord de la mer ou près d'un lac d'une région montagneuse.

Toute la Normandie. — De passage régulier : arrive vers la fin de l'automne, et repart au printemps, avant la reproduction ; un petit nombre d'individus sont sédentaires. — A.C.

OBSERVATION.

Larus atricilla L. — Goëland atricille.

Voici les renseignements que je connais, à l'égard de cette espèce :

Calvados :

« Mouette à capuchon plombé... Espèce méridionale qui est excessivement rare sur nos côtes. Capuchon s'étendant jusqu'à la moitié supérieure du cou ; bec et pieds rouge de laque foncé. — Cependant, je l'ai vue en domesticité et en livrée de printemps chez feu M. de Roussel, professeur d'Histoire naturelle ». [LE SAUVAGE. — *Op. cit.*, p. 210].

Un individu en plumage d'hiver « aurait été tué, dit-on, dans les parages du Calvados ». [C.-D. DEGLAND et Z. GERBE. — *Op. cit.*, t. II, p. 433].

Manche :

« Mouette à capuchon plombé (*Larus atricilla* Temm.)... Cette espèce niche sur nos côtes ». [Emmanuel CANIVET. — *Op. cit.*, p. 26].

« Goëland atricille ou à capuchon plombé (*Larus atricilla* L.). Iris brun. — Moins commun (que le Goëland tridactyle) ». [J. LE MENNICIER. — *Op. cit.*, p. 151 ; tir. à part, p. 43].

Je suis très-porté à croire que les Oiseaux en question ne sont pas des *Larus atricilla* L., espèce nord-américaine, mais des Goëlands rieurs (*Larus ridibundus* Briss.), dont la coloration du plumage est anomale.

3ᵉ Genre. *STERCORARIUS* — STERCORAIRE.

1. **Stercorarius longicaudus** Briss. — Stercoraire longicaude.

Catarractes parasita Pall.

Lestris brachyrhynchos Brehm, *L. Buffonii* Boie, *L. crepidata* Brehm, *L. Lessoni* Degl., *L. parasiticus* Temm.

Stercorarius cepphus Lawr., *S. parasiticus* H. Saund.

Labbe longicaude.

Stercoraire à longue queue.

Paille-en-queue.

C.-D. Degland et Z. Gerbe. — *Op. cit.*, t. II, p. 399.

E. Lemetteil. — *Op. cit.*, tir. à part, t. II, p. 350.

Alphonse Dubois. — *Op. cit.* : texte, t. II, p. ?; atlas, t. II, pl. 303, et pl. LXIII, figs. 235.

Léon Olphe-Galliard. — *Op. cit.*, fasc. X, p. 20.

Le Stercoraire longicaude habite les rivages maritimes, les marais et la partie des fleuves et des rivières qui ne sont pas trop éloignés de la mer; quelquefois, il est poussé par les vents dans l'intérieur du pays. Il est migrateur et sédentaire, et paraît être fort sociable. Son vol est sautillant, rapide et léger. Sa nourriture se compose de Poissons, de Crustacés, de Mollusques, de Vers, d'Insectes, de larves, d'œufs et d'Oiseaux, de Mammifères et de fruits charnus. La femelle ne fait normalement qu'une couvée par an, très-habituellement de deux œufs, et rarement d'un seul ou de trois. La ponte de la couvée normale a lieu dans la seconde quinzaine de juin et en juillet. Le nid consiste en une petite cavité du sol creusée par l'Oiseau, et garnie ou non avec quelques fragments de plantes herbacées, cavité qui se trouve dans un marais.

Normandie :

« De passage et rare sur nos côtes, où les vieux sont extraordinairement rares ». [C.-G. CHESNON. — *Op. cit.*, p. 355].

Espèce mentionnée comme étant de passage accidentel en Normandie. [NOURY. — *Op. cit.*, p. 104].

Seine-Inférieure :

Espèce mentionnée comme ayant été observée dans la Seine-Inférieure. [J. HARDY. — *Op. cit.*, p. 295].

« A la mi-octobre 1834, plusieurs ont été jetés, avec un grand nombre de Stercoraires pomarins, sur la côte de Dieppe, à la suite d'une tourmente qui a duré deux jours ». [C.-D. DEGLAND et Z. GERBE. — *Op. cit.*, t. II, p. 401].

« Cette espèce s'aventure sur nos côtes en automne et en hiver, pendant les tempêtes et les froids rigoureux ». [E. LEMETTEIL. — *Op. cit.*, tir. à part, t. II, p. 351].

Calvados :

« Cet Oiseau se voit assez fréquemment sur les bords de la mer, à la poursuite des Mouettes... On le trouve dans ma collection et dans celles de MM. Chesnon, Pophillat, Bourienne, etc. ». [LE SAUVAGE. — *Op. cit.*, p. 211].

« Nous n'avons pu obtenir qu'un jeune, tué le 26 août 1886, en pleine mer, à la hauteur de Trouville ». [Émile ANFRIE, renseign. manuscrit, 1888].

Manche :

« Il est rare de trouver de cette espèce adulte sur nos côtes; ce sont presque toujours des jeunes ». [Emmanuel CANIVET. — *Op. cit.*, p. 26].

Espèce indiquée comme ayant été observée dans l'arrondissement de Valognes. [A^d BENOIST. — *Op. cit.*, p. 239]. [Mentionnée sous le nom de « Stercoraire parasite (*Lestris parasiticus* Gm.) »].

« Assez rare... On ne trouve guère sur nos côtes que des jeunes qui se sont égarés ». [J. LE MENNICIER. — *Op. cit.*, p. 150; tir. à part, p. 42].

2. **Stercorarius parasiticus** Brünn. — Stercoraire de Richardson.

Cataractes Richardsoni Macg.
Catharracta coprotheres Brünn., *C. parasitica* Brünn.
Lestris Boii Brehm, *L. macropteros* Brehm, *L. parasitica* Faber, *L. Richardsoni* Nutt.
Stercorarius cepphus Steph., *S. crepidatus* Vieill., *S. parasiticus* G.-R. Gray.

Paul BERT. — *Op. cit.*, p. 98; tir. à part, p. 74.
C.-D. DEGLAND et Z. GERBE. — *Op. cit.*. t. II, p. 397.
E. LEMETTEIL. — *Op. cit.*, tir. à part, t. II, p. 351.
Alphonse DUBOIS. — *Op. cit.* : texte, t. II, p. ?; atlas, t. II, pl. 302, et pl. L, figs. 236.
Léon OLPHE-GALLIARD. — *Op. cit.*, fasc. X, p. 13.

Le Stercoraire de Richardson habite les rivages maritimes, les marais, les prairies et la partie des fleuves et des rivières qui ne sont pas trop éloignés de la mer; il va souvent loin au large, et, quelquefois, est poussé par les vents dans l'intérieur du pays. Il est migrateur et sédentaire, et très-sociable. Son vol est balancé, rapide et très-puissant. Sa nourriture se compose de Poissons, de Crustacés, de Mollusques, de Vers, d'Insectes, de larves, d'œufs et d'Oiseaux, d'animaux morts et de fruits charnus. La femelle ne fait normalement qu'une couvée par an, ordinairement de deux œufs, parfois d'un seul et rarement de trois.

La ponte de la couvée normale a lieu dans la seconde quinzaine de mai, en juin et dans la première quinzaine de
juillet. Le nid consiste en une petite dépression du sol,
creusée par l'Oiseau et garnie avec quelques fragments de
plantes herbacées et parfois quelques feuilles mortes, cavité qui se trouve dans un marais.

Seine-Inférieure :

Espèce mentionnée comme ayant été observée dans
la Seine-Inférieure. [J. HARDY. — *Op. cit.*, p. 295].

« Le Stercoraire des rochers est plus rare, dans nos
localités, que le Pomarin et le Longicaude. Il s'y
montre, comme eux, vers la fin de l'automne, à la
suite des tourmentes du Nord-Ouest ». [E. LEMETTEIL.
— *Op. cit.*, tir. à part, t. II, p. 353].

Calvados :

« Je possède dans ma collection un mâle trèsadulte, trouvé mort d'épuisement à Cernay, près
Orbec, à quarante-cinq kilomètres de la mer, le
18 octobre 1879 ». [Émile ANFRIE, renseign. manuscrit, 1888].

Manche :

« Il est rare de trouver de cette espèce adulte sur
nos côtes ; ce sont presque toujours des jeunes ».
[Emmanuel CANIVET. — *Op. cit.*, p. 26].

3. **Stercorarius striatus** Briss. — Stercoraire pomarin.

Cataractes pomarina Steph.
Coprotheres pomarinus Rchb.
Larus crepidatus Gm., *L. parasiticus* M. et W.

Lestris fuscus Bp., *L. pomarinus* Temm., *L. sphaeriuros*
Brehm, *L. striatus* Eyton.

Stercorarius pomatorhinus Newt.

Labbe pomarin.

Chasse-fiente.

C.-D. DEGLAND et Z. GERBE. — *Op. cit.*, t. II, p. 394.

E. LEMETTEIL. — *Op. cit.*, tir. à part, t. II, p. 353.

Amb. GENTIL. — *Op. cit.*, *Palmipèdes*, p. 37; tir. à part,
p. 97.

Alphonse DUBOIS. — *Op. cit.* : texte, t. II, p. ? ; atlas, t. II,
pl. 301, et pl. XLVI, figs. 237.

Léon OLPHE-GALLIARD. — *Op. cit.*, fasc. X, p. 7.

Le Stercoraire pomarin habite la haute mer, les rivages
maritimes, et les marais qui n'en sont pas trop éloignés, et,
quelquefois, est poussé par les vents dans l'intérieur du
pays. Il est migrateur et sédentaire, et fort sociable. Son vol
est rapide et léger. Sa nourriture se compose de Poissons, de
Crustacés, de Mollusques, de Vers, d'Insectes, de larves,
d'œufs et d'Oiseaux, de fruits charnus, etc. La femelle ne
fait normalement qu'une couvée par an, de deux œufs ou
d'un seul, et parfois de trois. La ponte de la couvée normale
a lieu en juillet. Le nid consiste en une petite dépression du
sol creusée par l'Oiseau, cavité nue, et qui se trouve près
de la mer ou dans un marais.

Normandie :

« Les jeunes, que nous ne trouvons que rarement....; on ne voit guères les vieux Labbes sur
nos côtes; l'individu que je possède est jeune : je le
dois à M. Thouin, lieutenant de douanes à Port-en-
Bessin (Calvados), qui me l'a donné ». [C.-G. CHESNON.
— *Op. cit.*, p. 355].

Espèce mentionnée comme étant de passage accidentel en Normandie. [Noury. — *Op. cit.*, p. 104].

Seine-Inférieure :

Espèce mentionnée comme ayant été observée dans
la Seine-Inférieure. [J. Hardy. — *Op. cit.*, p. 295].

« Le terrible coup de vent du 18 octobre 1834, qui
dura huit jours et qui a laissé de si tristes souvenirs
dans toutes nos populations maritimes de France, en
jeta des masses sur nos plages (j'en tuai onze dans
une chasse, et il m'en fut apporté plus de quarante);
depuis cette époque, nous en avons peu revu ».
[J. Hardy. — *Note sur le Stercoraire pomarin*, etc.,
(*Op. cit.*), p. 299].

« Le 18 octobre 1834, pendant un violent coup de
vent de N.-O., qui a duré huit jours, nous avons vu
sur notre rade (Dieppe) une prodigieuse quantité de
ces oiseaux, presque tous jeunes. J'en ai tué et obtenu
au moins une quarantaine, et, sur ce nombre, seulement trois adultes. Les filets étaient cassés vers
les deux tiers de la queue ». [J. Hardy. — *Manusc.
cit.*, p. 52].

« A la mi-octobre 1834, plusieurs (Stercoraires
longicaudes) ont été jetés, avec un grand nombre de
Stercoraires pomarins, sur la côte de Dieppe, à la suite
d'une tourmente qui a duré deux jours ». [C.-D. Degland et Z. Gerbe. — *Op. cit.*, t. II, p. 401].

« Il n'est pas très-rare sur nos côtes, pendant les
tourmentes; mais on y rencontre surtout de jeunes
individus ». [E. Lemetteil. — *Op. cit.*, tir. à part,
t. II, p. 354].

Calvados :

« Les jeunes se voient sur nos côtes, en automne
ou après les coups de vent, rarement les vieux...

Collection de M. Chesnon, etc. ». [LE SAUVAGE. — *Op. cit.*, p. 211].

« Deux vieux individus, Sallenelles, 10 novembre 1859 et ann. 1861 ». [Albert FAUVEL, renseign. manuscrit, 1890]. [Collection d'Albert FAUVEL, à Caen].

Manche :

« Il est rare de trouver de cette espèce adulte sur nos côtes ; ce sont presque toujours des jeunes ». [Emmanuel CANIVET. — *Op. cit.*, p. 26].

« Plus commun que le précédent (Stercoraire cataracte) ». [J. LE MENNICIER. — *Op. cit.*, p. 150 ; tir. à part, p. 42].

4. **Stercorarius fuscus** Briss. — Stercoraire cataracte.

Buphagus skua Coues.
Catarractes vulgaris Flem.
Catharracta skua Brünn.
Larus catarractes L., *L. fuscus* Briss., *L. keeask* Lath.
Lestris catharractes Ill., *L. skua* Brehm.
Stercorarius catarrhactes Vieill.

Labbe cataracte.
Stercoraire brun.

C.-D. DEGLAND et Z. GERBE. — *Op. cit.*, t. II, p. 392.
E. LEMETTEIL. — *Op. cit.*, tir. à part, t. II, p. 355.
Alphonse DUBOIS. — *Op. cit.* : texte, t. II, p. ? ; atlas, t. II, pl. 300, et pl. XLVII, figs. 238.
Léon OLPHE-GALLIARD. — *Op. cit.*, fasc. X, p. 26.

Le Stercoraire cataracte habite la haute mer et les rivages maritimes, de préférence rocheux, et, quelquefois, est poussé par les vents dans l'intérieur du pays. Il est mi-

grateur et sédentaire, et vit isolé, par couples ou en
petites bandes. Son vol est majestueux, rapide et très-
puissant ; il court vite. Sa nourriture se compose de Poissons,
de Crustacés, de Mollusques, de Vers, d'Insectes, d'œufs et
d'Oiseaux, de débris organiques très-variés, de fruits charnus, etc. La femelle ne fait normalement qu'une couvée
par an, ordinairement de deux œufs, et parfois d'un seul ou
de trois. La ponte de la couvée normale a lieu en mai et
juin. La durée de l'incubation est d'environ quatre semaines.
Le nid consiste en une petite cavité du sol, creusée par
l'Oiseau et garnie avec des fragments de plantes herbacées
et quelques plumes.

Normandie :

Espèce mentionnée comme étant de passage accidentel en Normandie. [Noury. — *Op. cit.*, p. 104].

Seine-Inférieure :

Espèce mentionnée comme ayant été observée dans
la Seine-Inférieure. [J. Hardy. — *Op. cit.*, p. 295].

« Le Cataracte se trouve en petit nombre dans nos
parages, à la suite des bandes nombreuses de Goëlands qui arrivent avec le hareng, en automne ».
[J. Hardy. — *Manusc. cit.*, p. 50].

« Ils apparaissent sur nos côtes en automne et en
hiver, poussés par ces violents coups de vent qui
balaient la surface des mers ». [E. Lemetteil. —
Op. cit., tir. à part, t. II, p. 356].

Calvados :

« Stercoraire cataracte tué par moi à l'embouchure
de l'Orne ». [Eudes-Deslongchamps, renseign. manuscrit sur le Catalogue (*Op. cit.*) de Le Sauvage,
p. 211].

Manche :

« Il est rare de trouver de cette espèce adulte sur nos côtes ; ce sont presque toujours des jeunes ». [Emmanuel CANIVET. — *Op. cit.*, p. 26].

Espèce indiquée comme ayant été observée dans l'arrondissement de Valognes. [A^d BENOIST. — *Op. cit.*, p. 239].

« Très-rare ». [J. LE MENNICIER. — *Op. cit.*, p. 150; tir. à part, p. 42].

OBSERVATION.

Charles Bouchard signale (*Op. cit.*, p. 22) « le Stercoraire (*Labbe parasiticus*) » comme ayant été observé dans le canton de Gisors (Eure). Ce renseignement est trop vague pour que je puisse l'utiliser.

2ᵉ Famille. *PROCELLARIIDAE* — PROCELLARIIDÉS.

1ᵉʳ Genre. *PROCELLARIA* — PÉTREL.

1. **Procellaria cinerea** Briss. — Pétrel glacial.

Fulmarus glacialis Steph., *F. minor* Bp.
Procellaria glacialis L., *P. groenlandica* Gunn., *P. hiemalis* Brehm, *P. minor* Kjaerb.
Puffinus glacialis Rchb.
Rhantistes glacialis Kaup.

Pétrel fulmar.

C.-D. Degland et Z. Gerbe. — *Op. cit.*, t. II, p. 371.

E. Lemetteil. — *Op. cit.*, tir. à part, t. II, p. 360.

Alphonse Dubois. — *Op. cit.* : texte, t. II, p. ?; atlas, t. II, pl. 304, et pl. LXXIV, fig. 232.

Léon Olphe-Galliard. — *Op. cit.*, fasc. IX, p. 37.

Le Pétrel glacial habite la mer, souvent à de grandes distances de la terre ferme, où il ne va que pendant la période de la reproduction et lorsque les vents l'y entraînent. Il est migrateur et sédentaire, et très-sociable. Son vol est très-puissant, d'une très-longue durée et très-gracieux; à terre, il se meut d'une façon très-embarrassée. Sa nourriture se compose de Mollusques, de Crustacés, de Poissons, de Méduses et autres animaux marins, et de débris organiques très-variés, particulièrement ceux de nature huileuse ou grasse; il mange aussi des végétaux. La femelle ne fait normalement qu'une couvée par an, d'un œuf seulement. La ponte de la couvée normale a lieu dans la seconde quinzaine d'avril, en mai et en juin, suivant la latitude. Cette espèce niche en société. Le nid consiste en une assez grande dépression du sol, creusée par l'Oiseau et garnie ou non avec quelques fragments de plantes herbacées; l'œuf est pondu aussi sous une touffe en saillie d'un végétal herbacé, et même sur le sol nu. Ce nid est établi sur un rocher ou une falaise, près de la mer.

Normandie :

Espèce mentionnée comme étant de passage accidentel en Normandie. [Noury. — *Op. cit.*, p. 104].

Seine-Inférieure :

Espèce mentionnée comme n'ayant encore été observée qu'une fois dans la Seine-Inférieure. [J. Hardy. — *Op. cit.*, p. 295].

48

« On le trouve accidentellement mort sur la plage (Dieppe) ». [J. HARDY. — *Manusc. cit.*, p. 46].

Quelquefois, quand la tempête se déchaîne et sévit avec fureur dans les latitudes où ils habitent, « les Pétrels épuisés par une longue lutte contre les éléments, cèdent à la violence des courants, et sont poussés par la tourmente sur nos côtes plus méridionales, où ils tombent de faim et de fatigue. Le plus souvent, on les trouve morts ou expirants sur le rivage ». [E. LEMETTEIL. — *Op. cit.*, tir. à part, t. II, p. 361].

2ᵉ Genre. *PUFFINUS* — PUFFIN.

1. **Puffinus gravis** O'Reilly — Puffin majeur.

Nectris cinerea Keys. et Bl.
Procellaria gravis O'Reilly, *P. major* Schleg., *P. puffinus* Kuhl.
Puffinus cinereus Bp., *P. major* Faber.

Puffin major.

C.-D. DEGLAND et Z. GERBE. — *Op. cit.*, t. II, p. 376.

E. LEMETTEIL. — *Op. cit.*, tir. à part, t. II, p. 363.

Léon OLPHE-GALLIARD. — *Op. cit.*, fasc. IX, p. 29.

Le Puffin majeur habite la mer, souvent à de grandes distances de la terre ferme, où il ne va que pendant la période de la reproduction et lorsque les vents l'y entraînent. Son vol est très-puissant et très-soutenu. Sa nourriture se compose de Mollusques, de Crustacés, de Poissons, d'algues, et de débris organiques très-variés, particulièrement ceux de nature huileuse ou grasse. La femelle ne fait normalement qu'une couvée par an, d'un œuf seulement. Le mâle et la femelle creusent dans le sol un terrier dont le fond est un peu élargi, et où l'œuf est pondu. Ce nid est établi près de la mer.

Seine-Inférieure :

Espèce mentionnée comme n'ayant encore été observée qu'une fois dans la Seine-Inférieure. [J. Hardy. — *Op. cit.*, p. 295].

« M. Hardy l'a tué près de Dieppe ». [C.- D. Degland et Z. Gerbe. — *Op. cit.*, t. II, p. 378].

« Il n'apparaît sur nos côtes que très-accidentellement, à la suite des bourrasques ». [E. Lemetteil. — *Op. cit.*, tir. à part, t. II, p. 364].

Calvados :

« Peu remarqué sur nos côtes... Il est dans les collections de MM. Chesnon et Pophillat. Les deux individus ont été tués à Isigny ». [Le Sauvage. — *Op. cit.*, p. 211].

Manche :

Espèce indiquée, sous le nom de « Pétrel puffin (*Procellaria puffinus* Temm.) », comme ayant été observée dans la Manche. [Emmanuel Canivet. — *Op. cit.*, p. 26].

« Assez rare ». [J. Le Mennicier. — *Op. cit.*, p. 150 ; tir. à part, p. 42]. [Indiqué sous le nom de « Puffin cendré ou Pétrel puffin (*Puffinus cinereus* Gm.) »].

2. **Puffinus Anglorum** Kuhl — Puffin des Anglais.

Cymotomus Anglorum Macg.
Nectris puffinus Keys. et Bl.

Procellaria Anglorum Kuhl, *P. puffinus* Brünn., *P. yel-
  kouan* Acerbi.
Puffinus Anglorum Boic, *P. arcticus* Faber, *P. Baroli*
  Bp., *P. puffinus* Briss., *P. yelkouan* Bp.
Thalassidroma Anglorum Sws.

Pétrel manks.
Puffin manks.

C.-D. DEGLAND et Z. GERBE. — *Op. cit.*, t. II, p. 378.
E. LEMETTEIL. — *Op. cit.*, tir. à part, t. II, p. 364.
Alphonse DUBOIS. — *Op. cit.* : texte, t. II, p. ?; atlas,
  t. II, pl. 307, et pl. LXXIV, fig. 231.
Léon OLPHE-GALLIARD. — *Op. cit.*, fasc. IX, p. 32.

Le Puffin des Anglais habite la mer, souvent à de
grandes distances de la terre ferme, où il ne va que peu en
dehors de la période de la reproduction, et où les vents l'y
entraînent quelquefois. Il est migrateur et sédentaire. Ses
mœurs sont presque entièrement nocturnes pendant la saison
chaude ; et, pendant la saison froide, on peut le voir à toute
heure. Son vol est très-varié, très-rapide et très-soutenu. La
femelle ne fait normalement qu'une couvée par an, d'un
œuf seulement. La ponte de la couvée normale a lieu en
mai et juin. Le mâle et la femelle creusent dans le sol, et
fréquemment sous une grande masse de rocher, un terrier
dont le fond est un peu élargi, et où l'œuf est déposé à nu
ou sur quelques fragments de plantes herbacées; on trouve
aussi l'œuf dans une cavité naturelle. Ce nid est établi près
de la mer.

Seine-Inférieure :

Espèce mentionnée comme ayant été observée dans
la Seine-Inférieure. [J. HARDY. — *Op. cit.*, p. 295].
J'ai vu deux exemplaires jeunes, trouvés sur la
plage, au Havre, en juillet 1831. L'un fait partie de
ma collection. [J. HARDY. — *Manusc. cit.*, p. 34].

« Le Havre, 12 juillet 1831, jeune ». [Collection de Josse HARDY, au Musée de Dieppe].

« Le Puffin manks apparaît rarement sur nos côtes, où il aurait cependant été observé ». [E. LE-METTEIL. — *Op. cit.*, tir. à part, t. II, p. 365]. [Voir *l'Observation*, au bas de la page suivante].

Calvados :

« Beaucoup plus rare que le précédent (Puffin majeur). Il a été tué une seule fois sur la côte. Je l'ai vu monter par feu l'artiste Canivet ». [LE SAU-VAGE. — *Op. cit.*, p. 211]. [Indiqué sous le nom de « Pétrel obscur (*Procellaria obscura* Temm.) »].

« J'ai trouvé cette espèce plusieurs fois sur le marché de Lisieux, parmi les Pingouins pris au filet ». [Émile ANFRIE, renseign. manuscrit, 1888].

Manche :

« J'ai dû cette espèce, rare sur nos côtes, à M. Pophillat, d'Isigny ». [Emmanuel CANIVET. — *Op. cit.*, p. 26]. [Indiquée sous le nom de « Pétrel obscur (*Procellaria obscura* Temm.) »].

« Très-rare ». [J. LE MENNICIER. — *Op. cit.*, p. 150; tir. à part, p. 42]. [Indiqué sous le nom de « Puffin obscur (*Puffinus obscurus* Gm.) »].

3. **Puffinus griseus** Gm. — Puffin fuligineux.

Nectris amaurosoma Coues, *N. fuliginosus* Keys. et Bl.

Procellaria grisea Gm., *P. tristis* Lcht.

Puffinus amaurosoma G.-R. Gray, *P. fuliginosus* A. Strickl., *P. griseus* Finsch, *P. Stricklandi* Baird, Brew. et Ridgw., *P. tristis* G.-R. Gray.

Cordonnier.

C.-D. Degland et Z. Gerbe. — *Op. cit.*, t. II, p. 381.
Léon Olphe-Galliard. — *Op. cit.*, fasc. IX, p. 23.

Le Puffin fuligineux habite la mer, souvent à de grandes
distances de la terre ferme, où il ne va que peu en dehors
de la période de la reproduction, et où les vents l'y entraînent quelquefois. Il est migrateur et sédentaire. La femelle
ne fait normalement qu'une couvée par an, d'un œuf seulement. Cette espèce niche en société. Le mâle et la femelle
creusent, dans le sol, un terrier à l'extrémité duquel l'œuf
est pondu sur des fragments de plantes herbacées et des
feuilles mortes, grossièrement disposés.

Seine-Inférieure :

« 1855, 14 octobre, *Puffinus fuliginosus* mâle
pris vivant à l'hameçon sur notre côte (Dieppe) ».
[J. Hardy. — *Manusc. cit.*, p. 101].

« Dieppe, 14 octobre 1855, mâle ». [Collection de
Josse Hardy, au Musée de Dieppe].

« Il a été observé plusieurs fois sur nos côtes de
la Normandie, aux environs de Dieppe ». [C.-D. Degland et Z. Gerbe. — *Op. cit.*, t. II, p. 382].

Un exemplaire a été capturé au Tréport, après la
grande tempête du 11 septembre 1885 ; il fait partie
de ma collection. [Louis-Henri Bourgeois, renseign.
manuscrit, 1891]. [J'ai examiné cet individu, que je
regarde comme adulte (H. G. de K.)].

OBSERVATION.

Puffinus obscurus Gm. — Puffin obscur.

« Le Puffin obscur, dit E. Lemetteil (*Op. cit.*, tir. à part,
t. II, p. 365), est une espèce encore mal définie, et contestée

par quelques auteurs; ce pourrait bien n'être qu'un jeune ou une variété du précédent (Puffin des Anglais)... On l'a abattu, dit-on, sur notre littoral : c'est à ce titre que nous l'inscrivons sur notre liste. C'est, dans tous les cas, une espèce fort rare, que nous n'avons vue que dans un petit nombre de collections, et que nous n'admettons que sous toutes réserves ». — Je suis très-porté à croire que le Puffin obscur doit être réuni au Puffin des Anglais (*Puffinus Anglorum* Kuhl. [H. G. de K.].

3ᵉ Genre. *THALASSIDROMA* — THALASSIDROME.

1. Thalassidroma pelagica L. — Thalassidrome des tempêtes.

Hydrobates faeroeensis Brehm, *H. pelagica* Boie.
Plautus procellarius Klein.
Procellaria pelagica L., *P. procellaria* Briss.
Thalassidroma faeroeensis Brehm, *T. melitensis* Schembri,
    T. minor Brehm, *T. pelagica* Vig.

Pétrel tempête.
Thalassidrome tempête.

Alcyon, Chivent, Oiseau de tempête, O. tempête, Satanique, Satanite.

C.-D. Degland et Z. Gerbe. — *Op. cit.*, t. II, p. 384.
E. Lemetteil. — *Op. cit.*, tir. à part, t. II, p. 367.
Amb. Gentil. — *Op. cit.*, *Palmipèdes*, p. 36 ; tir. à part, p. 96.
Alphonse Dubois. — *Op. cit.* : texte, t. II, p. ? ; atlas, t. II, pl. 305, et pl. LIX, fig. 233.
Léon Olphe-Galliard. — *Op. cit.*, fasc. IX, p. 15.

Le Thalassidrome des tempêtes habite la mer, le plus souvent au large ; il vient peu sur la terre ferme, en dehors de la période de la reproduction, et, assez souvent, il est entraîné par les vents dans l'intérieur des terres. Ses mœurs sont surtout nocturnes. Son vol est très-puissant, très-soutenu et très-rapide. Sa nourriture se compose de Crustacés, de Mollusques, de Poissons, et de différents débris organiques, de préférence ceux de nature huileuse ou grasse. La femelle ne fait normalement qu'une couvée par an, d'un œuf seulement. La ponte de la couvée normale a lieu en juin et juillet. L'Oiseau creuse dans le sol un terrier au fond duquel l'œuf est pondu sur des fragments de plantes herbacées et quelques plumes. Il est établi sur un rocher ou une falaise, près de la mer. On le trouve aussi dans un terrier abandonné de Lapin.

Normandie :

A la suite de grandes tempêtes, cet Oiseau « a été trouvé très-fréquemment, vers la fin d'octobre (1834), sur toutes nos côtes, et surtout au Hâvre ». [C.-G. CHESNON. — *Op. cit.*, p. 390].

Seine-Inférieure :

A la suite de grandes tempêtes, cet Oiseau « a été trouvé très-fréquemment, vers la fin d'octobre (1834), sur toutes nos côtes, et surtout au Hâvre, où on le connait sous le nom d'*alcyon* ». [C.-G. CHESNON. — *Op. cit.*, p. 390].

Espèce mentionnée comme ayant été observée dans la Seine-Inférieure. [J. HARDY. — *Op. cit.*, p. 295].

« Brehm a décrit, sous le nom de *Hydrobates faeroeensis*, un Thalassidrome qui ne diffère du Thalassidrome tempête que par l'absence de points blancs à l'extrémité des rémiges secondaires. C'est une simple variété qui n'est pas très-rare sur nos côtes. Nous l'avons obtenue en novembre 1867. On l'avait trouvée morte sur les grèves de Saint-Vigor ». [E. LEMETTEIL. — *Op. cit.*, tir. à part, t. II, p. 368].

Calvados :

Cette espèce fut trouvée, après une forte tempête, « dans le bois de Sommervieu, à deux lieues de la mer, par M. Porrée, marchand de bois, qui me l'a donnée en échange d'un... ». [C.-G. CHESNON. — *Op. cit.*, p. 348].

« On le trouve assez fréquemment sur nos côtes. On en fit une grande destruction l'an dernier (1835), sur le rivage et le long des rivières ». [LE SAUVAGE. — *Op. cit.*, p. 211].

Manche :

Espèce indiquée comme ayant été observée dans la Manche. [Emmanuel CANIVET. — *Op. cit.*, p. 27].

« Commun..... Ne se trouve qu'au large, à moins qu'une tempête ne le force à chercher un abri sur les côtes ». [J. LE MENNICIER. — *Op. cit.*, p. 150.; tir. à part, p. 42].

2. **Thalassidroma leucorrhoa** Vieill. — Thalassidrome de Leach.

Cymochorea Leachii G.-R. Gray, *C. leucorrhoa* Coues.
Hydrobates Leachii Boie.
Procellaria Bullockii Flem., *P. Leachii* Temm., *P. leucorrhoa* Vieill., *P. pelagica* Pall.
Thalassidroma Bullockii Selby, *T. Leachi* Vig., *T. leucorrhoa* Degl. et Gerbe.

Océanodrome de Leach.
Pétrel de Leach.
Thalassidrome cul-blanc.

Caillette, Satanique, Satanite.

C.-D. Degland et Z. Gerbe. — *Op. cit.*, t. II, p. 387.

E. Lemetteil. — *Op. cit.*, tir. à part, t. II, p. 369.

Amb. Gentil. — *Op. cit.*, *Palmipèdes*, p. 36 ; tir. à part, p. 96.

Alphonse Dubois. — *Op. cit.* : texte, t. II, p. ?; atlas, t. II, pl. 306, et pl. LVII, fig. 234.

Léon Olphe-Galliard. — *Op. cit.*, fasc. IX, p. 12.

Le Thalassidrome de Leach habite la mer, le plus souvent au large ; il vient peu sur la terre ferme, en dehors de la période de la reproduction, et, assez souvent, il est entraîné par les vents dans l'intérieur des terres. Ses mœurs paraissent être plus ou moins nocturnes, et diurnes seulement par les temps nuageux. Son vol est très-puissant et très-soutenu. Sa nourriture se compose de Crustacés, de Mollusques, de Poissons, et de différents débris organiques, de préférence ceux de nature huileuse ou grasse. La femelle ne fait normalement qu'une couvée par an, d'un œuf seulement. La ponte de la couvée normale a lieu en juin et juillet. Cette espèce niche en société. L'Oiseau creuse dans le sol un terrier dont la profondeur est très-variable, et à l'extrémité duquel l'œuf est déposé sur des fragments de plantes herbacées ou quelquefois à nu ; le terrier a parfois deux entrées. Ce nid est établi sur un rocher ou une falaise, près de la mer. Exceptionnellement, l'œuf est pondu dans un trou d'une muraille en ruine.

Normandie :

« Cet Oiseau..... ne se trouve qu'au large et très-rarement ; cependant, l'individu que je possède et que je dois à un de mes élèves, M. Delamotte, fut trouvé mort dans la plaine de Saint-Vigor (Calvados), près de Bayeux, à deux lieues de la mer, après une forte tempête qui causa beaucoup de désastres sur la mer ; plusieurs individus furent trouvés à des distances encore plus éloignées du littoral, à cette époque »..... Un autre individu fut « trouvé à Monceaux (Calvados), commune distante de trois lieues de la mer ». [C.-G. Chesnon. — *Op. cit.*, p. 347].

Espèce mentionnée comme étant de passage accidentel en Normandie. [Noury. — *Op. cit.*, p. 104].

Seine-Inférieure :

Espèce mentionnée comme ayant été observée dans la Seine-Inférieure. [J. Hardy. — *Op. cit.*, p. 295].

« Dieppe, 15 novembre 1850 ». [Collection de Josse Hardy, au Musée de Dieppe].

« Cette espèce ne se montre que très-accidentellement sur nos côtes ». [E. Lemetteil. — *Op. cit.*, tir. à part, t. II, p. 369].

Calvados :

Un individu a été trouvé mort, après une forte tempête, dans la plaine de Saint-Vigor, près de Bayeux, à deux lieues de la mer ; et un autre individu fut trouvé à Monceaux, commune distante de trois lieues du littoral. [C.-G. Chesnon. — Voir page 394, ligne 3 en remontant; et page 395, ligne 5].

« Il est moins rare qu'on ne l'a prétendu, et se trouve dans la plupart de nos collections ». [Le Sauvage. — *Op. cit.*, p. 212].

M. Albert Fauvel montre un spécimen du *Thalassidroma Leachii* Temm., qu'il a tué dernièrement près de l'embouchure de l'Orne. Cette espèce est assez rare chez nous. [Note in Bull. de la Soc. lin-

néenne de Normandie, ann. 1862-63, séance du
2 février 1863, p. 49].

Manche :

Espèce indiquée comme ayant été observée dans
la Manche. [Emmanuel Canivet. — *Op cit.*, p. 27].

« Très-rare..... Ne se trouve qu'au large, à moins
qu'une tempête ne le force à chercher un abri sur
les côtes ». [J. Le Mennicier. — *Op. cit.*, p. 150 ; tir.
à part, p. 42].

4ᵉ Genre. *DIOMEDEA* — ALBATROS.

1. **Diomedea albatrus** Klein — Albatros hurleur.

Diomedea adusta Tschudi, *D. albatrus* Pall., *D. exulans* L.,
    D. spadicea Gm.
Plautus albatrus Klein.

Albatros mouton.

C.-D. Degland et Z. Gerbe. — *Op. cit.*, t. II, p. 366.
E. Lemetteil. — *Op. cit.*, tir. à part, t. II, p. 371.
A.-E. Brehm. — *Op. cit.*, t. II, p. 818, et fig. 192 (p. 817).
Alphonse Dubois. — *Op. cit.* : texte, t. II, p. ? ; atlas,
    t. II, pl. 303ᵇ.

L'Albatros hurleur habite la haute mer et les rivages maritimes. Son vol est majestueux, très-vigoureux, très-facile
et très-soutenu. Sa nourriture se compose de Mollusques, de
Crustacés et autres animaux marins, et de débris organiques très-variés. La femelle ne fait normalement qu'une
couvée par an, d'un seul œuf et rarement de deux. Cette
espèce niche en société. Le nid consiste en une petite cavité
du sol, creusée par l'Oiseau et garnie avec des fragments
de végétaux herbacés et des feuilles mortes.

Seine-Inférieure :

Espèce mentionnée comme n'ayant encore été observée qu'une fois dans la Seine-Inférieure. [J. HARDY. — *Op. cit.*, p. 295].

« Un individu de cette espèce a été tué, près de Dieppe, par un douanier garde-côte qui le vendit, pour être mangé, à un cultivateur. Celui-ci, frappé de la physionomie extraordinaire de l'oiseau, lui coupa la tête et les pattes, qu'il porta à M. Hardy. Nous les avons vues dans sa collection ». [C.-D. DEGLAND et Z. GERBE. — *Op. cit.*, t. II, p. 367].

« Un de ces Oiseaux a été abattu à Dieppe, et M. Josse Hardy en a conservé longtemps, dans son cabinet, les pattes et le bec ». [E. LEMETTEIL. — *Op. cit.*, tir. à part, t. II, p. 372].

OBSERVATION.

Il est nécessaire de justifier l'indication d'un tel Oiseau dans cette *Faune de la Normandie*, où je ne mentionne que les espèces venues par des moyens naturels dans cette province, excepté, toutefois, les espèces importées par l'Homme en des temps très-lointains, et qui vivent à l'état sauvage dans la province normande.

Les renseignements qui suivent justifient cette indication :

« Le genre *Diomedea* (Albatros), disent C.-D. Degland et Z. Gerbe (*Op. cit.*, t. II, p. 366), est aujourd'hui accepté comme européen par beaucoup d'ornithologistes. Les auteurs qui se sont refusés à l'admettre comme tel, allèguent que les Albatros observés sur nos côtes étaient des individus capturés au loin, et rendus à la liberté au moment de l'entrée, dans nos ports, des navires sur lesquels on les retenait. Mais on a trop d'exemples de captures faites sur plusieurs points de nos mers, pour que cette supposition soit valable. Au surplus, M. de Dompière d'Hornois, ancien officier de marine, considère comme probable l'apparition d'Albatros en Europe. Cet officier en a souvent vu d'égarés dans l'Océan atlantique, par suite de tempêtes, jusqu'au 5ᵉ ou 6ᵉ degré de latitude sud. Ces Albatros, ainsi égarés, s'attachaient avec opiniâtreté à suivre son navire, et se nourrissaient de toutes les immondices que l'on jetait à la mer. Il a vu le même oiseau le suivre des journées entières sans s'effrayer, ni de la manœuvre, ni des coups de fusil. « Je regarde comme très-plausible, dit-il (*in litt.* « à Degland), que des Albatros ainsi égarés parviennent, à la « suite d'un navire, jusqu'à la limite septentrionale des vents « alizés (20ᵉ ou 25ᵉ degré de latitude nord), et que là, emportés « par des coups de vent du sud—ouest, et se retrouvant d'ailleurs « dans une zone tempérée, plus appropriée à leur nature que la « zone torride, ils remontent ensuite de proche en proche jusqu'à « nos côtes septentrionales ». A l'appui de la manière de voir de M. de Dompière d'Hornois, les exemples fournis par d'autres Oiseaux ne manqueraient pas. L'apparition d'Albatros en Europe n'est, du reste, pas plus étonnante que celle de beaucoup d'autres espèces douées d'une puissance de vol bien moins considérable, surtout s'il est vrai que ces Oiseaux, que l'on a regardés pendant longtemps comme exclusivement propres à l'hémisphère austral, se trouvent aussi dans l'hémisphère boréal, et qu'ils fréquentent régulièrement chaque année, vers la fin de juin, les côtes du Kamtschatka, de l'île de Behring, la mer d'Okhotsk et l'archipel des îles Kuriles ».

Relativement à la venue de l'Albatros hurleur en Europe, C.-D. Degland et Z. Gerbe signalent (*Op. cit.*, t. II, p. 367) les faits suivants, en outre de l'individu tué près de Dieppe :

« Brünnich, dans une note de son *Ornithologia borealis* (1764, p. 31), cite, comme ayant été tué en Norwége, un *Diomedea exulans*, dont la tête et les pieds étaient conservés au Musée royal de Copenhague.

« Boie, d'après une communication de M. Drapiez, rapporte, dans l'*Isis* pour 1835 (p. 259), qu'un autre individu a été abattu à coups de rames, près d'Anvers, en septembre 1833.

« Enfin, dans l'ouvrage intitulé : *La chasse au fusil* (1788, p. 545), il est question de la capture de trois autres individus, faite près de Chaumont, en novembre 1758 ».

3º Famille. *PELECANIDAE* — PÉLÉCANIDÉS.

OBSERVATION.

Pelecanus onocrotalus L. — Pélican blanc.

Noury (*Op. cit.*, p. 106) mentionne cette espèce comme étant de passage accidentel en Normandie. Je n'ose pas, d'après ce vague renseignement, le seul que je connaisse à cet égard, inscrire le Pélican blanc au nombre des Oiseaux venus d'une façon naturelle en Normandie.

1ᵉʳ Genre. *SULA* — FOU.

1. Sula bassana L. — Fou de Bassan.

Anser bassanus Klein.
Dysporus bassanus Ill.
Moris bassana Leach.
Morus bassanus Vieill.
Pelecanus bassanus L., *P. maculatus* Gm.
Sula alba M. et W., *S. americana* Bp., *S. bassana* Briss.,
   S. Lefevri Bald., *S. major* Briss.

Fou blanc.

Boubie, Harenguier, Marga, Margas, Margast, Sagan,
   Gris (jeune).

C.-D. Degland et Z. Gerbe. — *Op. cit.*, t. II, p. 347.
E. Lemetteil. — *Op. cit.*, tir. à part, t. II, p. 376.
Amb. Gentil. — *Op. cit.*, *Palmipèdes*, p. 33; tir. à part,
   p. 93.

Alphonse Dubois. — *Op. cit.* : texte, t. II, p. ?; atlas, t. II, pl. 276, et pl. LVIII, figs. 227.

Léon Olphe-Galliard. — *Op. cit.*, fasc. VIII, p. 39.

Le Fou de Bassan habite la haute mer et les rivages maritimes, et, assez souvent, il est entraîné par les vents dans l'intérieur du pays. Il est sédentaire et migrateur. Son vol est très-puissant, très-soutenu et très-gracieux; en volant, la tête et la queue de l'Oiseau sont en ligne droite, et les pattes étendues sous la queue; à terre, il se meut d'une façon maladroite, et ne plonge que lorsqu'il est blessé à l'aile. Sa nourriture se compose tout particulièrement de Poissons. La femelle ne fait normalement qu'une couvée par an, d'un seul œuf et parfois de deux. La ponte de la couvée normale a lieu en mai et juin. Cette espèce niche en société. Le nid est construit avec des fragments de végétaux herbacés, et se trouve sur un rocher ou une falaise, près de la mer.

Normandie :

« Rare dans son état parfait ». [C.-G. Chesnon. — *Op. cit.*, p. 362].

Espèce mentionnée comme étant de passage accidentel en Normandie. [Noury. — *Op. cit.*, p. 106].

Seine-Inférieure :

Espèce mentionnée comme ayant été observée dans la Seine-Inférieure. [J. Hardy. — *Op. cit.*, p. 297].

« Ce n'est qu'accidentellement que, poussé par la tempête, ou à la suite des bancs de Harengs, il se montre sur nos côtes. Quelquefois même, il s'avance dans l'intérieur des terres ». [E. Lemetteil. — *Op. cit.*, tir. à part, t. II, p. 377].

« Un jeune, tué à Offranville, en 1860; et un adulte, attrapé vivant à Puys (commune de Neuville, près de Dieppe), en 1888 ». [Léon GAILLON, renseign. manuscrit, 1890].

Calvados :

« Il paraît chez nous dans les hivers très-rigoureux. Les jeunes, souvent plus rares,... ». [LE SAUVAGE. — *Op. cit.*, p. 218].

Manche :

« Très-fréquent sur nos côtes ». [Emmanuel CANIVET. — *Op. cit.*, p. 29].

« Le Fou de Bassan jeune est beaucoup plus rare que le vieux, qui est très-commun dès le mois de septembre ». [A^d BENOIST. — *Op. cit.*, p. 240].

« Les jeunes sont plus communs sur nos côtes que l'adulte ». [J. LE MENNICIER. — *Op. cit.*, p. 149; tir. à part, p. 41].

2ᵉ Genre. *PHALACROCORAX* — CORMORAN.

1. Phalacrocorax carbo Dumont — **Cormoran commun.**

Carbo cormoranus Faber, *C. glacialis* Brehm.
Cormoranus crassirostris Baill.
Graculus carbo G.-R. Gray.
Phalacrocorax gracilis Brehm.

Cormoran ordinaire, C. vulgaire.

Paul BERT. — *Op. cit.*, p. 101; tir. à part, p. 77.
C.-D. DEGLAND et Z. GERBE. — *Op. cit.*, t. II, p. 352.
E. LEMETTEIL. — *Op. cit.*, tir. à part, t. II, p. 380.
Amb. GENTIL. — *Op. cit.*, *Palmipèdes*, p. 33; tir. à part, p. 93.

49

Alphonse Dubois. — *Op. cit.* : texte, t. II, p. ? ; atlas,
t. II, pl. 277, et pl. LIV, figs. 228.
Léon Olphe-Galliard. — *Op. cit.*, fasc. VIII, p. 13.

Le Cormoran commun habite les eaux salées et les eaux
douces, courantes et stagnantes, qui sont poissonneuses;
néanmoins, c'est plutôt un Oiseau de mer; parfois, il
s'établit dans le voisinage des habitations. Il est migrateur et sédentaire, et très-sociable. Au vol, le cou de
l'Oiseau est étendu et les pattes allongées sous la queue;
il plonge admirablement, mais il marche peu et d'une
façon maladroite, bien que vite relativement. Sa nourriture
se compose presque entièrement de Poissons. La femelle
fait ordinairement deux couvées par an, chacune de deux
à quatre œufs, et parfois de cinq. La ponte de la première
couvée a lieu dans la seconde quinzaine de mars, en avril
et en mai, et celle de la seconde en juin et juillet. La
durée de l'incubation est d'environ vingt-huit jours. Cette
espèce niche en société. Le nid est grand et consiste en
un tas d'algues ou de petites branches, garni à l'intérieur
avec des fragments de plantes herbacées. Il est établi sur
un rocher, une falaise, sur un arbre, dans un buisson, ou
sur un sol bas et plat, près de la mer ou dans l'intérieur
des terres. Parfois, ce Cormoran s'empare d'un nid d'Oiseau
placé sur un arbre, et dont il a chassé le propriétaire.

Toute la Normandie. — Sédentaire, et de passage régulier en mars et avril, et en automne. — A. C.

1bis. **Phalacrocorax carbo** Dumont var. **cormoranus** M. et W. — Cormoran commun var.
moyenne.

Carbo cormoranus M. et W., *C. medius* Nilss., *C. subcormoranus* Brehm.
Graculus carbo Rchb.

Halieus cormoranus J.-A. Naum.
Hydrocorax carbo Vieill.
Phalacrocorax subcormoranus Brehm.

C.-D. DEGLAND et Z. GERBE. — *Op. cit.,* t. II, p. 350.
E. LEMETTEIL. — *Op. cit.,* tir. à part, t. II, p. 382.
Léon OLPHE-GALLIARD. — *Op. cit.,* fasc. VIII, p. 17.

La biologie de cette variété est semblable à celle du type :
Cormoran commun (*Phalacrocorax carbo* Dumont).

Seine-Inférieure :

> La petite race, *Carbo medius,* n'est que de passage
> accidentel sur notre littoral. Nous avons abattu cette
> race sur le bord de la Seine, mais moins souvent que
> le type. [E. LEMETTEIL. — *Op. cit.,* tir. à part, t. II,
> p. 382].

2. **Phalacrocorax minor** Briss. — Cormoran huppé.

Carbo brachyuros Brehm, *C. cristatus* Temm., *C. Des-*
maresti Payr., *C. graculus* M. et W.
Graculus cristatus G.-R. Gray, *G. Desmaresti* G.-R. Gray,
G. Linnaei G.-R. Gray.
Halieus graculus Lcht.
Hydrocorax cristatus Vieill.
Pelecanus cristatus O. Fabr., *P. graculus* L.
Phalacrocorax cristatus Steph., *P. Desmaresti* J. Gould,
P. graculus Leach.
Procellaria cristatus Müll., *P. graculus* Müll.

Cormoran largup.

Aigleau.

C.-D. DEGLAND et Z. GERBE. — *Op. cit.,* t. II, p. 354.
E. LEMETTEIL. — *Op. cit.,* tir. à part, t. II, p. 383.

Alphonse Dubois. — *Op. cit.* : texte, t. II, p. ?; atlas, t. II, pl. 278, et pl. LIX, figs: 229.

Léon Olphe-Galliard. — *Op. cit.*, fasc. VIII, p. 25.

Le Cormoran huppé habite les rivages maritimes, de préférence les côtes rocheuses où se trouvent, dans les rochers et les falaises, de nombreuses cavités ; il va peu au large, et rarement dans l'intérieur des terres, à moins qu'il n'y soit entraîné par des coups de vent. Il est sédentaire et migrateur, et plus ou moins sociable. Ses mœurs sont diurnes. Son vol est rapide et en ligne droite; il plonge admirablement. Sa nourriture se compose presque entièrement de Poissons. La ponte est de deux à quatre œufs, et a lieu en mai et dans la première quinzaine de juin. Cette espèce niche isolément et en société. L'Oiseau recherche, pour y établir son nid, une cavité ou une crevasse, et aussi une saillie de rocher ou de falaise, près de la mer. Le nid est volumineux et construit avec des fragments de plantes herbacées, le tout aggloméré par les pattes humides de l'Oiseau et les restes de Poissons pourrissants.

Normandie :

Cet Oiseau est plus fréquent sur notre littoral que le Cormoran commun. « Se trouve jeune plus communément ». [C.-G. Chesnon. — *Op. cit.* : 1re phrase (p. 360), et 2e phrase (p. 361)].

Espèce mentionnée comme étant de passage accidentel en Normandie. [Noury. — *Op. cit.*, p. 106].

Seine-Inférieure :

Espèce mentionnée comme ayant été observée dans la Seine-Inférieure. [J. Hardy. — *Op. cit.*, p. 297].

« Il se montre accidentellement de passage près de..., de Dieppe... ». [C.-D. Degland et Z. Gerbe. — *Op. cit.*, t. II, p. 355].

« Cette espèce n'est, dans nos pays, que de passage accidentel ». [E. LEMETTEIL. — *Op. cit.*, tir. à
part, t. II, p. 381].

Eure :

« A ma connaissance, cet Oiseau a été tué plusieurs fois sur la Risle ». [Émile ANFRIE, renseign.
manuscrit, 1888].

Calvados :

. « A ma connaissance, cet Oiseau a été tué plusieurs fois sur la Toucques, et même au-dessus de
Lisieux, à 40 kilomètres de la mer. Je possède un
sujet presque adulte, abattu près Pont-l'Évêque ».
[Émile ANFRIE, renseign. manuscrit, 1888].

Manche :

« Niche en très-grand nombre sur les rochers de
Jobourg ». [Emmanuel CANIVET. — *Op. cit.*, p. 29].
« Il vit sédentaire et se reproduit en assez grand
nombre aux îles..., dans les rochers d'Isbourg, qui
bordent les côtes des environs de Cherbourg,...».
[C.-D. DEGLAND et Z. GERBE. — *Op. cit.*, t. II, p. 355].
— [Ce doit être *Jobourg*, et non *Isbourg*, localité que
j'ai vainement cherchée (H. G. de K.)].
« Saint-Vaast; rare ». [Ad BENOIST. — *Op. cit.*,
p. 240].
« Très-rare ». [J. LE MENNICIER. — *Op. cit.*, p. 149;
tir. à part, p. 41].

3. **Phalacrocorax pygmaeus** Pall. — Cormoran
pygmée.

Carbo pygmaeus Temm.
Graculus pygmaeus G.-R. Gray.

Halieus pygmaeus Bp.

Hydrocorax pygmaeus Vieill.

Microcarbo pygmaeus Bp.

Pelecanus pygmaeus Pall.

Phalacrocorax pygmaeus Dumont.

C.-D. DEGLAND et Z. GERBE. — *Op. cit.*, t. II, p. 356.

Le Cormoran pygmée habite les rivages maritimes, les fleuves, les rivières, les lacs et les marais. Cette espèce niche en société. Le nid est placé sur un arbre, sur un arbrisseau, ou dans un marais.

Seine-Inférieure :

« Dieppe, 5 novembre 1856, jeune femelle ». [Collection de Josse HARDY, au Musée de Dieppe]. [J'ai examiné cet individu (H. G. de K.)].

« 5 novembre 1856, femelle Cormoran pygmée, tuée par M. Ad. d'Anjou ». [J. HARDY. — *Manusc. cit.*, p. 104].

« Un individu femelle a été tué en novembre 1856, dans les environs de Dieppe, sur la petite rivière (L'Arques) qui se rend au port de la ville ». [C.-D. DEGLAND et Z. GERBE. — *Op. cit.*, t. II, p. 357].

4º Famille. *ANATIDAE* — ANATIDÉS.

1er Genre. *ANSER* — OIE.

1. Anser ferus Salerne — Oie cendrée.

Anas anser L.

Anser cinereus M. et W., *A. palustris* Flem., *A. sylvestris* Brehm, *A. vulgaris* Pall.

Oie première.

Grasse oie.

Paul Bert. — *Op. cit.*, p. 102, et pl. I, fig. 29 ; tir. à part,
p. 78, et même fig.
C.-D. Degland et Z. Gerbe. — *Op. cit.*, t. II, p. 479.
E. Lemetteil. — *Op. cit.*, tir. à part, t. II, p. 390.
Amb. Gentil. — *Op. cit.*, *Palmipèdes*, p. 47 ; tir. à part,
p. 107.
Alphonse Dubois. — *Op. cit.* : texte, t. II, p. 393 ; atlas, t. II,
pl. 244, et pl. LXVII, fig. 297.
Léon Olphe-Galliard. — *Op. cit.*, fasc. VI, p. 42.

L'Oie cendrée habite les champs et les prairies situés dans le voisinage des eaux douces et salées, les marais, les lacs, les étangs, les rivières, les fleuves et les rivages maritimes. Elle est migratrice et sédentaire, et sociable. Elle émigre par familles ou par bandes, grandes exceptionnellement. Lorsqu'ils sont peu nombreux, ces Oiseaux voyagent sous la forme d'un angle aigu ($\wedge$), probablement avec un vieux mâle au sommet de l'angle, comme conducteur ; et, quand ils sont nombreux, ils voyagent par groupes à la file, présentant également l'aspect de plusieurs angles aigus ($\wedge$ ou $\wedge\wedge$), chaque groupe étant conducteur à tour de rôle. Son vol semble pénible, mais elle peut voler longtemps de suite, et, pendant ses migrations, elle traverse souvent l'espace à une grande hauteur et avec une remarquable vitesse ; elle marche vivement et avec élégance, court d'une façon rapide, nage bien, et, au besoin, plonge facilement. Sa nourriture se compose presque entièrement de végétaux et de graines. La femelle ne fait normalement qu'une couvée par an. Les femelles qui pondent pour la première fois ont cinq ou six œufs ; celles plus âgées, sept à dix ; et l'on trouve, mais rarement, des nids contenant onze, douze, treize et même quatorze œufs. La ponte de la couvée normale a lieu en mars, avril, mai et juin, suivant la latitude. La durée de l'incubation est de vingt-huit jours. Le nid est grand, négligemment construit avec des fragments de plantes herbacées, à la base desquels se trouvent parfois quelques petites branches, et garni intérieurement de feuilles mortes, de mousse et de duvet de la femelle. Il est très-bien caché parmi d'assez grands végétaux herbacés, dans un marais, près d'une rivière, d'un fleuve, d'un lac, d'un fossé inondé, ou dans un autre endroit similaire.

Toute la Normandie. — De passage régulier : arrive en novembre et décembre, et repart en mars, avant la reproduction. — A. C.

2. **Anser sylvestris** Briss. — Oie des moissons.

Anas fabalis Lath., *A. paludosus* Strickl., *A. segetum* Gm.
Anser arvensis Brehm, *A. ferus* Flem., *A. obscurus* Brehm,
   A. platyuros Brehm, *A. rufescens* Brehm, *A. segetum* M. et W.

Oie commune, O. ordinaire, O. vulgaire.

Paul Bert. — *Op. cit.*, p. 102; tir. à part, p. 78.
C.-D. Degland et Z. Gerbe. — *Op. cit.*, t. II, p. 481.
E. Lemetteil. — *Op. cit.*, tir. à part, t. II, p. 391.
Amb. Gentil. — *Op. cit.*, *Palmipèdes*, p. 47 et 48; tir. à
   part, p. 107 et 108.
Alphonse Dubois. — *Op. cit.* : texte, t. II, p. 398; atlas, t. II,
   pl. 245, pl. LXI, fig. 296, et pl. LXII, fig. 295.
Léon Olphe-Galliard. — *Op. cit.*, fasc. VI, p. 32 et 37.

L'Oie des moissons habite les champs et les prairies situés dans le voisinage des eaux douces et salées, les marais, les lacs, les étangs, les rivières et les fleuves, et ne va pas sur les rivages maritimes. Elle est migratrice et sédentaire, et très-sociable. Elle émigre par bandes, quelquefois considérables, volant avec une grande vitesse. Lorsque ces Oiseaux

sont au nombre de douze à quinze, ils se disposent en une
ligne qui traverse obliquement l'espace; mais, quand ils sont
très-nombreux, ils forment des angles aigus (∧). Son vol
est puissant et rapide. Sa nourriture se compose presque
uniquement de végétaux et de graines; elle mange aussi
des Mollusques, des Vers, des larves et des Insectes. La
femelle ne fait normalement qu'une couvée par an, généralement de trois œufs, mais souvent de quatre. Le nid consiste en une petite cavité creusée dans le sol par l'Oiseau, et
grossièrement garnie avec des fragments de plantes herbacées, de la mousse, parfois quelques plumes, et toujours
du duvet de la femelle. Il est placé sur le bord d'un lac,
d'une rivière, d'un fleuve, dans un marais, ou dans un autre
endroit similaire, en un point pourvu de végétaux herbacés.

Toute la Normandie. — De passage régulier : arrive
dans la première moitié de l'automne, et repart dans la
première moitié du printemps, avant la reproduction. — C.

2. **Anser brachyrhynchus** Baill. — **Oie à bec court.**

Anser brevirostris Thienem.

OBSERVAT. — Il est possible que l'*Anser brachyrhynchus*
Baill. ne soit qu'une variété de l'Oie des moissons (*Anser
sylvestris* Briss.). Jusqu'à de nouvelles études, je crois
devoir le maintenir au rang d'espèce.

E.-D. DEGLAND et Z. GERBE. — *Op. cit.*, t. II, p. 482.
E. LEMETTEIL. — *Op. cit.*, tir. à part, t. II, p. 392.
Alphonse DUBOIS. — *Op. cit.* : texte, t. II, p. 401; atlas,
    t. II, pl. 246, et pl. LXXIV, fig. 295ᵃ.
Léon OLPHE-GALLIARD. — *Op. cit.*, fasc. VI, p. 29.

L'Oie à bec court habite les champs et les prairies situés
dans le voisinage des eaux douces et salées, les marais, les
lacs, les étangs, les rivières et les fleuves, et ne va pas sur

les rivages maritimes. Elle est migratrice et sédentaire, et très-sociable. Sa nourriture se compose presque uniquement de végétaux et de graines ; elle mange aussi des Mollusques, des Vers, des larves et des Insectes. La femelle ne fait normalement qu'une couvée par an, de quatre ou cinq œufs. La ponte de la couvée normale a lieu en mai et juin. Le nid consiste en une petite cavité creusée dans le sol par l'Oiseau, et grossièrement garnie avec des fragments de plantes herbacées, de la mousse, parfois quelques plumes, et toujours du duvet de la femelle. Il est placé sur un rocher ou près d'un lac, d'une rivière, d'un fleuve ou d'un torrent.

Seine-Inférieure :

« Cette espèce s'est montrée en bandes assez considérables sur nos marais, à la suite des grands froids qui ont signalé les premiers jours de décembre de cette année (1871). On en a abattu un certain nombre. Elles étaient fort maigres, la plupart fatiguées et malades, et beaucoup sont mortes de froid et de misère. C'est à cette époque que nous avons pu nous procurer l'individu sur lequel nous avons pris notre description ». [E. LEMETTEIL. — *Op. cit.*, tir. à part, t. II, p. 394].

Calvados :

« Un individu, trouvé sur le marché de Caen, est dans la collection de M. de la Fresnaye ». [LE SAUVAGE. — *Op. cit.*, p. 212].

Manche :

Espèce mentionnée comme ayant été observée dans la Manche. [Emmanuel CANIVET. — *Op. cit.*, p. 27].

« De passage accidentel très-rare ». [J. LE MENNICIER. — *Op. cit.*, p. 154 ; tir. à part, p. 46].

4. **Anser albifrons** Scop. — Oie rieuse.

Anas albifrons Lath.
Anser albifrons Bchst., *A. Bruchi* Brehm, *A. casarka*
S. Gm., *A. erythropus* Pall., *A. frontalis* Sp. Baird,
A. Gambeli Hartl., *A. intermedius* J.-A. Naum., *A. me-
dius* C.-F. Bruch, *A. pallipes* Selys.
Branta albifrons Scop.

Oie à front blanc.

Oie barrée, Ouette.

Paul Bert. — *Op. cit.*, p. 102; tir. à part, p. 78.
C.-D. Degland et Z. Gerbe. — *Op. cit.*, t. II, p. 483.
E. Lemetteil. — *Op. cit.*, tir. à part, t. II, p. 394.
Amb. Gentil. — *Op. cit.*, *Palmipèdes*, p. 47 et 48; tir. à
part, p. 107 et 108.
Alphonse Dubois. — *Op. cit.* : texte, t. II, p. 405; atlas, t. II,
pl. 247, et pl. LXXI, fig. 294.
Léon Olphe-Galliard. — *Op. cit.*, fasc. VI, p. 22.

L'Oie rieuse habite les prairies, les champs, les marais,
les rivières, les fleuves, les lacs et les étangs, qui ne sont
pas éloignés des rivages maritimes; elle fréquente aussi ces
rivages, semble préférer l'eau salée à l'eau douce, et ne va
pas beaucoup sur les eaux de l'intérieur du pays. Elle est
migratrice et sédentaire, et très-sociable. Elle émigre par
grandes bandes. Sa nourriture se compose principalement
de végétaux et de graines; elle mange aussi des Mollusques,
des Vers, des larves et des Insectes. La femelle ne fait normalement qu'une couvée par an, qui semble être habituellement de cinq à sept œufs; mais on a trouvé jusqu'à dix
œufs ensemble. Le nid consiste en une petite cavité du sol,
creusée par l'Oiseau et négligemment garnie avec des fragments de plantes herbacées, des plumes et du duvet de la
femelle, ou simplement avec du duvet. Il est placé parmi

des végétaux herbacés, près d'une rivière, d'un fleuve ou
d'un lac, dans un marais, ou dans un autre endroit similaire.

Toute la Normandie. — De passage régulier en novembre
et décembre, et en mars et avril; un assez grand nombre
d'individus restent, pendant la saison froide, dans cette province. — C.

5. **Anser erythropus** Gm. — Oie bernache.

Anas bernicla Tunst., *A. erythropus* Gm., *A. leucopsis*
  Bchst.
Anser bernicla Pall., *A. erythropus* Degl., *A. leucopsis*
  Bchst.
Bernicla erythropus Steph., *B. leucopsis* Boie.
Branta leucopsis Bann.
Leucopareia leucopsis G.-R. Gray.

Bernache à joues blanches, B. nonnette.
Oie à joues blanches, O. nonnette.

Ouette, Religieuse.

Paul BERT. — *Op. cit.*, p. 102; tir. à part, p. 78.
C.-D. DEGLAND et Z. GERBE. — *Op. cit.*, t. II, p. 488.
E. LEMETTEIL. — *Op. cit.*, tir. à part, t. II, p. 396.
Amb. GENTIL. — *Op. cit.*, *Palmipèdes*, p. 47 et 49; tir. à
  part, p. 107 et 109.
Alphonse DUBOIS. — *Op. cit.* : texte, t. II, p. 385; atlas, t. II,
  pl. 242, et pl. LII, fig. 293.
Léon OLPHE-GALLIARD. — *Op. cit.*, fasc. VI, p. 6.

L'Oie bernache habite les prairies, les champs, les rivières, les fleuves, les lacs et les marais, qui ne sont pas
éloignés des rivages maritimes, ainsi que le littoral. Elle
est migratrice et sédentaire, et sociable. Elle émigre par

bandes plus ou moins grandes. Son naturel est paisible. Son vol est facile et gracieux; elle peut voler avec une grande vitesse, marche aisément, et, au besoin, court d'une façon rapide. Sa nourriture se compose principalement de végétaux et de graines; elle mange aussi des Mollusques, des Vers, des larves et des Insectes.

Normandie :

« De passage sur nos côtes ». [C.-G. CHESNON. — *Op. cit.*, p. 384].

Espèce mentionnée comme étant de passage régulier en Normandie. [NOURY. — *Op. cit.*, p. 104].

Seine-Inférieure :

Espèce mentionnée comme ayant été observée dans la Seine-Inférieure. [J. HARDY. — *Op. cit.*, p. 296].

Cette espèce ne se montre dans notre département « que dans les hivers rigoureux ». [E. LEMETTEIL. — *Op. cit.*, tir. à part, t. II, p. 397].

Un individu, que je possède, a été tué dans la vallée de la Bresle, le 28 décembre 1890. [Louis-Henri BOURGEOIS, renseign. manuscrit, 1891].

Calvados :

Commune. [LE SAUVAGE. — *Op. cit.*, p. 213]. — « Rare, au contraire, et ne vient que dans les hivers les plus durs ». [EUDES-DESLONGCHAMPS, renseign. manuscrit sur cet ouvrage, p. 213].

Manche :

Espèce mentionnée comme ayant été observée dans la Manche. [Emmanuel CANIVET. — *Op. cit.*, p. 27].

« Assez commune en hiver ». [J. LE MENNICIER. — *Op. cit.*, p. 154; tir. à part, p. 46].

6. **Anser bernicla** L. — Oie cravant.

Anas bernicla L., *A. brenta* Tunst.
Anser bernicla Ill., *A. brenta* Pall., *A. torquatus* J.-L.
  Frisch.
Bernicla brenta Steph., *B. melanopsis* Macg., *B. micropus*
  Brehm, *B. pallida* Brehm, *B. platyuros* Brehm, *B. tor-*
  quata Boie.
Branta bernicla Scop.

Bernache à collier, B. cravant.
Oie à collier.

Crau, Crosc, Ouette, Petite ouette.

C.-D. DEGLAND et Z. GERBE. — *Op. cit.*, t. II, p. 489.
E. LEMETTEIL. — *Op. cit.*, tir. à part, t. II, p. 397.
Amb. GENTIL. — *Op. cit.*, *Palmipèdes*, p. 47 et 49; tir. à
  part, p. 107 et 109.
Alphonse DUBOIS. — *Op. cit.* : texte, t. II, p. 388 ; atlas,
  t. II, pl. 243, pl. LXVIII, fig. 292, et pl. LXXIII, fig. 292.
Léon OLPHE-GALLIARD. — *Op. cit.*, fasc. VI, p. 13.

L'Oie cravant habite les prairies, les champs, les rivières,
les fleuves, les lacs et les marais, qui ne sont pas éloignés
des rivages maritimes, ainsi que le littoral. Elle est migratrice et sédentaire, et très-sociable. Elle émigre par bandes
plus ou moins grandes, généralement sans ordre, et rarement disposées en angle aigu (∧). Son naturel est doux
et paisible. Elle peut voler avec une grande vitesse, et vole
le cou étendu droit en avant; elle marche facilement, au
besoin court d'une façon rapide, et nage avec aisance. Sa
nourriture se compose principalement de végétaux et de
graines ; elle mange aussi des Mollusques, des Vers, des
larves et des Insectes. La femelle ne fait normalement
qu'une couvée par an, de quatre ou cinq œufs. La ponte de
la couvée normale a lieu en mai et juin. Le nid consiste en

une petite cavité du sol, creusée par l'Oiseau et garnie, d'une façon grossière, avec des fragments de végétaux herbacés, de la mousse et du duvet de la femelle. Il se trouve dans le voisinage de la mer.

Toute la Normandie. — De passage régulier : arrive en novembre et décembre, et repart en mars, avant la reproduction. — A. C.

7. **Anser ruficollis** Pall. — Oie à cou roux.

Anas ruficollis Lath., *A. torquata* S. Gm.
Bernicla ruficollis Boie.
Casarka minor Lepechin.
Rufibrenta ruficollis Bp.

Bernache à cou roux.

C.-D. Degland et Z. Gerbe. — *Op. cit.*, t. II, p. 490.
E. Lemetteil. — *Op. cit.*, tir. à part, t. II, p. 390.

L'Oie à cou roux habite le littoral, les prairies voisines de l'eau, les rivières, les fleuves, les lacs, les étangs et les marais. Elle est migratrice et sédentaire, et très-sociable. La ponte de la couvée normale a lieu en juin. Le nid est placé dans le voisinage d'une rivière, d'un fleuve, dans une île, etc.

Seine-Inférieure :

« Cet oiseau a été abattu sur le marais de Saint-Jean-d'Abbetot, canton de Saint-Romain-de-Colbosc, le 11 décembre 1879, par mon jeune ami, M. Léon Desgenétais, de Bolbec, avec lequel je chassais au bord de la Seine, et qui me l'a gracieusement offert.

« La température, sans être aussi rigoureuse que les jours précédents, était cependant encore assez froide, et un brouillard des plus intenses couvrait le marais.

. . . .

« C'est évidemment un jeune, d'après des plumes nouvelles d'un roux plus vif au bas du cou et dans la tache parotique, et d'autres d'un noir plus brillant aux scapulaires.

« La blessure ne nous a pas permis de constater le sexe.

« Il ne portait aucune trace de domesticité; d'ailleurs, l'Oie à cou roux n'est pas encore entrée, que nous sachions, dans les volières européennes.

« Détail assez remarquable : les Canards, très-nombreux huit jours auparavant, puisqu'un chasseur à la hutte en avait abattu trente-six dans une nuit, avaient à peu près abandonné les bords de la Seine, où ils n'ont pas encore reparu à l'heure où nous écrivons ces lignes (8 février 1880) ; mais les Oies s'y trouvaient par milliers, et en grande variété d'espèces, à en juger par leurs cris. J'y distinguais parfaitement la voix de l'Oie cendrée, celle de l'Oie vulgaire, de la Rieuse, de l'Oie à bec court et de la Cravant. Cependant il y avait parmi ces cris, bien connus des chasseurs au marais, des intonations grêles et criardes dont j'attribuais les unes à la Bernache, dont je ne connais pas le cri; les Oies à cou roux étaient sans doute les auteurs des autres, puisque mon ami en abattait une au moment où ses cris nous intriguaient. Le brouillard très-intense empêchait de rien distinguer à trente pas.

« Un second oiseau était tué le même jour en plaine, et l'on m'a dit qu'il avait quelque ressemblance avec celui qu'a tiré M. Léon Desgenétais; mais, d'après la description qui m'en a été faite, je doute que ce soit le *ruficollis* ». [E. LEMETTEIL. — *Capture, dans le département de la Seine-Inférieure, d'une Oie à cou roux*, etc., (*Op. cit.*), p. 75].

« C'était par une température de 6 à 7 degrés au-dessous de zéro..... Nous considérons cet individu comme un jeune mâle prenant sa livrée d'adulte ». [E. LEMETTEIL. — *L'Oie à cou roux*, etc., (*Op. cit.*), p. 21 ; tir. à part, p. 1].

Calvados :

« Je l'ai vue seulement deux fois sur notre marché (Caen), depuis 25 ans. Un individu est dans ma collection ; l'autre dans celle de M. de la Fresnaye ». [LE SAUVAGE. — *Op. cit.*, p. 213].

« M. de la Fresnaye en a trouvé un sur le marché de Caen ; un autre, tué dans les environs de la même ville, fait partie du cabinet du D^r Le Sauvage ». [C.-D. DEGLAND et Z. GERBE. — *Op. cit.*, t. II, p. 491].

« Fort rare. J'ai vu chez un chasseur de Lisieux, M. Gouchon, un individu qu'il avait tué dans les marais de la Dives ». [Émile ANFRIE, renseign. manuscrit, 1888].

8. **Anser aegyptiacus** L. — Oie d'Égypte.

Anas aegyptiaca L., *A. varia* Bchst.
Anser aegyptiacus Briss., *A. varius* M. et W.
Bernicla aegyptiaca Eyton.
Chenalopex aegyptiaca Steph.
Tadorna aegyptiaca Boie.

Chénalopex d'Égypte.
Oie égyptienne.

C.-D. DEGLAND et Z. GERBE. — *Op. cit.*, t. II, p. 495.
E. LEMETTEIL. — *Op. cit.*, tir. à part, t. II, p. 389.
A.-E. BREHM. — *Op. cit.*, t. II, p. 743, et fig. 178 (p. 745).

L'Oie d'Égypte habite les champs et les prairies situés
dans le voisinage des eaux douces et salées, les fleuves, les
rivières et les lacs, et recherche surtout les bords boisés des
fleuves. Elle est migratrice et sédentaire. Elle vit par
couples pendant la période de la reproduction, puis par
familles, puis par bandes, qui, à l'époque de la mue, sont
fort grandes. Son naturel est batailleur et très-méchant.
Son vol est facile. Quand une bande a un grand espace à
franchir, elle se range sur deux lignes formant un angle
aigu (∧). Sa nourriture se compose de végétaux, de graines, d'Insectes, de larves, de Vers, de Mollusques et de Crustacés. La durée de l'incubation est de vingt-sept à vingt-
huit jours. Cette espèce niche isolément. Le nid est construit
avec des branches, des brindilles et des fragments de végétaux herbacés, et garni intérieurement de duvet de la femelle. Il se trouve dans le voisinage d'une eau douce ou
d'une eau salée, dans un lieu boisé, ou, à son défaut, dans
un endroit découvert, sur un arbre, dans un buisson, ou,
s'il n'y en a pas, sur le sol.

Seine-Inférieure :

« D'autres captures ont été faites dans les départements de la Seine-Inférieure et ... ». [C.-D. Degland et Z. Gerbe. — *Op. cit.*, t. II, p. 497].

Calvados :

« M. Albert Fauvel annonce... que trois spécimens
de l'Oie d'Égypte (*Anser aegyptiacus*) ont été tués,
il y a quelques jours, aux environs du village d'Alle-
magne, près Caen, et que deux font actuellement
partie de la collection de M. le docteur Delangle ».
[Note in Bull. de la Soc. linnéenne de Normandie, ann.
1862-63, séance du 3 novembre 1862, p. 12].

« J'ai préparé, en 1868, un mâle et une femelle,
parfaitement sauvages, abattus dans un herbage près

Fervaques. Ces deux Oies doivent être encore au château de Montgommery (Calvados) ». [Émile Anfrie, renseign. manuscrit, 1888].

OBSERVATION.

Anser niveus Briss. — Oie des neiges.

Noury (*Op. cit.*, p. 104) indique cette espèce comme étant de passage régulier en Normandie. Je n'ose pas, d'après ce vague renseignement, le seul que je connaisse à cet égard, mentionner l'Oie de neige ou Chen hyperboré au nombre des Oiseaux venus d'une façon naturelle en Normandie. De plus, il y a évidemment erreur de signe conventionnel, et c'est celui du passage accidentel qu'il eût fallu mettre; car, en admettant que cette espèce vienne dans la province normande, elle ne le fait, sans nul doute, que d'une manière exceptionnelle.

2ᵉ Genre. *CYGNUS* — CYGNE.

1. **Cygnus ferus** Briss. — Cygne sauvage.

Anser cygnus Klein.

Cygnus melanorhynchus M. et W., *C. musicus* Bchst., *C. xanthorhinus* J.-A. Naum.

Olor cygnus Bp., *O. musicus* Wagl.

Cygne à bec jaune, C. chanteur.

Paul Bert. — *Op. cit.*, p. 103; tir. à part, p. 79.
C.-D. Degland et Z. Gerbe. — *Op. cit.*, t. II, p. 473.

E. LEMETTEIL. — *Op. cit.*, tir. à part, t. II, p. 401.

Amb. GENTIL. — *Op. cit.*, *Palmipèdes*, p. 50; tir. à part, p. 110.

Alphonse DUBOIS. — *Op. cit.* : texte, t. II, p. 410; atlas, t. II, pl. 248, et pl. LXII, fig. 299.

Léon OLPHE-GALLIARD. — *Op. cit.*, fasc. V, p. 3.

Le Cygne sauvage habite le littoral, les fleuves, les rivières, les lacs, les étangs et les marais. Il est migrateur et sédentaire, et très-sociable. Il émigre par bandes, composées quelquefois de cinquante à quatre-vingts individus, par familles ou par couples. Son naturel est courageux. Lorsqu'il est à une certaine hauteur, son vol est facile et rapide, mais il ne le prend pas sans nécessité ; en volant, son cou est étendu droit devant lui ; il marche peu et d'une façon pénible, et ne plonge pas. Sa nourriture se compose de végétaux, de graines, d'Insectes, de larves, de Mollusques, de Vers, de têtards, de Grenouilles et de Poissons ; il préfère toujours les substances végétales. La femelle ne fait normalement qu'une couvée par an, de cinq à huit œufs. La ponte de la couvée normale a lieu en avril et mai. Cette espèce niche isolément. Le nid est grand, construit avec des branches, des fragments de plantes herbacées et des feuilles mortes, et garni intérieurement de duvet de la femelle. Il est caché parmi des arbustes ou des végétaux herbacés, sur la terre ferme, ou flottant sur une eau pas profonde, et se trouve dans un îlot ou dans une île d'un étang, d'un lac ou d'un fleuve, ou dans un marais.

Normandie :

« Il nous vient pendant l'hiver ». [C.-G. CHESNON. — *Op. cit.*, p. 367].

Espèce mentionnée comme étant de passage accidentel en Normandie. [NOURY. — *Op. cit.*, p. 105].

Seine-Inférieure :

Espèce mentionnée comme ayant été observée dans la Seine-Inférieure. [J. HARDY. — *Op. cit.*, p. 296].

« Par les froids rigoureux... on le voit de temps en temps sur les rives de la Basse-Seine ». [E. LE-METTEIL. — *Op. cit.*, tir. à part, t. II, p. 402].

Eure :

Espèce mentionnée comme ayant été observée dans le canton de Gisors. [Charles BOUCHARD. — *Op. cit.*, p. 22].

« Par les froids rigoureux... on le voit de temps en temps sur les rives de la Basse-Seine ; un magnifique individu, qui fait partie de notre collection, a été abattu en 1867 au Marais-Vernier ». [E. LEMET-TEIL. — *Op. cit.*, tir. à part, t. II, p. 402].

Calvados :

« Vient en petites bandes dans les hivers un peu rigoureux ». [LE SAUVAGE. — *Op. cit.*, p. 213].

« Par les froids rigoureux... on le voit de temps en temps sur les rives de la Basse-Seine ». [E. LE-METTEIL. — *Op. cit.*, tir. à part, t. II, p. 402].

« De passage, aux environs de Lisieux, dans les hivers longs et rudes ; plusieurs ont été tués aux abords de cette ville ». [Émile ANFRIE, renseign. manuscrit, 1888].

Manche :

Espèce mentionnée comme ayant été observée dans la Manche. [Emmanuel CANIVET. — *Op. cit.*, p. 27].

Espèce mentionnée comme ayant été observée dans l'arrondissement de Valognes. [A^d BENOIST. — *Op. cit.*, p. 239].

« Cette espèce ne paraît dans la Manche que dans les hivers rigoureux, et toujours en petit nombre ». [J. Le Mennicier. — *Op. cit.*, p. 155; tir. à part, p. 47].

2. Cygnus Bewickii Yarr. — Cygne de Bewick.

Cygnus melanorhinus J.-A. Naum., *C. minor* Keys. et Bl. *Olor Bewickii* Wagl., *O. minor* Bp.

Cygne nain.

Paul Bert. — *Op. cit.*, p. 103; tir. à part, p. 79.
C.-D. Degland et Z. Gerbe. — *Op. cit.*, t. II, p. 474.
E. Lemetteil. — *Op. cit.*, tir. à part, t. II, p. 402.
Alphonse Dubois. — *Op. cit.* : texte, t. II, p. 414; atlas, t. II, pl. 250, et pl. LXIII, fig. 298.
Léon Olphe-Galliard. — *Op. cit.*, fasc. V, p. 15.

Le Cygne de Bewick habite les lacs, les étangs, les rivières, les fleuves, les marais, et les anses et les baies des rivages maritimes. Il est migrateur et sédentaire. Il émigre par grandes ou petites bandes. Le nid est construit avec des fragments de végétaux herbacés, et se trouve dans un îlot ou dans une île d'un étang, d'un lac ou d'un fleuve, ou dans un marais.

Seine-Inférieure :

Espèce mentionnée comme ayant été observée dans la Seine-Inférieure. [J. Hardy. — *Op. cit.*, p. 296].

« Nous ne connaissons pas de captures faites dans notre département; mais comme il s'est montré sur presque tous les points du nord de la France, et même en Anjou, il ne nous paraît point douteux qu'il n'ait visité nos localités. Un individu adulte, abattu à Saint-Vigor en 1853, a été remarqué pour sa petite taille. Nous n'avons pu l'examiner ; mais nous croirions volontiers qu'il appartenait à cette petite espèce ». [E. LEMETTEIL. — *Op. cit.*, tir. à part, t. II, p. 403].

Eure :

« Sur le marais de Quillebeuf, il y a un mois, on a abattu un superbe Cygne de Bewick (*Cygnus minor* Keys. et Bl. ex Pall.). C'était un mâle très-adulte, d'une blancheur éclatante ». [Renseignement de E. Lemetteil, in Comité d'Ornithologie de la Soc. des Amis des Scienc. natur. de Rouen, (*Op. cit.*), séance du 6 mars 1879, p. 265; tir. à part, p. 33].

Calvados :

Espèce indiquée comme ayant été observée dans le Calvados. [LE SAUVAGE. — *Op. cit.*, addition, p. 309].

Manche :

« Le Bewick est très-rare : je l'ai acheté au marché de Carentan ; il fut tué dans un marais des environs ». [Emmanuel CANIVET. — *Op. cit.*, p. 27].

« Très-rare ». [J. LE MENNICIER. — *Op. cit.*, p. 155 ; tir. à part, p. 47].

3. **Cygnus mansuetus** Salerne — Cygne tuberculé.

Anas olor Gm.
Cygnus gibbus Bchst., *C. immutabilis* Yarr., *C. olor* Vieill., *C. sibilus* Pall., *C. tuberculirostris* C.-F. Dubois.

Cygne à bec tuberculeux, C. domestique.

C.-D. DEGLAND et Z. GERBE. — *Op. cit.*, t. II, p. 475.
E. LEMETTEIL. — *Op. cit.*, tir. à part, t. II, p. 404.

Alphonse DUBOIS. — *Op. cit.* : texte, t. II, p. 416 ; atlas, t. II, pl. 249, et pl. LXIV, fig. 300.

Léon OLPHE-GALLIARD. — *Op. cit.*, fasc. V, p. 18.

Le Cygne tuberculé habite les lacs, les étangs, les rivières, les fleuves, les marais, et les anses, les baies et les lagunes des rivages maritimes. Il est migrateur et sédentaire, et très-sociable. Il émigre par grandes ou petites bandes, composées parfois de trente à soixante individus, ou par familles. Quand il vole, son cou est étendu en avant de toute sa longueur ; il nage d'une façon majestueuse et gracieuse, mais ne plonge pas. Sa nourriture se compose de végétaux, de graines, d'Insectes, de larves, de Mollusques, de Vers, de têtards, de Grenouilles et de Poissons. La femelle ne fait normalement qu'une couvée par an, de cinq à huit œufs, suivant l'âge de la pondeuse. La ponte de la couvée normale a lieu dans la seconde quinzaine d'avril et en mai. La durée de l'incubation est de trente-six à trente-neuf jours. Le nid est grand, construit avec des branches, des fragments de plantes herbacées, des racines et des feuilles mortes, et garni intérieurement de plumes et de duvet de la femelle. Il est placé très-près de l'eau, parmi de telles plantes, soit sur la terre ferme, soit sur une eau pas profonde, dans un îlot ou dans une île d'un étang, d'un lac ou d'un fleuve, ou dans un marais contenant des eaux découvertes.

Seine-Inférieure :

Espèce mentionnée comme ayant été observée dans la Seine-Inférieure. [J. HARDY. — *Op. cit.*, p. 296].

On a tiré des individus de cette espèce, pendant l'hiver de 1829 à 1830, aux environs de Dieppe. [C.-D. DEGLAND et Z. GERBE. — *Op. cit.*, t. II, p. 476].

Manche :

Espèce mentionnée comme ayant été observée dans la Manche. [Emmanuel CANIVET. — *Op. cit.*, p. 27].

Espèce mentionnée comme ayant été observée dans l'arrondissement de Valognes. [A^d Benoist. — *Op. cit.*, p. 239].

« Cette espèce ne paraît dans la Manche que dans les hivers rigoureux, et toujours en petit nombre ». [J. Le Mennicier. — *Op. cit.*, p. 155; tir. à part, p. 47].

Observat. — Le Cygne tuberculé vivant à l'état domestique en des points fort nombreux de l'Europe occidentale, points d'où il s'échappe de temps à autre, on ne peut dire si les exemplaires que l'on y tue, quand ils ne portent aucune trace de captivité, sont des individus qui, préalablement, étaient sauvages ou domestiques.

OBSERVATION.

Cygnus atratus Lath. — Cygne noir.

E. Lemetteil (*Op. cit.*, tir. à part, t. II, p. 426) dit qu'il n'a pas cru devoir inscrire, dans cet ouvrage, le Cygne noir, dont un individu a été tué sur la Grande-Mare, au Marais-Vernier (Eure), il y a quelques années; car rien ne prouve que ce n'était pas un individu échappé d'une propriété. Il est évident que cet exemplaire du Cygne noir ou C. de la Nouvelle-Hollande, espèce de l'Australie et de beaucoup d'autres points de l'Océanie, était un sujet préalablement tenu captif.

3° Genre. *ANAS* — CANARD.

1. Anas tadorna L. — Canard tadorne.

Anas cornuta S. Gm.

Tadorna Belonii Salerne, *T. cornuta* G.-R. Gray, *T. familiaris* Boie, *T. gibbera* Brehm, *T. littoralis* Brehm, *T. maritima* Brehm, *T. tadorna* Flem., *T. vulpanser* Flem.

Vulpanser tadorna Keys. et Bl.

Tadorne commun, T. de Belon, T. ordinaire, T. vulgaire.

Béliane, Grave, Ringan, Varenger.

Paul BERT. — *Op. cit.*, p. 103 et 104; tir. à part, p. 79 et 80.
C.-D. DEGLAND et Z. GERBE. — *Op. cit.*, t. II, p. 499.
E. LEMETTEIL. — *Op. cit.*, tir. à part, t. II, p. 409.
Amb. GENTIL. — *Op. cit.*, *Palmipèdes*, p. 50 et 51; tir. à part, p. 110 et 111.
Alphonse DUBOIS. — *Op. cit.* : texte, t. II, p. 423; atlas, t. II, pl. 251, et pl. LXIII, fig. 269.
Léon OLPHE-GALLIARD. — *Op. cit.*, fasc. IV, p. 95.

Le Canard tadorne habite les rivages maritimes, de préférence sablonneux, les estuaires, les lacs d'eau salée et d'eau saumâtre de l'intérieur des terres comme ceux du voisinage du littoral, et les steppes salés; il fréquente les prairies, mais ne va que peu sur les eaux douces. Il est migrateur et sédentaire, et plus ou moins sociable. Il émigre par bandes, composées quelquefois de centaines d'individus; ces Oiseaux voyagent disposés en une file ou en deux lignes formant un angle aigu ($\wedge$). Il vole bien, d'une façon rapide et en ligne droite, marche facilement, court avec une certaine vitesse, et nage dans la perfection. Sa nourriture se compose de végétaux, de graines, de Mollusques, de Crustacés, de Vers, d'Insectes, de larves et de Poissons. La femelle ne fait normalement qu'une couvée par an, de sept à douze œufs, et même de treize et de quatorze. La ponte de la couvée normale a lieu dans la seconde quinzaine d'avril, en mai et dans la première quinzaine de juin. La durée de l'incubation est de vingt-six jours. Cette espèce ne niche que dans une cavité. Tantôt la femelle creuse dans le sable ou dans la terre du bord ou du voisinage de la mer un terrier, généralement plus ou moins sinueux, et qui est agrandi à l'extrémité, où sont déposés les œufs; tantôt elle s'empare d'un terrier de Lapin, de Renard ou de Blaireau; tantôt elle niche dans un trou de falaise ou de rocher, quelquefois dans un arbre creux, et parfois même loin de la mer. Les œufs reposent sur quelques fragments de plantes herbacées, de la mousse et du duvet de la femelle, ou uniquement sur du duvet.

Toute la Normandie. — De passage régulier : arrive en mars et avril, avant la reproduction, et repart en septembre et octobre; un petit nombre d'individus sont sédentaires. — P. C.

2. Anas clypeata L. — Canard souchet.

Anas platyrhynchos L., *A rubens* Gm.

Clypeata brachyrhynchos Brehm, *C. germanica* Salerne, *C. macrorhynchos* Brehm, *C. platyrhynchos* Brehm, *C. pomarina* Brehm.

Rhynchaspis brachyrhynchos Brehm, *R. clypeata* Steph., *R. macrorhynchos* Brehm, *R. platyrhynchos* Brehm, *R. platyuros* Brehm, *R. pomarina* Brehm, *R. spathulata* C.-F. Dubois.

Spathulea clypeata Flem.

Spatula clypeata Boie.

Canard à bec de spatule, C. spatule.

Souchet commun, S. ordinaire, S. spatule, S. vulgaire.

Barbelle, Bec de spatule, Rouge, Rouge de rivière.

Paul BERT. — *Op. cit.*, p. 103 et 104, et pl. I, fig. 30; tir. à part, p. 79 et 80, et même fig.

C.-D. DEGLAND et Z. GERBE. — *Op. cit.*, t. II, p. 503.

E. LEMETTEIL. — *Op. cit.*, tir. à part, t. II, p. 412.

Amb. Gentil. — *Op. cit.*, *Palmipèdes*, p. 51; tir. à part, p. 111.

Alphonse Dubois. — *Op. cit.* : texte, t. II, p. 428; atlas, t. II, pl. 252, et pl. LXV, figs. 276.

Léon Olphe-Galliard. — *Op. cit.*, fasc. IV, p. 16.

Le Canard souchet habite de préférence les eaux douces : lacs, étangs, rivières, fleuves, marais, et va aussi sur les rivages maritimes; il recherche les endroits vaseux, et ne fréquente que ceux où l'eau est peu profonde. Il est migrateur et sédentaire. Il émigre généralement par couples ou par petites bandes de six à vingt sujets, rarement en bandes plus grandes. Ses mœurs sont surtout crépusculaires, nocturnes et aurorales. Son vol est rapide; il marche assez vivement, nage facilement et vite, mais ne plonge que dans le cas de nécessité. Sa nourriture se compose de Vers, de larves, d'Insectes, de Mollusques, de Crustacés, de végétaux et de graines; à l'occasion, il mange des têtards, des Poissons et du frai de Batraciens et de Poissons. La femelle ne fait normalement qu'une couvée par an, généralement de sept à neuf œufs, et quelquefois de dix à quatorze. La ponte de la couvée normale a lieu en mai, en juin et dans la première quinzaine de juillet, suivant la latitude. La durée de l'incubation est de vingt-deux à vingt-trois jours. Le nid consiste en une cavité du sol, garnie sans art avec des fragments de plantes herbacées, des feuilles mortes et du duvet de la femelle; si la cavité a une certaine profondeur, il n'y a que peu de matières végétales; mais, dans le cas contraire, il y en a beaucoup, afin que la partie centrale du nid soit assez profonde. Il est généralement bien caché parmi des végétaux herbacés ou au pied d'un buisson, près ou loin d'une eau douce quelconque, et se trouve parfois dans un champ de céréales.

Toute la Normandie. — De passage régulier en octobre et novembre, et en mars et avril; un certain nombre d'individus restent, pendant la saison froide, dans cette province, et un petit nombre y est sédentaire. — P. C.

3. **Anas boscas** [1] L. — Canard sauvage.

Anas archiboschas Brehm, *A. boschas* L., *A. conboschas* Brehm, *A. fera* Briss., *A. subboschas* Brehm.

Paul BERT. — *Op. cit.*, p. 103 et 104, et pl. II, fig. 14; tir. à part, p. 79 et 80, et même fig.

C.-D. DEGLAND et Z. GERBE. — *Op. cit.*, t. II, p. 506.

E. LEMETTEIL. — *Op. cit.*, tir. à part, t. II, p. 413.

Amb. GENTIL. — *Op. cit.*, *Palmipèdes*, p. 51 et 52; tir. à part, p. 111 et 112.

Alphonse DUBOIS. — *Op. cit.* : texte, t. II, p. 432; atlas, t. II, pl. 253, et pl. LVII, figs. 270.

Léon OLPHE-GALLIARD. — *Op. cit.*, fasc. IV, p. 70.

Le Canard sauvage habite les eaux douces et salées : lacs, étangs, marais, rivières, fleuves, et littoral; on le trouve aussi bien dans le voisinage qu'à une très-grande distance des lieux habités; il va aussi dans les prairies, dans les champs, et même dans les bois et les forêts. Il est sédentaire et migrateur, et très-sociable. Il émigre par bandes plus ou moins grandes. En voyageant, ces Oiseaux volent disposés en une file ou en deux lignes formant un angle aigu ($\wedge$), et, pour un petit voyage, quelquefois sans ordre. Ses mœurs sont nocturnes et diurnes. Son vol est rapide, puissant, rectiligne et bien soutenu; en volant, il étend le cou droit devant lui. Sa nourriture se compose d'animaux et de végétaux très-variés, vivants et morts. La femelle ne fait normalement qu'une couvée par an, de huit à douze œufs; mais on trouve parfois des nids qui en contiennent de treize à seize. La ponte de la couvée normale a lieu dans la seconde quinzaine de mars, en avril, en mai et en juin, suivant la latitude. La durée de l'incubation est de vingt-quatre à vingt-huit jours.

1. Il faut écrire *boscas* et non *boschas*. Pour l'étymologie, voir E. Lemetteil (*Op. cit.*, tir. à part, t. II, p. 416).

Le nid est profond, négligemment construit avec des bûchettes, des fragments de végétaux herbacés et des feuilles mortes, et garni intérieurement de duvet de la femelle. Il se trouve à terre et soigneusement caché parmi de hautes plantes herbacées ou au pied d'un buisson, près de l'eau, mais quelquefois à une grande distance; accidentellement, ce Canard s'installe dans un nid abandonné d'Oiseau établi sur un arbre, ou niche dans un arbre creux, dans le haut d'un Saule en têtard, dans les bruyères, dans un bois, une forêt, un champ, etc.

Toute la Normandie. — De passage régulier : arrive en novembre et décembre, et repart en février et mars, avant la reproduction ; un certain nombre d'individus sont sédentaires. — C.

4. **Anas acuta** L. — Canard pilet.

Anas alandica Sparrm., *A. caudacuta* Leach, *A. caudata* Brehm, *A. longicauda* Briss., *A. Sparrmanni* Lath.

Dafila acuta Eyton, *D. caudacuta* Steph., *D. caudata* J. Gould, *D. longicauda* Brehm.

Phasianurus acutus Wagl.

Querquedula acuta Selby, *Q. caudacuta* Macg.

Trachelonetta acuta Kaup.

Canard à longue queue, C. à queue effilée.

Pilet acuticaude.

Étiquenard, Pénard, Vingeon de mars, V. fourchu.

Paul BERT. — *Op. cit.*, p. 103 et 104; tir. à part, p. 79 et 80.

C.-D. DEGLAND et Z. GERBE. — *Op. cit.*, t. II, p. 515.

E. LEMETTEIL. — *Op. cit.*, tir. à part, t. II, p. 416.

Amb. GENTIL. — *Op. cit.*, *Palmipèdes*, p. 51 et 54; tir. à part, p. 111 et 114.

Alphonse Dubois. — *Op. cit.* : texte, t. II, p. 445; atlas,
  t. II, pl. 256, pl. LV, fig. 272, et pl. LXXI, figs. 272.
Léon Olphe-Galliard. — *Op. cit.*, fasc. IV, p. 58.

Le Canard pilet habite les rivières, les fleuves, les lacs, les
étangs, les marais, et fréquente aussi les rivages maritimes;
on le rencontre parfois dans les champs. Il est migrateur et
sédentaire, et très-sociable. Il émigre par bandes plus ou
moins grandes, composées quelquefois de plusieurs milliers
d'individus. Il vole très-rapidement et plonge avec facilité;
en volant, le cou de l'oiseau est tendu droit devant lui. Sa
nourriture se compose d'Insectes, de larves, de Mollusques,
de Crustacés, de Vers, de Poissons, de frai de Poissons, de
végétaux et de graines. La femelle ne fait normalement
qu'une couvée par an, de sept à dix œufs. La ponte de la
couvée normale a lieu dans la seconde quinzaine d'avril, en
mai et en juin, suivant la latitude. La durée de l'incubation
est d'environ vingt-cinq jours. Le nid est profond, construit
avec des fragments de plantes herbacées et des feuilles
mortes, et garni intérieurement de duvet de la femelle. Il
se trouve à terre, parmi des végétaux herbacés, dans le voisinage ou à une certaine distance de l'eau, et parfois dans
un champ de céréales.

Toute la Normandie. — De passage régulier en mars et
avril, et en octobre et novembre; séjourne quelque temps à
chacun de ses passages. — C. au printemps, et A. R. en
automne.

5. **Anas strepera** L. — Canard chipeau.

Anas cinerea S. Gm., *A. kékuschka* S. Gm., *A. subulata*
  S. Gm.
Chaulelasmus americanus Brehm, *C. cinereus* Brehm,
  C. strepera G.-R. Gray.
Chauliodus streperus J. Gould.

Ktinorhynchus strepera Eyton.

Querquedula strepera Macg.

Canard bruyant, C. ridenne, C. strépère.

Chipeau bruyant, C. ridenne.

Bourriquet.

Paul Bert. — *Op. cit.*, p. 103 et 104; tir. à part, p. 79 et 80.

C.-D. Degland et Z. Gerbe. — *Op. cit.*, t. II, p. 510.

E. Lemetteil. — *Op. cit.*, tir. à part, t. II, p. 418.

Amb. Gentil. — *Op. cit.*, *Palmipèdes*, p. 51 et 53; tir. à part, p. 111 et 113.

Alphonse Dubois. — *Op. cit.* : texte, t. II, p. 438; atlas, t. II, pl. 254.

Léon Olphe-Galliard. — *Op. cit.*, fasc. IV, p. 50.

Le Canard chipeau habite les eaux douces : marais, lacs, étangs, rivières, fleuves, et ne va que peu sur les rivages maritimes; il recherche les endroits vaseux, et ne fréquente que ceux où l'eau est peu profonde. Il est migrateur et sédentaire, et sociable. Il émigre par couples, par petites bandes de huit à vingt sujets, rarement de plus, et quelquefois isolément. Ses mœurs sont plus nocturnes que diurnes. Son vol est puissant; il nage d'une façon très-légère. Sa nourriture se compose de végétaux, de graines, d'Insectes, de larves, de Vers, de Mollusques, de Crustacés, de Grenouilles et de frai de Poissons. La femelle ne fait normalement qu'une couvée par an, de huit à douze œufs. La ponte de la couvée normale a lieu dans la seconde quinzaine d'avril, en mai et dans la première quinzaine de juin. La durée de l'incubation est de vingt à vingt et un jours. Le nid consiste en une petite cavité du sol, probablement creusée par la femelle, et garnie avec des fragments de plantes herbacées, parfois quelques feuilles mortes et toujours du duvet de la femelle. Il est bien caché parmi des végétaux herbacés ou au pied d'un buisson, dans le voisinage de l'eau, et rarement à une assez grande distance.

Normandie :

Espèce mentionnée comme ayant été observée en Normandie. [C.-G. CHESNON. — *Op. cit.*, p. 371].

Espèce mentionnée comme étant de passage régulier en Normandie. [NOURY. — *Op. cit.*, p. 105].

Seine-Inférieure :

Espèce mentionnée comme ayant été observée dans la Seine-Inférieure. [J. HARDY. — *Op. cit.*, p. 296].

Ce Canard ne se montre que d'une façon irrégulière dans ce département, « et presque toujours au printemps; nous ne l'y avons jamais vu lors du premier passage ». [E. LEMETTEIL. — *Op. cit.*, tir. à part, t. II, p. 419].

Calvados :

« Se montre, dans les hivers rigoureux, en troupes peu nombreuses ». [LE SAUVAGE. — *Op. cit.*, p. 214].

« Assez rare dans les environs de Lisieux ». [Émile ANFRIE, renseign. manuscrit, 1888].

Manche :

Espèce mentionnée comme ayant été observée dans la Manche. [Emmanuel CANIVET. — *Op. cit.*, p. 28].

Espèce mentionnée comme ayant été observée dans l'arrondissement de Valognes. [Ad BENOIST. — *Op. cit.*, p. 239].

Espèce mentionnée comme ayant été observée dans la Manche. [J. LE MENNICIER. — *Op. cit.*, p. 155; tir. à part, p. 47].

6. **Anas Penelope** L. — Canard siffleur.

Anas fistularis Briss., *A. kagolka* S. Gm.
Mareca fistulans Brehm, *M. fistularis* Steph., *M. kajolka*
   Brehm, *M. Penelope* Selby.

Marèque Pénélope.

Oigne, Piauleux, Sifflart, Vignon, Vingeon, Woigne.

Paul BERT. — *Op. cit.*, p. 103 et 101; tir. à part, p. 79 et 80.
C.-D. DEGLAND et Z. GERBE. — *Op. cit.*, t. II, p. 512.
E. LEMETTEIL. — *Op. cit.*, tir. à part, t. II, p. 420.
Amb. GENTIL. — *Op. cit.*, *Palmipèdes*, p. 51 et 53; tir. à
   part, p. 111 et 113.
Alphonse DUBOIS. — *Op. cit.* : texte, t. II, p. 441; atlas, t. II,
   pl. 255, et pl. LXI, figs. 273.
Léon OLPHE-GALLIARD. — *Op. cit.*, fasc. IV, p. 4.

Le Canard siffleur habite les rivages maritimes, les lacs,
les étangs, les marais, les rivières et les fleuves, et, pendant ses migrations, on le rencontre parfois dans le voisinage des lieux habités. Il est migrateur et sédentaire, et
très-sociable. Il émigre en bandes plus ou moins grandes,
composées quelquefois de plusieurs milliers d'individus.
Quand ces Oiseaux sont très-nombreux, ils voyagent en
rangs serrés, et, lorsqu'ils le sont moins, ils volent souvent
aussi en une ligne, parfois très-longue, qui fend obliquement l'espace; mais ils se disposent rarement en deux
lignes formant un angle aigu (∧). Ses mœurs sont beaucoup plus nocturnes que diurnes. Son vol est rapide et léger.
Sa nourriture se compose d'Insectes, de larves, de Mollusques, de Crustacés, de Vers, de Grenouilles, de frai de Poissons
et de Batraciens, de végétaux et de graines. La femelle ne
fait normalement qu'une couvée par an, de sept à dix œufs,
accidentellement de onze et rarement de douze. La ponte de
la couvée normale a lieu dans la seconde quinzaine de mai

et en juin. La durée de l'incubation est de vingt-quatre à vingt-cinq jours. Le nid est profond, assez compact, établi avec des fragments de plantes herbacées et des feuilles mortes, et garni intérieurement de plumes, et de duvet de la femelle. Il est bien caché parmi des végétaux herbacés ou au pied d'un buisson, généralement tout près du bord d'un lac ou d'un étang, ou dans un marais.

Toute la Normandie. — De passage régulier en février, mars et avril, et dans la seconde quinzaine de septembre, en octobre et en novembre; un petit nombre de couples se reproduisent dans cette province. — C.

7. Anas querquedula L. — Canard sarcelle.

Anas glaucoptera C.-F. Dubois, *A. humeralis* St. Müll.

Boschas circia Sws.

Cyanopterus circia Eyton, *C. querquedula* Hgl.

Pterocyanea circia Bp., *P. glaucopteros* Brehm, *P. querquedula* Hgl., *P. scapularis* Brehm.

Querquedula circia Steph., *Q. glaucopteros* Brehm, *Q. humeralis* G.-R. Gray, *Q. scapularis* Brehm.

Sarcelle d'été.

Craquette, Crecque, Sarcelle criquart.

Paul BERT. — *Op. cit.*, p. 103 et 105; tir. à part, p. 79 et 81.

C.-D. DEGLAND et Z. GERBE. — *Op. cit.*, t. II, p. 518.

E. LEMETTEIL. — *Op. cit.*, tir. à part, t. II, p. 421.

Amb. GENTIL. — *Op. cit.*, *Palmipèdes*, p. 51 et 54; tir. à part, p. 111 et 114.

Alphonse DUBOIS. — *Op. cit.* : texte, t. II, p. 448; atlas, t. II, pl. 257.

Léon OLPHE-GALLIARD. — *Op. cit.*, fasc. IV, p. 24.

Le Canard sarcelle habite les eaux douces, de préférence vaseuses : étangs, lacs, marais, rivières et fleuves ; pendant ses migrations, il va parfois sur les rivages maritimes, dans les endroits vaseux et peu profonds, mais n'y reste pas longtemps ; on le rencontre accidentellement dans les prairies et les champs. Il est migrateur et sédentaire, et très-sociable. Il émigre par couples ou en petites bandes. Son naturel est doux. Son vol est rapide, léger et presque silencieux ; il marche, nage et plonge avec facilité. Sa nourriture se compose de larves, d'Insectes, de Mollusques, de Crustacés, de Vers, de Poissons, de têtards, de frai de Poissons et de Batraciens, de végétaux et de graines. La femelle ne fait normalement qu'une couvée par an, de huit à douze œufs, et, parfois, de treize ou de quatorze. La ponte de la couvée normale a lieu dans la seconde quinzaine d'avril et en mai. La durée de l'incubation est de vingt et un à vingt-deux jours. Le nid est profond et consiste en une petite cavité du sol garnie avec des fragments de plantes herbacées, des feuilles mortes, des plumes, et du duvet de la femelle, matériaux qui sont simplement amoncelés. Il est bien caché parmi des végétaux herbacés ou au pied d'un buisson, près d'une eau douce stagnante ou courante, dans un endroit marécageux, même dans un bois ou une forêt, parfois dans un champ cultivé, etc.

Toute la Normandie. — De passage régulier : arrive en mars et avril, avant la reproduction, et repart en octobre et novembre. — A. C.

8. **Anas crecca** L. — **Canard sarcelline.**

Boschas crecca Sws.

Nettion crecca Kaup.

Querquedula crecca Steph., *Q. creccoides* Brehm, *Q. minor* Briss., *Q. subcrecca* Brehm.

Sarcelle d'hiver, S. sarcelline.

Furteux.

Paul Bert. — *Op. cit.*, p. 103 et 105; tir. à part, p. 79 et 81.
C.-D. Degland et Z. Gerbe. — *Op. cit.*, t. II, p. 521.
E. Lemetteil. — *Op. cit.*, tir. à part, t. II, p. 423.
Amb. Gentil. — *Op. cit.*, *Palmipèdes*, p. 51 et 55; tir. à
   part, p. 111 et 115.
Alphonse Dubois. — *Op. cit.* : texte, t. II, p. 452; atlas, t. II,
   pl. 258, et pl. LVIII, figs. 275.
Léon Olphe-Galliard. — *Op. cit.*, fasc. IV, p. 32.

Le Canard sarcelline habite les eaux douces, de préférence
vaseuses : étangs, lacs, marais, rivières et fleuves; pendant
ses migrations, il va parfois sur les rivages maritimes, dans
les endroits vaseux et peu profonds, mais n'y reste pas longtemps; on le rencontre accidentellement près des lieux habités. Il est migrateur et sédentaire, et très-sociable. Il émigre
par bandes plus ou moins grandes. Ces Oiseaux volent en
rangs serrés et sans ordre; mais quand ils ont à parcourir une grande distance, ils forment, suivant leur
nombre, une longue ligne qui traverse obliquement l'espace,
ou deux lignes disposées en angle aigu ($\wedge$). Son naturel est
doux. Son vol est rapide, léger, par crochets et presque silencieux. Sa nourriture se compose de larves, d'Insectes, de Mollusques, de Crustacés, de Vers, de Poissons, de têtards, de
frai de Poissons et de Batraciens, de végétaux et de graines. La
femelle ne fait normalement qu'une couvée par an, de huit
à dix œufs, et parfois de onze, douze, treize et même quatorze. La ponte de la couvée normale a lieu en mai et juin.
La durée de l'incubation est de vingt et un à vingt-deux
jours. Le nid est soigneusement construit avec des fragments
de plantes herbacées et des feuilles mortes, et garni intérieurement de plumes, et de duvet de la femelle. Il se trouve
parmi des végétaux herbacés ou au pied d'un buisson ou
d'un arbre, et même dans une crevasse de rocher, près d'un

lac, d'un étang, d'une rivière, ou dans un endroit marécageux d'un bois ou d'une forêt; parfois, il repose sur une
eau basse.

Toute la Normandie. — De passage régulier : arrive en
mars et avril, avant la reproduction, et repart en novembre
et décembre. — C.

9. **Anas formosa** Georgi — Canard formose.

Anas baikal Bonnat., *A. glocitans* Pall.
Eunetta formosa Bp.
Querquedula formosa Steph., *Q. glocitans* Vig.

Canard glousseur.
Sarcelle formose.

C.-D. Degland et Z. Gerbe. — *Op. cit.*, t. II, p. 523.
Alphonse Dubois. — *Op. cit.* : texte, t. II, p. 456; atlas, t. II,
pl. 258 ^{b}.

Le Canard formose habite les lacs, les étangs, les fleuves,
les rivières et les marais, et ne va que peu sur les rivages
maritimes. Il est migrateur et sédentaire. La femelle ne fait
normalement qu'une couvée par an, d'une dizaine d'œufs.
Le nid consiste en une petite cavité du sol, garnie de fragments de végétaux herbacés, de plumes, et de duvet de la
femelle.

Manche :

« Canard Sarcelle du lac Baïkal (*Anas formosa*
Lath.). — Le mâle et la femelle furent tués dans nos
bas pays, vers les bords de la mer, par un de nos gi-
boyeurs, à qui je les achetai ». [Emmanuel Canivet.
— *Op. cit.*, p. 29].

« D'après M. Canivet, l'espèce se serait aussi montrée dans le bas pays de la Manche, vers les bords de la mer. Deux individus, un mâle et une femelle, qu'un chasseur des environs de Carentan lui avait fournis, ont été cédés par lui à M. le comte de Steade[1], qui les compte parmi les richesses de sa belle galerie d'Histoire naturelle ». [C.-D. DEGLAND et Z. GERBE. — *Op. cit.*, t. II, p. 526].

OBSERVATIONS.

Anas viduata L. (Canard de Maragnon);
Anas kazarka L. (Canard kazarka);
Anas galericulata L. (Canard mandarin);
Anas torquata Vieill. (Canard à collier noir) ou
Anas virginiana Briss. (Canard soucrouróu).

Anas viduata L.

E. Lemetteil (*Op. cit.*, tir. à part, t. II, p. 426) dit qu'il n'a pas cru devoir inscrire, dans cet ouvrage, le Canard de Maragnon, *Anas viduata*, bien qu'un exemplaire de cette espèce, qui fait partie de sa collection, ait été tiré sur la Grande-Mare, au Marais-Vernier (Eure), le 12 octobre 1869; car rien ne prouve que ce n'était pas un individu échappé de volière.

Il me paraît évident que ce Canard de Maragnon ou Dendrocygne veuf, espèce de l'Amérique du Sud et de l'Afrique, était un sujet préalablement tenu en captivité.

1. Slade, et non Steade, comme l'écrivent C.-D. Degland et Z. Gerbe (*loc. cit.*).

Anas kazarka L.

Relativement à la présence du Canard kazarka ou Tadorne
kazarka en Normandie, je ne connais que le renseignement
suivant, qui, à mes yeux, n'a pas une assez grande certitude
pour me faire indiquer cette espèce au nombre des Oiseaux
venus d'une façon naturelle dans la province normande :

Seine-Inférieure :

> « Deux bandes de 7 et 9 individus ont visité nos
> côtes, pendant la forte gelée de l'hiver de 1838;
> mais on ne put en tuer un seul. Ils se tenaient tou-
> jours à la mer, en dehors de la portée du fusil ».
> [J. HARDY. — *Manusc. cit.*, p. 64].

Anas galericulata L.

« Je regarde comme un fait très-remarquable la présence,
en France, de la belle Sarcelle, dite de Chine. Il y a à peu
près six semaines qu'un paysan apporta au marché de Caen
(Calvados) un Canard qu'il venait de tuer dans les environs,
et dont il ignorait entièrement la valeur. Un traiteur de
Caen en fit l'emplette et l'étala sur le devant de sa cuisine.
Une personne plus connaisseuse reconnut aux plumes verti-
cales et rebroussées du dos la Sarcelle de la Chine, l'acheta
et voulut bien me la céder. Je puis donc certifier que c'est
un beau mâle adulte de la Sarcelle de la Chine, de Buffon,
pl. enl. 805, l'*Anas galericulata* de Gm. Tous les auteurs
regardent cette espèce comme particulière à la Chine et au
Japon : il est étonnant, vous en conviendrez, qu'un individu
soit venu de si loin se faire tuer dans le département du
Calvados... Il faut qu'un coup de vent ait égaré cet oiseau ;
mais il est bien remarquable qu'il soit arrivé jusque sur nos
côtes de la Manche ». [Extrait d'une lettre de DE LA FRESNAYE,
naturaliste à Falaise (Calvados), relative à la Sarcelle de

Chine, dont un individu vient d'être tué en Normandie, (lettre datée de Falaise, 2 février 1828), in Bull. des Scienc. natur. et de Géologie, 2ᵉ section du Bull. universel, (*Op. cit.*), t. XIV, Paris, 1828, p. 118]. — « Ce fait est effectivement très-remarquable ; mais on ne peut nullement penser que la Sarcelle de Chine ait été apportée en France par des vents, qui, quelque impétueux qu'ils soient, n'occupent jamais qu'une petite partie de notre sphère. Il est donc naturel de croire que cet individu aura été pris aux Philippines, où l'espèce est commune, et aura été conservé en vie à bord de quelque navire du Hâvre et de Rouen, et qu'il se sera échappé au port. Notre hiver ayant été très-doux, il aura pu vivre quelques jours dans nos campagnes ». [Note de Lesson, relative à la lettre de de la Fresnaye, in même page du même Bull].

« Ce brillant et rare Oiseau fut tué, il y a quelques années, sur une rivière dans nos environs, et est un des ornements de la belle collection de M. de la Fresnaye. On avait supposé qu'il s'était échappé d'un parc d'Angleterre ; il paraîtrait qu'il n'en existe pas dans ce pays ». [Le Sauvage. — *Op. cit.*, p. 215]. — « Venait certainement d'une ménagerie ». [Eudes-Deslongchamps, renseign. manuscrit sur cet ouvrage, p. 215].

Il y a tout lieu de croire que l'individu dont parle Le Sauvage est le même que celui qui fut signalé par de la Fresnaye, et il est évident que ce Canard mandarin ou Aix mandarin, espèce de l'Asie orientale, était un sujet préalablement tenu en captivité.

Anas torquata Vieill.

ou

Anas virginiana Briss.

Le Canard à collier noir ou Sarcelle à collier noir (*Anas torquata* Vieill.), qui habite l'Amérique du Sud, est bien différent du Canard soucrourou ou Sarcelle soucrourou (*Anas virginiana* Briss. = *Anas discors* L.), espèce de l'Amérique du Nord.

Manche :

Sur le Canard à collier noir, voici les renseignements que j'ai trouvés :

« Canard à collier noir (*Anas torquata* Vieill.). — Ce Canard n'est pas d'Europe; il est du Paraguay; il fut tué dans nos marais, il y a quelques années, et fut acheté au marché de Carentan, par M. Vatier, qui me l'a communiqué ». [Emmanuel CANIVET. — *Op. cit.*, p. 28].

« On a tué dans les marais du Cotentin... le (*sic*) Fuligule à collier noir (*Fuligula torquata* Vieill.) ». [J. LE MENNICIER. — *Op. cit.*, p. 157; tir. à part, p. 49]. — Cette espèce est un Canard et non une Fuligule (H. G. de K.).

Relativement au Canard soucrourou, C.-D. Degland et Z. Gerbe disent (*Op. cit.*, t. II, p. 521) :

« M. Canivet, dans son *Catalogue des Oiseaux du département de la Manche*, signale l'apparition de cet Oiseau sur nos côtes. Un individu a été trouvé, il y a plusieurs années, sur le marché de Carentan, par M. Vatier; il avait été tué dans les marais du voisinage ».

J'ignore absolument sur quoi se basent C.-D. Degland et Z. Gerbe pour considérer le sujet d'*Anas torquata* Vieill., indiqué par Emmanuel Canivet et signalé de nouveau par J. Le Mennicier, comme étant un *Anas virginiana* Briss.

4ᵉ Genre. *FULIGULA* — FULIGULE.

1. **Fuligula clangula** L. — Fuligule garrot.

Anas clangula L., *A. hyemalis* Pall.
Bucephala clangula G.-R. Gray.
Clangula chrysophthalmos Steph., *C. clangula* Flem.,
   C. glaucion Boie, *C. leucomelas* Brehm, *C. peregrina*
   Brehm, *C. vulgaris* Flem.
Fuligula clangula Bp.
Glaucion clangula Kaup.
Glaucionetta clangula Stejneg.
Platypus glaucion Brehm.

Canard garrot.
Garrot commun, G. ordinaire, G. vulgaire.
Morillon sonneur.

Têtard, Têtard à cocardes.

Paul Bert. — *Op. cit.*, p. 105; tir. à part, p. 81.
C.-D. Degland et Z. Gerbe. — *Op. cit.*, t. II, p. 542.
E. Lemetteil. — *Op. cit.*, tir. à part, t. II, p. 428.
Amb. Gentil. — *Op. cit.*, *Palmipèdes*, p. 56 et 59 ; tir. à
   part, p. 116 et 119.
Alphonse Dubois. — *Op. cit.* : texte, t. II, p. ?; atlas, t. II,
   pl. 264, et pl. LXXII, figs. 285.
Léon Olphe-Galliard. — *Op. cit.*, fasc. III, p. 50.

La Fuligule garrot habite les lacs, les étangs, les rivières,
les fleuves, les marais et les rivages maritimes. Elle est migratrice et sédentaire. Son vol est rapide; elle nage et plonge
avec une très-grande facilité, mais elle marche maladroitement et avec peine, et ne va que fort peu sur le sol. Sa
nourriture se compose de Poissons, de Mollusques, d'Insectes, de larves, de Vers, de Crustacés, de Grenouilles, de végétaux et de graines. La femelle ne fait normalement qu'une

couvée par an, de dix à dix-neuf œufs. La ponte de la couvée normale a lieu en mai et dans la première quinzaine de juin. Le nid est placé dans un trou d'arbre d'un bois ou d'une forêt, près ou loin d'une eau douce ou d'une eau salée, les œufs étant déposés sur des petits fragments de bois et du duvet de la femelle; à défaut d'une telle cavité, le nid se trouve sur le haut d'un Saule en têtard, ou même à terre, parmi des végétaux herbacés.

Toute la Normandie. — De passage régulier en octobre et novembre, et en mars et avril. — P. C.

Les vieux mâles ne se montrent dans cette province que pendant les froids rigoureux.

2. **Fuligula hyemalis** L. — Fuligule de Miquelon.

Anas brachyrhynchos Bes., *A. glacialis* L., *A. hyemalis* L., *A. leucocephala* Bchst., *A. longicauda* Leach, *A. miclonia* Bodd.

Clangula brachyrhynchos Brehm, *C. Faberi* Brehm, *C. glacialis* Leach, *C. hiemalis* Brehm, *C. megauros* Brehm.

Crymonessa glacialis Macg.

Fuligula glacialis Bp.

Harelda Faberi Brehm, *H. glacialis* Steph., *H. hiemalis* Brehm, *H. megauros* Brehm.

Pagonetta glacialis Kaup.

Platypus glacialis Brehm.

Querquedula ferroensis Briss.

Canard de Miquelon.

Harelde de Miquelon, H. glaciale.

Miquelon glacial.

C.-D. Degland et Z. Gerbe. — *Op. cit.*, t. II, p. 549.

E. Lemetteil. — *Op. cit.*, tir. à part, t. II, p. 429.

Alphonse DUBOIS. — *Op. cit.* : texte, t. II, p. ?; atlas, t. II,
pl. 267, et pl. LXVI, figs. 288.

Léon OLPHE-GALLIARD. — *Op. cit.*, fasc. III, p. 38.

La Fuligule de Miquelon habite les marais, les étangs,
les lacs, les rivières, les fleuves et le littoral, et, pendant la
saison froide, va souvent en mer à une assez grande distance du rivage. Elle est migratrice et sédentaire. Son naturel est querelleur. Elle vole avec une grande vitesse, généralement en ligne droite, et nage et plonge d'une façon parfaite. Sa nourriture se compose de Mollusques, de Crustacés,
de Vers, de larves, d'Insectes, de végétaux et de graines.
La femelle ne fait normalement qu'une couvée par an, de
cinq à huit œufs. La ponte de la couvée normale a lieu en
juin et juillet. Le nid consiste en une petite cavité du sol,
creusée par l'Oiseau et garnie avec des fragments de plantes
herbacées, des feuilles mortes, de la mousse et du duvet de
la femelle, ou seulement avec ce duvet. Il se trouve près de
l'eau, parmi des végétaux herbacés ou sous l'ombrage d'un
buisson ou d'un arbre, entre des pierres ou à découvert, dans
un marais, dans une île d'un lac ou d'un étang, etc.

Seine-Inférieure :

Espèce mentionnée comme n'ayant encore été observée qu'une fois dans la Seine-Inférieure. [J. HARDY.
— *Op. cit.*, p. 296].

« Cette espèce ... ne se montre que de loin en
loin et très-accidentellement dans nos localités, où
nous ne l'avons jamais rencontrée ». [E. LEMETTEIL.
— *Op. cit.*, tir. à part, t. II, p. 431].

Calvados :

« Excessivement rare. Une femelle parut sur le
marché (Caen), il y a quelques années ». [LE SAU-
VAGE. — *Op. cit.*, p. 215].

« Un jeune, Sallenelles ». [Albert Fauvel, renseign. manuscrit, 1890]. [Collection d'Albert Fauvel, à Caen].

Manche :

Espèce mentionnée comme ayant été observée dans la Manche. [Emmanuel Canivet. — *Op. cit.*, p. 28].

« Rare ». [J. Le Mennicier. — *Op. cit.*, p. 156; tir. à part, p. 48].

3. **Fuligula marila** L. — Fuligule milouinan.

Anas frenata Sparrm., *A. marila* L., *A. subterranea* Scop.
Aythya islandica Brehm, *A. leuconotos* Brehm, *A. marila* Boie.
Fuligula affinis Eyton, *F. Gesneri* Eyton, *F. islandica* Brehm, *F. leuconotos* Brehm, *F. marila* Steph., *F. mariloides* Vig.
Fulix affinis Sp. Baird, *F. marila* Sp. Baird.
Marila frenata Bp.
Nyroca marila Flem.
Platypus marilus Brehm.

Canard milouinan.
Morillon milouinan.

Gros têtard à tête brune.

Paul Bert. — *Op. cit.*, p. 105; tir. à part, p. 81.
C.-D. Degland et Z. Gerbe. — *Op. cit.*, t. II, p. 536.
E. Lemetteil. — *Op. cit.*, tir. à part, t. II, p. 431.
Amb. Gentil. — *Op. cit.*, *Palmipèdes*, p. 56 et 57; tir. à part, p. 116 et 117.
Alphonse Dubois. — *Op. cit.* : texte, t. II, p. ?; atlas, t. II, pl. 261, et pl. LXXIV, fig. 281.
Léon Olphe-Galliard. — *Op. cit.*, fasc. III, p. 79.

La Fuligule milouinan habite le littoral, les lagunes, les estuaires, les embouchures des rivières qui se jettent dans la mer, et ne va pas beaucoup sur les eaux de l'intérieur des terres, en dehors de la période de la reproduction. Elle est migratrice et sédentaire, et très-sociable. Elle nage et plonge avec une aisance parfaite. Sa nourriture se compose de Mollusques, qu'elle aime particulièrement, de Crustacés, de larves, d'Insectes, de Vers, de Poissons, de végétaux et de graines. La femelle ne fait normalement qu'une couvée par an, de six à neuf œufs. La ponte de la couvée normale a lieu dans la seconde quinzaine de mai, en juin, et dans la première quinzaine de juillet. Le nid consiste en un creux du sol, garni avec des fragments de plantes herbacées et du duvet de la femelle. Il se trouve dans le voisinage d'une eau douce ou d'une eau salée, et il est bien caché parmi des végétaux herbacés, au pied d'un buisson ou sous l'ombrage d'un arbre, et rarement dans un trou ou à l'abri d'une pierre.

Toute la Normandie. — De passage régulier en octobre et novembre, et en mars et avril. — P. C.

Dans cette province, les femelles et les jeunes mâles sont beaucoup moins rares que les vieux mâles; ces derniers n'y viennent que pendant les froids rigoureux.

4. **Fuligula ferina** L. — Fuligule milouin.

Anas ferina L., *A. rufa* Gm., *A. ruficollis* Scop.
Aythya erythrocephala Brehm, *A. ferina* Boie.
Fuligula erythrocephala C.-F. Dubois, *F. ferina* Steph.
Fulix ferina Salvad.
Nyroca ferina Flem.
Platypus ferinus Brehm.

Canard milouin.
Morillon milouin.

Nonant, Rouget, Têtard à tête rouge.

Paul Bert. — *Op. cit.*, p. 105 et 106; tir. à part, p. 81 et 82.

C.-D. Degland et Z. Gerbe. — *Op. cit.*, t. II, p. 538.

E. Lemetteil. — *Op. cit.*, tir. à part, t. II, p. 433.

Amb. Gentil. — *Op. cit.*, *Palmipèdes*, p. 56 et 58; tir. à part, p. 116 et 118.

Alphonse Dubois. — *Op. cit.* : texte, t. II, p. ?; atlas, t. II, pl. 262, et pl. LV, fig. 278.

Léon Olphe-Galliard. — *Op. cit.*, fasc. III, p. 68.

La Fuligule milouin habite les lacs, les étangs, les marais, les fleuves et les rivières, et ne va que peu sur le littoral. Elle est migratrice et sédentaire. Elle émigre par bandes plus ou moins grandes, voyageant habituellement sans ordre, mais parfois disposées en une ligne qui traverse obliquement l'espace. Son naturel est assez doux. Son vol est rapide; elle plonge d'une façon parfaite. Sa nourriture se compose de végétaux, de graines, d'Insectes, de larves, de Mollusques, de Vers, de Crustacés et de Poissons. La femelle ne fait normalement qu'une couvée par an, de sept à treize œufs, ordinairement de dix, et souvent de sept ou huit. La durée de l'incubation est de vingt-deux à vingt-trois jours. Le nid est profond et consiste en un creux du sol garni avec des fragments de végétaux herbacés, des feuilles mortes et du duvet de la femelle. Il se trouve parmi des plantes herbacées, près d'une eau douce ou d'une eau salée, et parfois dans le voisinage de lieux habités.

Toute la Normandie. — De passage régulier en octobre et novembre, et en mars et avril; un assez grand nombre d'individus restent, pendant la saison froide, dans cette province. — A. C.

Fuligula latirostra Brünn. — Fuligule morillon.

.nas arctica Leach, *A. colymbis* Pall., *A. cristata* Salerne, *A. fuligula* L., *A. latirostra* Brünn., *A. scan-
diaca* Gm.

.ythya cristata Brehm, *A. fuligula* Boie.

'uligula cristata Steph., *F. fuligula* Lcht., *F. patagiatus*
Brehm.

'ulix cristata G.-R. Gray.

'yroca fuligula Flem.

'latypus fuligulus Brehm.

.anard morillon.

.orillon huppé.

.orillard, Têtard.

.aul BERT. — *Op. cit.*, p. 105 et 106; tir. à part, p. 81 et 82.
.-D. DEGLAND et Z. GERBE. — *Op. cit.*, t. II, p. 533.
. LEMETTEIL. — *Op. cit.*, tir. à part, t. II, p. 434.
.mb. GENTIL. — *Op. cit.*, *Palmipèdes*, p. 56; tir. à part,
p. 116.
.lphonse DUBOIS. — *Op. cit.* : texte, t. II, p. ?; atlas, t. II,
pl. 260, et pl. LVIII, figs. 280.
.éon OLPHE-GALLIARD. — *Op. cit.*, fasc. III, p. 94.

La Fuligule morillon habite les lacs, les étangs, les marais
.es rivières et les fleuves ; pendant la saison froide, elle va
.ussi sur les rivages maritimes, et visite parfois les étangs et
.es mares des endroits habités. Elle est migratrice et séden-
.aire, et très-sociable. Son naturel est doux. Ses mœurs
.ont surtout crépusculaires, nocturnes et aurorales. Son
.ol est rapide ; elle nage avec une très-grande vitesse, et
.longe avec une étonnante agilité. Sa nourriture se com-
.ose d'Insectes, de larves, de Mollusques, de Crustacés, de
.ers, de Poissons, de végétaux et de graines. La femelle ne
.ait normalement qu'une couvée par an, de huit à treize

52

œufs, ordinairement de dix à douze. La ponte de la couvée normale a lieu en mai et juin. Le nid consiste en un creux du sol garni avec des fragments de plantes herbacées, des plumes, et du duvet de la femelle. Il se trouve parmi des végétaux herbacés ou, quelquefois, au pied d'un buisson, près d'une eau douce ou d'une eau salée.

Toute la Normandie. — De passage régulier : arrive en octobre et novembre, et repart en mars et avril, avant la reproduction. — C.

6. **Fuligula nyroca** Güldst. — Fuligule nyroca.

Anas africana Gm., *A. ferruginea* Gm., *A. glaucion* Pall., *A. Gmelini* Lath., *A. leucophthalmos* Bchst., *A. lurida* Gm., *A. nyroca* Güldst.
Aythya leucophthalmos Brehm, *A. nyroca* Boie.
Fuligula leucophthalma C.-F. Dubois, *F. nyroca* Steph.
Marila nyroca Flem.
Nyroca ferruginea Sharpe et Dress., *N. leucophthalmos* Flem., *N. nyroca* Lcht., *N. obsoleta* Brehm, *N. pochard* Selby.
Platypus leucophthalmus Brehm.

Canard à iris blanc, C. nyroca.
Fuligule à iris blanc.
Morillon à iris blanc.

Paul Bert. — *Op. cit.*, p. 105 et 106 ; tir. à part, p. 81 et 82.
C.-D. Degland et Z. Gerbe. — *Op. cit.*, t. II, p. 540.
E. Lemetteil. — *Op. cit.*, tir. à part, t. II, p. 436.
Amb. Gentil. — *Op. cit.*, *Palmipèdes*, p. 56 et 58 ; tir. à part, p. 116 et 118.
Alphonse Dubois. — *Op. cit.* : texte, t. II, p. ? ; atlas, t. II, pl. 263, et pl. LXI, fig. 279.
Léon Olphe-Galliard. — *Op. cit.*, fasc. III, p. 63.

La Fuligule nyroca habite les lacs, les étangs, les marais, les rivières et les fleuves ; elle recherche les endroits couverts de végétation et ne s'écarte que peu du bord de l'eau. Elle est migratrice et sédentaire, et vit par couples, isolément ou en petites bandes. Elle émigre par couples ou en petites bandes. Son naturel est vif et remuant. Ses mœurs sont plus diurnes que nocturnes. Son vol est d'une vitesse modérée ; elle nage d'une façon rapide et plonge avec une agilité merveilleuse, mais elle marche assez maladroitement. Sa nourriture se compose de végétaux, de graines, de Mollusques, de Crustacés, d'Insectes, de larves, de Vers et de Poissons. La femelle ne fait normalement qu'une couvée par an, de neuf à quatorze œufs, généralement de dix. La ponte de la couvée normale a lieu vers la fin d'avril, en mai, en juin et dans la première quinzaine de juillet, suivant la latitude. Le nid, de dimensions moyennes, est construit avec des fragments de plantes herbacées, et garni, à l'intérieur, de plumes, et de duvet de la femelle. Il se trouve ordinairement sur le sol, parmi des végétaux herbacés ; quelquefois, il repose sur une masse de plantes flottant sur une eau stagnante ; accidentellement, il est au-dessus de terre dans un buisson, et, parfois, est établi près d'une habitation.

Normandie :

« De passage et rare en Normandie ». [C.-G. CHESNON. — *Op. cit.*, p. 380].

Espèce mentionnée comme étant de passage régulier en Normandie. [NOURY. — *Op. cit.*, p. 106]. — Il est presque certain qu'il y a erreur dans le signe conventionnel, et qu'il faut lire de passage accidentel.

Seine-Inférieure :

Espèce mentionnée comme ayant été observée dans la Seine-Inférieure. [J. HARDY. — *Op. cit.*, p. 296].

« Cette espèce... se montre irrégulièrement dans notre département, lors de ses migrations, mais plus souvent au printemps ». [E. Lemetteil. — *Op. cit.*, tir. à part, t. II, p. 437].

Calvados :

« Cette espèce est l'une des plus rares. On la trouve dans ma collection et dans celle de M. Chesnon ». [Le Sauvage. — *Op. cit.*, p. 216].

« Cette espèce a été trouvée sur le marché de Caen ». [Émile Anfrie, renseign. manuscrit, 1888].

« Un individu, tué à Basseneville ». [Albert Fauvel, renseign. manuscrit, 1890]. [Collection d'Albert Fauvel, à Caen].

Manche :

Espèce mentionnée comme ayant été observée dans la Manche. [Emmanuel Canivet. — *Op. cit.*, p. 28].

Espèce mentionnée comme ayant été observée dans l'arrondissement de Valognes. [Ad Benoist. — *Op. cit.*, p. 240].

« Rare ». [J. Le Mennicier. — *Op. cit.*, p. 157 ; tir. à part, p. 49].

7. **Fuligula rufina** Pall. — Fuligule roussâtre.

Anas rufina Pall.

Aythya rufina Macg.

Branta rufina Boie.

Callichen micropus Brehm, *C. rufescens* Brehm, *C. ruficeps* Brehm, *C. rufinus* Brehm, *C. subrufinus* Brehm.

Fuligula ruficrista C.-F. Dubois, *F. rufina* Steph.

Mergoides rufina Eyton.

Netta rufina Kaup.
Platypus rufinus Brehm.

Brante huppée, B. roussâtre.
Fuligule huppée.
Morillon à huppe rousse, M. roussâtre.
Siffleur huppé.

C.-D. DEGLAND et Z. GERBE. — *Op. cit.*, t. II, p. 530.
E. LEMETTEIL. — *Op. cit.*, tir. à part, t. II, p. 437.
Alphonse DUBOIS. — *Op. cit.* : texte, t. II, p. 462 ; atlas, t. II,
    pl. 259, et pl. LXV, fig. 277.
Léon OLPHE-GALLIARD. — *Op. cit.*, fasc. III, p. 88.

La Fuligule roussâtre habite tout particulièrement les
eaux douces et saumâtres : marais, étangs et lacs, et moins
souvent les rivières et les fleuves ; elle va aussi sur le littoral et, parfois, sur des eaux se trouvant dans des lieux
boisés. Elle est migratrice et sédentaire, et vit par couples
ou en petites bandes. Ses mœurs sont nocturnes et diurnes.
Son vol est vigoureux, mais lourd ; elle nage et plonge avec
aisance, mais elle marche lourdement. Sa nourriture se compose principalement de végétaux et de graines ; toutefois,
elle mange aussi des Mollusques, des Insectes, des larves,
des Vers, des Crustacés, des Grenouilles, des Poissons et du
frai de Batraciens et de Poissons. La femelle ne fait normalement qu'une couvée par an, généralement de huit ou neuf
œufs. La ponte de la couvée normale a lieu en mai et juin.
Le nid est construit avec des fragments de plantes herbacées et des feuilles mortes, et garni intérieurement de duvet
de la femelle ; il se trouve à terre parmi des végétaux herbacés, près d'une eau douce.

Seine-Inférieure :

Espèce mentionnée comme n'ayant encore été observée qu'une fois dans la Seine-Inférieure. [J. HARDY. —
Op. cit., p. 296].

Calvados :

« Très-rare. Tué près d'Isigny. Plus tard, deux individus ont été trouvés dans nos parages ; l'un est dans ma collection ». [LE SAUVAGE. — *Op. cit.*, p. 216].

Manche :

Espèce mentionnée comme ayant été observée dans la Manche. [Emmanuel CANIVET. — *Op. cit.*, p. 28].

« Très-rare ». [J. LE MENNICIER. — *Op. cit.*, p. 157 ; tir. à part, p. 49].

8. **Fuligula mollissima** L. — Fuligule eider.

Anas Cuthberti Salerne, *A. mollissima* L.
Anser mollissimus Bonnat.
Platypus Leisleri Brehm, *P. mollissimus* Brehm.
Somateria danica Brehm, *S. Leisleri* Brehm, *S. mollissima* Leach, *S. norvegica* Brehm, *S. planifrons* Brehm, *S. platyuros* Brehm.

Canard eider.
Eider commun, E. ordinaire, E. vulgaire.

C.-D. DEGLAND et Z. GERBE. — *Op. cit.*, t. II, p. 555.
E. LEMETTEIL. — *Op. cit.*, tir. à part, t. II, p. 439.
Alphonse DUBOIS. — *Op. cit.* : texte, t. II, p. ? ; atlas, t. II, pl. 268, et pl. LXI, figs. 289.
Léon OLPHE-GALLIARD. — *Op. cit.*, fasc. III, p. 7, et 2 fig.

La Fuligule eider habite le littoral, et ne va sur les eaux douces que d'une façon accidentelle ; on la rencontre parfois en mer à une très-grande distance du rivage. Elle est migratrice et sédentaire. Elle est plus ou moins sociable toute l'année, mais forme des bandes beaucoup plus grandes pendant la saison froide que pendant la saison chaude, et vit aussi par couples. Ses mœurs sont aurorales et diurnes. Son vol est d'une puissance et d'une vitesse modérées ; elle nage rapidement et plonge d'une façon parfaite, mais elle marche lourdement, péniblement et en vacillant. Sa nourriture se compose presque entièrement de Mollusques et de Crustacés ; elle mange quelquefois des Poissons et autres animaux, mais ne paraît prendre aucune substance végétale. La femelle ne fait normalement qu'une couvée par an, de cinq à huit œufs. La ponte de la couvée normale a lieu en mai, juin et juillet, suivant la latitude. La durée de l'incubation est de vingt-cinq à vingt-six jours. Cette espèce niche en société et isolément. Le nid consiste en une légère cavité garnie grossièrement avec des petites branches, des fragments de plantes herbacées, des algues, de la mousse, des lichens, des plumes, et du duvet de la femelle, ou seulement avec ce duvet. Il se trouve parmi des végétaux herbacés, au pied d'un buisson, sous un arbre, à l'abri d'une pierre ou dans une crevasse, sur un sol bas, ou sur un rocher ou une falaise, soit près de la mer, soit, parfois, à une certaine distance.

Normandie :

« Cette espèce vient très-rarement sur nos côtes ; je n'en ai vu que pendant l'hiver de 1830 ; on n'y trouve jamais les vieux mâles ». [C.-G. Chesnon. — *Op. cit.*, p. 381].

Espèce mentionnée comme étant de passage accidentel en Normandie. [Noury. — *Op. cit.*, p. 105].

Seine-Inférieure :

Espèce mentionnée comme ayant été observée dans la Seine-Inférieure. [J. Hardy. — *Op. cit.*, p. 296].

« J'en ai tué deux à Elbeuf ». [Noury. — *Op. cit.*, p. 105].

« Ces Oiseaux se montrent quelquefois sur nos côtes, surtout pendant les hivers rigoureux ; mais l'on

n'y abat le plus souvent que des femelles, des jeunes,
ou quelques mâles adultes presque toujours en mue ».
[E. Lemetteil. — *Op. cit.*, tir. à part, t. II, p. 441].

Je possède un mâle adulte, tué à Criel, en 1880,
pendant l'hiver. Cette espèce ne vient chez nous que
dans les hivers rigoureux. [Louis-Henri Bourgeois,
renseign. manuscrit, 1891]. [Collection de Louis-
Henri Bourgeois, à Eu (Seine-Inférieure)].

Calvados :

« Les jeunes se rencontrent assez souvent en hiver... Les vieux se voient rarement. Dans plusieurs
collections ». [Le Sauvage. — *Op. cit.*, p. 215].

« Un jeune, Sallenelles ». [Albert Fauvel, renseign.
manuscrit, 1890]. [Collection d'Albert Fauvel, à
Caen].

« Je viens de trouver (9 novembre 1888) cette Fuligule sur le marché de Lisieux, robe de jeune mâle.
C'est la première fois ». [Émile Anfrie, renseign.
manuscrit, 1888].

Manche :

« Les adultes de l'Eider sont très-rares sur nos
côtes; on n'y voit jamais le mâle ». [Emmanuel
Canivet. — *Op. cit.*, p. 28].

Espèce mentionnée comme ayant été observée, à
l'état jeune, dans l'arrondissement de Valognes. « Le
vieux mâle de l'Eider ne se trouve jamais sur nos
côtes ». [Ad Benoist. — *Op. cit.*, p. 240].

« On ne rencontre sur nos côtes que des jeunes,
et encore ils y sont rares ». [J. Le Mennicier. —
Op. cit., p. 157; tir. à part, p. 49].

« J'ai tué, dans le marais à l'embouchure de la
rivière d'Ouve, un jeune Canard eider, et je le fis

empailler ». [P. Joseph-Lafosse, renseign. manuscrit, 1890].

9. Fuligula spectabilis L. — Fuligule à tête grise.

Anas Beringi Gm., *A. spectabilis* L.

Fuligula spectabilis Bp.

Platypus spectabilis Brehm.

Somateria spectabilis Boie.

Canard à tête grise.

Eider à tête grise, E. superbe.

C.-D. Degland et Z. Gerbe. — *Op. cit.*, t. II, p. 557.

A.-E. Brehm. — *Op. cit.*, t. II, p. 773.

Alphonse Dubois. — *Op. cit.* : texte, t. II, p. ?; atlas, t. II,
pl. 269, et pl. LXVII, figs. 290.

La Fuligule à tête grise habite le littoral, et va parfois sur
les eaux douces de l'intérieur du pays. Elle est migratrice
et sédentaire. Elle est plus ou moins sociable toute l'année,
mais forme des bandes beaucoup plus grandes pendant la
saison froide que pendant la saison chaude, et vit aussi par
couples. Ses mœurs sont aurorales et diurnes. Son vol est
d'une puissance et d'une vitesse modérées ; elle nage rapidement et plonge d'une façon parfaite, mais elle marche péniblement. Sa nourriture se compose principalement de Mollusques et de Crustacés ; elle mange quelquefois des Poissons
et autres animaux, mais ne paraît prendre aucune substance végétale. La femelle ne fait normalement qu'une
couvée par an, ordinairement de six œufs. La ponte de la
couvée normale a lieu en juin et juillet. Cette espèce niche
en société et isolément. Le nid consiste en une légère cavité
garnie avec des petites branches, des fragments de plantes

herbacées, des algues, de la mousse, des lichens, des plumes, et du duvet de la femelle, ou seulement avec ce duvet. Il se trouve parmi des végétaux herbacés, au pied d'un buisson, sous un arbre, à l'abri d'une pierre ou dans une crevasse, sur un sol bas, ou sur un rocher ou une falaise, soit près de la mer, soit, parfois, à une certaine distance.

Manche :

« On a tué, dans les marais du Cotentin, le Fuligule élégant (*Fuligula spectabilis* L.) ». [J. Le Mennicier. — *Op. cit.*, p. 157 ; tir. à part, p. 49].

10. **Fuligula nigra** L. — Fuligule macreuse.

Anas atra Pall., *A. nigra* L.

Fuligula nigra Degl.

Melanetta nigra Boie.

Melanitta gibbosa Brehm, *M. megauros* Brehm, *M. nigripes* Brehm.

Oidemia nigra Flem.

Platypus niger Brehm.

Canard macreuse.

Fuligule noire.

Macreuse commune, M. ordinaire, M. vulgaire.

Morillon noir.

Bisette, Bizette, Mourette.

C.-D. Degland et Z. Gerbe. — *Op. cit.*, t. II, p. 560.

E. Lemetteil. — *Op. cit.*, tir. à part, t. II, p. 441.

Amb. Gentil. — *Op. cit.*, *Palmipèdes*, p. 56 et 59 ; tir. à part, p. 116 et 119.

Alphonse Dubois. — *Op. cit.* : texte, t. II, p. ?; atlas, t. II, pl. 270, et pl. LXV, fig. 282.

Léon Olphe-Galliard. — *Op. cit.*, fasc. III, p. 22.

La Fuligule macreuse habite le littoral, et ne va que peu sur les rivières, les fleuves, les lacs et les étangs, hors la période des migrations et celle de la reproduction. Elle est migratrice et sédentaire, et très-sociable. Elle émigre par bandes plus ou moins grandes. Elle nage et plonge d'une façon parfaite, mais elle marche maladroitement. Sa nourriture se compose de Mollusques, de Crustacés, de Vers, d'Insectes, de larves, de végétaux et de graines. La femelle ne fait normalement qu'une couvée par an, ordinairement de huit œufs, et parfois de neuf ou dix. La ponte de la couvée normale a lieu en juin et juillet. Le nid consiste en une légère cavité du sol, creusée par l'Oiseau et garnie avec quelques petites branches, quelques fragments de plantes herbacées, des feuilles mortes et du duvet de la femelle; il est caché parmi des Bouleaux nains, des Saules rabougris ou des végétaux herbacés, près d'une rivière, d'un fleuve, d'un lac ou d'un étang.

Toute la Normandie. — De passage régulier : arrive en octobre et novembre, et repart en mars et avril, avant la reproduction. — C.

11. **Fuligula fusca** L. — Fuligule brune.

Anas carbo Pall., *A. fusca* L.

Fuligula fusca Degl.

Melanetta fusca Boie.

Melanitta Hornschuchii Brehm, *M. megapus* Brehm, *M. platyrhynchos* Brehm.

Oidemia fusca Flem.

Platypus fuscus Brehm.

Canard double-macreuse.

Macreuse brune.

Morillon lugubre.

Mourette.

C.-D. DEGLAND et Z. GERBE. — *Op. cit.*, t. II, p. 562.

E. LEMETTEIL. — *Op. cit.*, tir. à part, t. II, p. 443.

Amb. GENTIL. — *Op. cit.*, *Palmipèdes*, p. 56 et 60 ; tir. à part, p. 116 et 120.

Alphonse DUBOIS. — *Op. cit.* : texte, t. II, p. ? ; atlas, t. II, pl. 271, et pl. LXX, figs. 283.

Léon OLPHE-GALLIARD. — *Op. cit.*, fasc. III, p. 30.

La Fuligule brune habite le littoral, les rivières, les fleuves, les lacs et les étangs. Elle est migratrice et sédentaire. Son vol est lourd ; elle plonge d'une façon parfaite, mais elle marche lourdement. Sa nourriture se compose principalement de Mollusques ; toutefois, elle mange aussi d'autres animaux, des végétaux et des graines. La femelle ne fait normalement qu'une couvée par an, ordinairement de huit œufs, et parfois de neuf ou dix. La ponte de la couvée normale a lieu en juin et juillet. Le nid consiste en une légère cavité du sol, creusée par l'Oiseau et garnie grossièrement avec quelques petites branches, quelques fragments de plantes herbacées, des feuilles mortes et du duvet de la femelle. Il se trouve parmi des végétaux herbacés ou au pied d'un buisson, et souvent parmi des Saules rabougris, près ou à une certaine distance d'une eau douce ou d'une eau salée.

Toute la Normandie. — De passage régulier : arrive en octobre et novembre, et repart en mars et avril, avant la reproduction. — P. C.

12. **Fuligula perspicillata** L. — Fuligule à lunettes.

Anas perspicillata L.
Fuligula perspicillata Bp.
Macroramphus perspicillatus Less.
Melanetta perspicillata Boie.
Oidemia perspicillata Steph.
Pelionetta perspicillata Kaup, *P. Trowbridgii* Sp. Baird.
Platypus perspicillatus Brehm.

Canard marchand.
Macreuse à lunettes.
Morillon à lunettes.

C.-D. Degland et Z. Gerbe. — *Op. cit.*, t. II, p. 563.
E. Lemetteil. — *Op. cit.*, tir. à part, t. II, p. 444.
Alphonse Dubois. — *Op. cit.* : texte, t. II, p. ? ; atlas, t. II, pl. 272, et pl. LXXIII, fig. 284.

La Fuligule à lunettes habite le littoral, les rivières, les fleuves, les lacs, les étangs, et les marais et les lieux boisés qui contiennent des étangs ou des cours d'eau. Elle est migratrice et sédentaire, et très-sociable. Son vol est puissant ; elle plonge d'une façon parfaite. Sa nourriture se compose principalement de Mollusques ; toutefois, elle mange aussi des Poissons et autres animaux. La femelle ne fait normalement qu'une couvée par an, de cinq à huit œufs. La ponte de la couvée normale a lieu en juin et juillet. Le nid consiste en une légère cavité du sol, creusée par l'Oiseau et garnie avec des petites branches, des fragments de plantes herbacées, de la mousse, quelques plumes et du duvet de la femelle. Il se trouve parmi des végétaux herbacés ou au pied d'un arbre rabougri ou d'un buisson, près d'un lac, d'un étang, d'une rivière, ou dans un marais.

Seine-Inférieure :

« Cette espèce... se montre de loin en loin sur nos côtes maritimes. Elle a été abattue sur presque tous les points du littoral de Caen (Calvados) à Dunkerque (Nord) ». [E. LEMETTEIL. — *Op. cit.*, tir. à part, t. II, p. 445].

Calvados :

« J'ai trouvé une seule fois cette espèce à notre poissonnerie (Caen), et en mauvais état. Je ne la connais pas dans nos collections ». [LE SAUVAGE. — *Op. cit.*, p. 215].

Espèce observée dans ce département par M. de Formigny. [Note in Mémoir. de la Soc. linnéenne de Normandie, ann. 1839-42, p. x].

En 1841, pendant l'hiver, un individu de cette espèce a été trouvé sur le marché de Caen. [C.-D. DEGLAND et Z. GERBE. — *Op. cit.*, t. II, p. 565].

« Elle a été abattue sur presque tous les points du littoral de Caen (Calvados) à Dunkerque (Nord) ». [E. LEMETTEIL. — *Op. cit.*, tir. à part, t. II, p. 445].

« Un mâle adulte, pris à Merville, dans les filets à Macreuses, le 30 mars 1885 ». [Albert FAUVEL, renseign. manuscrit, 1890]. [Collection d'Albert FAUVEL, à Caen].

13. **Fuligula leucocephala** Scop. — Fuligule couronnée.

Anas leucocephala Scop., *A. mersa* Pall.

Biziura leucocephala Schleg.

Erismatura leucocephala J. Gould, *E. mersa* Bp.

Fuligula leucocephala C.-F. Dubois, *F. mersa* Degl.
Platypus leucocephalus Brehm.
Undina mersa Keys. et Bl.

Canard à tête blanche, C. couronné.
Érismature à tête blanche, É. couronnée, É. leucocéphale.

C.-D. DEGLAND et Z. GERBE. — *Op. cit.*, t. II, p. 566.
E. LEMETTEIL. — *Op. cit.*, tir. à part, t. II, p. 445.
A.-E. BREHM. — *Op. cit.*, t. II, p. 779.
Léon OLPHE-GALLIARD. — *Op. cit.*, fasc. II, p. 35.

La Fuligule couronnée habite le littoral, les lacs, les
étangs, les fleuves et les rivières. Elle est migratrice et sédentaire. Son vol est lourd et bas ; elle nage rapidement et
plonge d'une façon parfaite. Sa nourriture se compose de
Poissons, de Mollusques, de Crustacés, de Vers, de larves,
d'Insectes, de frai de Poissons, de végétaux et de graines.
La femelle ne fait normalement qu'une couvée par an, de
sept ou huit œufs. Le nid est bien caché parmi des végétaux herbacés, soit sur la terre ferme, près d'une eau douce
ou d'une eau salée, soit flottant sur l'une d'elles.

Seine-Inférieure :

« Un jeune mâle a été trouvé sur le marché de
Dieppe, par M. Hardy, dans les premiers jours de janvier 1842 ». [C.-D. DEGLAND et Z. GERBE. — *Op. cit.*,
t. II, p. 567].

Manche :

« On a tué dans les marais du Cotentin.... le Fuligule couronné (*Fuligula mersa* Linné, Chenu et
O. des Murs), autrement nommé Canard sauki, et
qui se voit au Musée de Saint-Lô ». [J. LE MENNICIER.
— *Op. cit.*, p. 157 ; tir. à part, p. 49].

OBSERVATION.

Fuligula islandica Gm. — Fuligule de Barrow.

M. Le Sauvage fait savoir que le Canard de Barrow a été
tué dans le Calvados, depuis la publication de son Catalogue
(*Op. cit.*). [Note in Mémoir. de la Soc. linnéenne de Normandie, ann. 1843-48, p. xxvii].

D'après ce vague renseignement, le seul que je connaisse
à cet égard, je n'ose pas inscrire la Fuligule de Barrow ou
Garrot islandais au nombre des Oiseaux venus d'une façon
naturelle en Normandie.

5ᵉ Genre. *MERGUS* — HARLE.

1. Mergus merganser L. — Harle bièvre.

Merganser Aldrovandi Salerne, *M. castor* Bp., *M. cine-
reus* Briss., *M. gulo* Leach, *M. Rayi* Leach.
Mergus castor L., *M. gulo* Scop., *M. major* C.-F. Dubois,
M. orientalis J. Gould, *M. rancedula* Bonnat., *M. ru-
bricapilla* Brünn., *M. squamatus* ». Gould.
Serrator cirratus Klein.

Harle commun, H. ordinaire, H. vulgaire.

Bièvre doré, Gemble, Gèvre, Gimbre, Grand bec de scie,
Grand bec-scie, Vignon anglais.

Paul Bert. — *Op. cit.*, p. 106; tir. à part, p. 82.
C.-D. Degland et Z. Gerbe. — *Op. cit.*, t. II, p. 569.
E. Lemetteil. — *Op. cit.*, tir. à part, t. II, p. 449.
Amb. Gentil. — *Op. cit.*, *Palmipèdes*, p. 61; tir. à part,
p. 121.

Alphonse Dubois. — *Op. cit.* : texte, t. II, p. ? ; atlas, t. II, pl. 274, et pl. LXIX, fig. 268.
Léon Olphe-Galliard. — *Op. cit.*, fasc. II, p. 9.

Le Harle bièvre habite les fleuves, les rivières, les lacs et les rivages maritimes, et se plaît dans les lieux où sont des bois, des marais, des rivières et des rochers. Il est migrateur et sédentaire. Son naturel est vif et actif. Son vol est d'une grande puissance et d'une certaine vitesse ; il plonge avec la plus grande facilité, mais il marche d'une façon maladroite, en vacillant, et assez lourdement. Sa nourriture se compose presque uniquement de Poissons ; il mange aussi des Insectes, des Mollusques, des Vers, des Crustacés et des végétaux. La femelle ne fait normalement qu'une couvée par an, de huit à douze œufs. La ponte de la couvée normale a lieu dans la seconde quinzaine d'avril, en mai et en juin, suivant la latitude. Le nid est assez grossièrement construit avec des petites branches, des fragments de végétaux herbacés, des feuilles mortes et des lichens, et garni intérieurement de duvet de la femelle. Il se trouve dans une dépression du sol, entre des pierres, au pied d'un buisson, dans une cavité d'arbre, ou dans une crevasse ou un trou de rocher ou de falaise ; parfois, cette espèce utilise un nid abandonné d'Oiseau établi sur un arbre.

Normandie :

« De passage dans les grands hivers sur nos côtes ». [C.-G. Chesnon. — *Op. cit.*, p. 386].

Espèce mentionnée comme étant de passage régulier en Normandie. [Noury. — *Op. cit.*, p. 106].

Seine-Inférieure :

Espèce mentionnée comme ayant été observée dans la Seine-Inférieure. [J. Hardy. — *Op. cit.*, p. 297].

« Cet Oiseau se montre sur nos eaux dans les hivers rigoureux. Degland avance qu'il y est de double passage. Nous n'oserions point affirmer que tous les oiseaux qui arrivent dans nos contrées y prennent leurs quartiers d'hiver ; mais il en reste toujours un certain nombre, qui ne nous quittent qu'au printemps pour regagner le Nord. Il ne se montre, du reste, dans nos climats qu'irrégulièrement et en quantité assez restreinte ». [E. LEMETTEIL. — *Op. cit.*, tir. à part, t. II, p. 451].

« On le trouve, presque tous les hivers, sur la Seine, aux environs de Rouen ; mais il y est généralement rare. Cependant, quand le froid devient très-vif, il est parfois assez commun. Pendant les hivers de 1879 et de 1880, qui ont été très-froids, on en a tué beaucoup en amont de Rouen, depuis Amfreville-la-Mivoie jusqu'à Oissel. J'en ai vu dix à douze dans une journée ; ils étaient posés sur les glaçons que la Seine charriait. Dès qu'ils apercevaient une barque ou un chasseur sur la berge, ils plongeaient et ne reparaissaient que fort loin. Je possède, dans ma collection, un mâle tué dans les parages d'Amfreville-la-Mivoie, et une femelle abattue le 10 avril 1881, dans les parages de Grand-Couronne ». [Raoul FORTIN, renseign. manuscrit, 1892].

Calvados :

« Il apparaît en petites troupes sur nos rivières et nos marais, dans les hivers rigoureux ». [LE SAUVAGE. — *Op. cit.*, p. 217].

« Il remonte la Toucques, surtout dans les hivers rigoureux ; les vieux sont rares ». [Émile ANFRIE, renseign. manuscrit, 1888].

Manche :

« De passage en hiver ». [Emmanuel CANIVET. — *Op. cit.*, p. 29].

Espèce mentionnée comme ayant été observée dans l'arrondissement de Valognes. [A^d BENOIST. — *Op. cit.*, p. 240].

« Dans le courant de février 1875, un très-bel exemplaire mâle du Grand Harle (*Mergus merganser* L.) a paru sur le marché (Cherbourg) ». [Henri JOÜAN. — *Mélanges zoologiques* (*Op. cit.*), p. 237].

« Cette espèce n'est que de passage en hiver, en plus grand nombre dans les hivers rigoureux ». [J. LE MENNICIER. — *Op. cit.*, p. 158; tir. à part, p. 50].

2. **Mergus serrator** L. — Harle huppé.

Merganser cristatus Briss., *M. serrator* Steph.
Mergus cristatus Brünn.

Couas, Gièvre, Moyen bec de scie, Moyen bec-scie, Viard.

Paul BERT. — *Op. cit.*, p. 106 et 107; tir. à part, p. 82 et 83.
C.-D. DEGLAND et Z. GERBE. — *Op. cit.*, t. II, p. 570.
E. LEMETTEIL. — *Op. cit.*, tir. à part, t. II, p. 451.
Amb. GENTIL. — *Op. cit.*, *Palmipèdes,* p. 61 ; tir. à part, p. 121.
Alphonse DUBOIS. — *Op. cit.* : texte, t. II, p. ?; atlas, t. II, pl. 275, et pl. LXVIII, figs. 267.
Léon OLPHE-GALLIARD. — *Op. cit.*, fasc. II, p. 16.

Le Harle huppé habite les rivages maritimes pourvus de rochers et d'anses, les lacs, les fleuves et les rivières. Il est migrateur et sédentaire. Il vit en bandes de grandeurs diverses pendant la saison froide, et par couples pendant

la période de la reproduction. Son naturel est vif et actif.
Son vol est rapide, puissant, et habituellement au ras de
l'eau ; il nage d'une manière très-gracieuse et plonge d'une
façon parfaite. Sa nourriture se compose de Poissons, de
Crustacés et de Mollusques ; il ne mange, paraît-il, aucune
substance végétale. La femelle ne fait normalement qu'une
couvée par an, ordinairement de six à neuf œufs, et parfois
de dix, onze et douze. La ponte de la couvée normale a lieu
en mai, juin et juillet, suivant la latitude. Le nid consiste
en une petite cavité du sol, garnie avec des fragments de
plantes herbacées, des feuilles mortes, des mousses et des
lichens, et tapissée intérieurement de plumes, et de duvet
de la femelle. Il est caché, soit parmi des végétaux herbacés ou des broussailles, soit à l'abri d'un rocher, etc. ;
parfois, ce Harle s'établit dans un nid abandonné d'Oiseau,
dans un terrier de Lapin ou dans une fente de muraille.

Normandie :

« De passage en hiver sur nos côtes ». [C.-G. Chesnon. — *Op. cit.*, p. 386].

Espèce mentionnée comme étant de passage régulier en Normandie. [Noury. — *Op. cit.*, p. 106].

Seine-Inférieure :

Espèce mentionnée comme ayant été observée dans
la Seine-Inférieure. [J. Hardy. — *Op. cit.*, p. 297].

« Cet Oiseau se montre dans nos contrées pendant
les hivers rigoureux. Il arrive avec les fortes gelées,
et reste, quelques individus du moins, dans nos
localités jusqu'en février, mars, époque où il regagne
les régions boréales. Nous le voyons en plus grand
nombre en novembre et en mars, ce qui indique
qu'il descend plus au midi, et que tous ceux qui arri-

vent sur nos eaux n'y hivernent pas ». [E. Lemettéil. — *Op. cit.*, tir. à part, t. II, p. 453].

Calvados :

« Il apparaît en petites troupes sur nos rivières et nos marais, dans les hivers rigoureux ». [Le Sauvage. — *Op. cit.*, p. 217].

« De passage chaque hiver dans les environs de Lisieux ; on ne voit guère que des jeunes ». [Émile Anfrie, renseign. manuscrit, 1888].

Manche :

« De passage en hiver ». [Emmanuel Canivet. — *Op. cit.*, p. 29].

Espèce mentionnée comme ayant été observée dans l'arrondissement de Valognes. « Le Harle huppé arrive dès la fin de septembre ». [Ad Benoist. — *Op. cit.*, p. 240].

« Cette espèce n'est que de passage en hiver, en plus grand nombre dans les hivers rigoureux ». [J. Le Mennicier. — *Op. cit.*, p. 158 ; tir. à part, p. 50].

3. **Mergus albellus** L. — Harle piette.

Merganser stellatus Briss.
Mergellus albellus Brehm, *M. minutus* Brehm.
Mergus albulus Scop., *M. furcifer* Gm., *M. glacialis* Brünn.,
    M. minutus L., *M. pannonicus* Scop.
Serrator minimus Klein.

Harle blanc.

Bec de scie à lunettes, Nonnette, Petit bec de scie, Petit bec-scie, Petit bièvre, Petit cantin, Petit vierd, Catinette (vieux).

Paul Bert. — *Op. cit.*, p. 106 et 107 ; tir. à part, p. 82 et 83.

C.-D. Degland et Z. Gerbe. — *Op. cit.*, t. II, p. 573.

E. Lemetteil. — *Op. cit.*, tir. à part, t. II, p. 453.

Amb. Gentil. — *Op. cit.*, *Palmipèdes*, p. 61 et 62 ; tir. à part, p. 121 et 122.

Alphonse Dubois. — *Op. cit.* : texte, t. II, p. ? ; atlas, t. II, pl. 273, et pl. LXXIV, fig. 266.

Léon Olphe-Galliard. — *Op. cit.*, fasc. II, p. 24.

Le Harle piette habite les fleuves, les rivières, les lacs et les étangs ; il ne va que fort peu dans les baies et les anses des rivages maritimes, de préférence dans les estuaires et les embouchures des rivières, et n'y reste pas longtemps ; il préfère l'eau courante à l'eau stagnante. Il est migrateur et sédentaire. Son naturel est vif et actif. Son vol est rapide, en ligne droite et silencieux ; il plonge d'une façon parfaite. Sa nourriture se compose de Poissons, d'Insectes, de Crustacés, de Mollusques, de Vers et de Grenouilles ; il ne mange pas de végétaux. La femelle ne fait normalement qu'une couvée par an, de sept ou huit œufs. La ponte de la couvée normale a lieu en juin et juillet. Le nid est construit avec des fragments de plantes herbacées, et garni intérieurement de duvet de la femelle. Il se trouve généralement dans une cavité d'arbre.

Normandie :

« De passage sur nos côtes en hiver ». [C.-G. Chesnon. — *Op. cit.*, p. 387].

Espèce mentionnée comme étant de passage régulier en Normandie. [Noury. — *Op. cit.*, p. 106].

Seine-Inférieure :

Espèce mentionnée comme ayant été observée dans la Seine-Inférieure. [J. Hardy. — *Op. cit.*, p. 297].

« Ce charmant Oiseau habite... les régions boréales des deux mondes, d'où il émigre dans les hivers longs et rigoureux. Nous le voyons assez communément sur nos côtes, mais on n'y rencontre le plus souvent que des femelles et des jeunes. Les mâles adultes y deviennent de plus en plus rares ». [E. LEMETTEIL. — *Op. cit.*, tir. à part, t. II, p. 454].

Calvados :

« Il apparaît en petites troupes sur nos rivières et nos marais, dans les hivers rigoureux ». [LE SAUVAGE. — *Op. cit.*, p. 217].

« De passage chaque hiver dans les environs de Lisieux ; les adultes sont fort rares ». [Émile ANFRIE, renseign. manuscrit, 1888].

Manche :

« De passage en hiver ». [Emmanuel CANIVET. — *Op. cit.*, p. 29].

Espèce mentionnée comme ayant été observée dans l'arrondissement de Valognes. [A^d BENOIST. — *Op. cit.*, p. 240].

« Cette espèce n'est que de passage en hiver, en plus grand nombre dans les hivers rigoureux ». [J. LE MENNICIER. — *Op. cit.*, p. 158; tir. à part, p. 50].

OBSERVATION.

Charles Bouchard indique (*Op. cit.*, p. 22) « le Harle (*Mergus merganser*) » comme ayant été observé dans le canton de Gisors (Eure). Ce renseignement est trop vague pour que je puisse l'utiliser.

5ᵉ Famille. *COLYMBIDAE* — COLYMBIDÉS.

1ᵉʳ Genre. *COLYMBUS* — PLONGEON.

1. **Colymbus maximus** Klein — Plongeon imbrim.

Cepphus imber Pall., *C. torquatus* Pall.
Colymbus glacialis L., *C. hiemalis* Brehm, *C. immer* L.,
   C. maximus Brehm, *C. torquatus* Brünn.
Eudytes glacialis Ill.
Mergus glacialis Tunst., *M. major* Briss., *M. maximus*
   Klein, *M. naevius* Briss.
Urinator glacialis Cuv., *U. immer* Stejneg.

Plongeon glacial.

Cacherot, Gros vadecar.

C.-D. DEGLAND et Z. GERBE. — *Op. cit.*, t. II, p. 590.
E. LEMETTEIL. — *Op. cit.*, tir. à part, t. II, p. 460.
Amb. GENTIL. — *Op. cit.*, *Palmipèdes*, p. 66 ; tir. à part,
   p. 126.
Alphonse DUBOIS. — *Op. cit.* : texte, t. II, p. ? ; atlas, t. II,
   pl. 313, et pl. XLVIII, figs. 126.
Léon OLPHE-GALLIARD. — *Op. cit.*, fasc. I, p. 73.

   Le **Plongeon imbrim** habite la haute mer et le littoral,
et ne va sur les lacs et les fleuves que dans le cours de ses
migrations et pendant la période de la reproduction. Il est
migrateur et sédentaire. Il n'est pas sociable, bien que l'on
voie parfois, pendant les migrations, des petites bandes de
ces Oiseaux. Son vol est rapide et en ligne droite ; en volant,
il étend le cou et les pattes horizontalement ; il plonge
d'une façon parfaite, mais ne peut se tenir debout que les
ailes à demi étendues, et va fort peu à terre, où il ne
marche pas, mais rampe à l'aide du bec et du cou, en même
temps qu'avec le secours des ailes et des pattes. Sa nourriture se compose presque uniquement de Poissons ; il ne

mange pas de substances végétales. La femelle ne fait normalement qu'une couvée par an, de deux œufs. La ponte de la couvée normale a lieu en juin et dans la première quinzaine de juillet. Le nid, de forme aplatie, est grossièrement construit avec des fragments de végétaux herbacés, garnissant une petite cavité creusée dans le sol par l'Oiseau, près d'une eau tranquille d'une région basse ou montagneuse, dans le voisinage de la mer.

Normandie :

« Je dois cette superbe espèce, très-rare en Normandie, à la bienveillance de M. l'abbé de Granval, qui me l'envoya de Sainte-Mère-Église (Manche). Le mâle et la femelle avaient été pris sur le littoral, après une tempête... Les jeunes nous viennent en hiver, mais les vieux très-rarement ». [C.-G. Chesnon. — *Op. cit.*, p. 341].

Espèce mentionnée comme étant de passage accidentel en Normandie. [Noury. — *Op. cit.*, p. 106].

Seine-Inférieure :

Espèce mentionnée comme ayant été observée dans la Seine-Inférieure. [J. Hardy. — *Op. cit.*, p. 297].

« Il se montre irrégulièrement sur nos côtes maritimes, à la fin de l'automne et en hiver. Nous avons, dans notre collection, un mâle adulte tué dans les parages de Fécamp, en novembre 1869. Il y est rare à cet âge ; on n'y rencontre généralement que des jeunes d'un an ». [E. Lemetteil. — *Op. cit.*, tir. à part, t. II, p. 461].

Calvados :

« Il vient bien rarement dans nos parages... Il est à l'état adulte dans la collection de M. Chesnon.

Un individu également adulte, et pris sur la côte, fut apporté vivant chez moi, il y a quelques années ». [LE SAUVAGE. — *Op. cit.*, p. 218].

« Un adulte a été tué sur la Vire, à Pont-Farcy, dans l'hiver de 1876 à 1877 ». [J. LE MENNICIER. — *Op. cit.*, p. 149; tir. à part, p. 41].

Manche :

Un couple a été pris sur le littoral, après une tempête, à Sainte-Mère-Église. [Voir la page précédente, ligne 12].

« On rencontre assez souvent ce bel Oiseau sur nos côtes, lors des hivers froids et des coups de vent, mais plus fréquemment des jeunes ». [Emmanuel CANIVET. — *Op. cit.*, p. 30].

Espèce mentionnée comme ayant été observée dans l'arrondissement de Valognes. [A^d BENOIST. — *Op. cit.*, p. 240].

« L'adulte de cette espèce est rare sur nos côtes ; les jeunes sont plus communs ». [J. LE MENNICIER. — *Op. cit.*, p. 149; tir. à part, p. 41].

2. **Colymbus arcticus** L. — Plongeon lumme.

Cepphus arcticus Pall.

Colymbus ignotus Bchst., *C. leucopus* Bchst., *C. macrorhynchos* Brehm, *C. megarhynchos* Brehm.

Eudytes arcticus Ill.

Mergus arcticus Klein.

Urinator arcticus Cuv.

Plongeon à gorge noire, P. arctique.

Guerbe de vigne, Terelle.

C.-D. Degland et Z. Gerbe. — *Op. cit.*, t. II, p. 592.

E. Lemetteil. — *Op. cit.*, tir. à part, t. II, p. 461.

Amb. Gentil. — *Op. cit.*, *Palmipèdes*, p. 66 et 67; tir. à part, p. 126 et 127.

Alphonse Dubois. — *Op. cit.* : texte, t. II, p. ?; atlas, t. II, pl. 314, et pl. L, figs. 225.

Léon Olphe-Galliard. — *Op. cit.*, fasc. I, p. 78.

Le Plongeon lumme habite la haute mer et le littoral, et ne va sur les lacs et les fleuves que dans le cours de ses migrations et pendant la période de la reproduction. Il est migrateur et sédentaire, et fort peu sociable. Il émigre par bandes. Son vol est rapide; il plonge d'une façon parfaite; il ne peut se tenir debout que les ailes à demi étendues, et ne marche pas, mais rampe à l'aide du bec et du cou, en même temps qu'avec le secours des ailes et des pattes. Sa nourriture se compose presque uniquement de Poissons; toutefois, il mange aussi des Mollusques, des Crustacés et des Grenouilles. La femelle ne fait normalement qu'une couvée par an, de deux œufs, et parfois d'un seul. La ponte de la couvée normale a lieu en juin et dans la première quinzaine de juillet. Le nid est grossièrement construit avec des fragments de plantes herbacées : tantôt il garnit une petite cavité que l'Oiseau a pratiquée dans le sol, au milieu de végétaux herbacés, près de l'eau, dans un endroit marécageux; et, tantôt, il est flottant parmi des végétaux aquatiques; accidentellement, la cavité est nue.

Normandie :

« Cette espèce se trouve en hiver sur nos côtes, où elle n'est que de passage ». [C.-G. Chesnon. — *Op. cit.*, p. 342].

Espèce mentionnée comme étant de passage régulier en Normandie. [Noury. — *Op. cit.*, p. 106]. — Il doit y avoir erreur de signe conventionnel, et c'est, je le crois bien, de passage accidentel qu'il faut lire.

Seine-Inférieure :

Espèce mentionnée comme ayant été observée dans la Seine-Inférieure. [J. HARDY. — *Op. cit.*, p. 297].

« Ce bel Oiseau... ne se montre sur nos côtes que pendant l'hiver, à la suite des bourrasques. Ses apparitions sont plus rares que celles de l'Imbrim, et l'on n'y rencontre non plus que des jeunes. Les vieux y sont excessivement rares, surtout en plumage de noces. On ne cite qu'une seule capture faite en France, c'est celle d'une femelle en livrée parfaite, abattue à Dieppe en novembre, et qui faisait partie du cabinet de M. Hardy. Cette magnifique collection, acquise par la municipalité de Dieppe, est aujourd'hui l'une des principales richesses de la ville. Bien que le Lumme préfère les eaux de la mer, il se montre quelquefois sur les lacs et les fleuves. Nous avons, dans notre collection, un jeune individu tué sur la Seine, à Port-Jérôme (commune de Notre-Dame-de-Gravenchon), par M. Bellejambe, qui nous l'a généreusement offert ». [E. LEMETTEIL. — *Op. cit.*, tir. à part, t. II, p. 462].

« M. Hardy possède une femelle en robe d'amour, qui a été tuée le 29 novembre, sur la côte de Dieppe. C'est le seul individu qui y ait encore été trouvé sous cette livrée ». [C.-D. DEGLAND et Z. GERBE. — *Op. cit.*, t. II, p. 593].

« M. Lemetteil signale l'apparition d'un Plongeon lumme (*Colymbus arcticus* L.), qui a été tué, le 24 novembre 1875, sur le marais de Saint-Vigor : c'était une jeune femelle en plumage d'amour. M. A. Le Breton fait remarquer que cette espèce est rarement rencontrée sous cette livrée. M. J. Hardy ne

possédait ainsi qu'une femelle, tuée le 29 novembre,
sur les côtes de Dieppe. On ne voit guère que des
jeunes sur nos côtes maritimes et sur nos marais ».
[Comité d'Ornithologie de la Soc. des Amis des Scienc.
natur. de Rouen, (*Op. cit.*), séance du 2 décembre
1875, p. 243 ; tir. à part, p. 11].

Calvados :

« Il est à l'état jeune dans la collection de M. Chesnon, à l'état adulte dans ma collection et dans celles
de MM. Abel Vautier et Pophillat ». [LE SAUVAGE.
— *Op. cit.*, p. 218].

Manche :

« Le *Colymbus arcticus* est infiniment rare sur
nos côtes ; on n'y rencontre que des jeunes, que l'on
confond avec le *septentrionalis* (Plongeon cat-marin) ». [Emmanuel CANIVET. — *Op. cit.*, p. 30].

Espèce mentionnée comme ayant été observée à
l'état jeune dans l'arrondissement de Valognes.
[A^d BENOIST. — *Op. cit.*, p. 240].

« Très-rare dans l'état adulte ; on ne rencontre
que des jeunes ». [J. LE MENNICIER. — *Op. cit.*,
p. 149 ; tir. à part, p. 41].

3. **Colymbus minor** Briss. — Plongeon cat-marin.

Cepphus septentrionalis Pall., *C. stellatus* Pall.
Colymbus borealis Brünn., *C. lumme* Brünn., *C. rufogu-
laris* M. et W., *C. septentrionalis* L., *C. stellatus*
Brünn., *C. striatus* Gm.
Eudytes septentrionalis Ill.
Mergus groenlandicus Klein, *M. minor* Briss., *M. septen-
trionalis* Tunst.
Urinator lumme Stejneg., *U. septentrionalis* Cuv.

Plongeon à gorge rouge, P. à gorge rousse, P. septen-
trional.

Chat de mer, Sac à plomb, Vadecar, Verveine.

Paul Bert. — *Op. cit.*, p. 107 ; tir. à part, p. 83.
C.-D. Degland et Z. Gerbe. — *Op. cit.*, t. II, p. 594.
E. Lemetteil. — *Op. cit.*, tir. à part, t. II, p. 463.
Amb. Gentil. — *Op. cit.*, *Palmipèdes*, p. 66 et 67 ; tir. à
part, p. 126 et 127.
Alphonse Dubois. — *Op. cit.* : texte, t. II, p. ? ; atlas, t. II,
pl. 315, et pl. LIII, figs. 224.
Léon Olphe-Galliard. — *Op. cit.*, fasc. I, p. 82.

Le Plongeon cat-marin habite la haute mer et le littoral,
et ne va sur les lacs, les fleuves et les rivières que dans le
cours de ses migrations et pendant la période de la reproduction. Il est migrateur et sédentaire, et un peu sociable.
Il émigre par bandes, exceptionnellement très-grandes. Son
vol est rapide ; il plonge d'une façon parfaite ; il ne peut se
tenir debout que les ailes à demi étendues, et ne marche
pas, mais rampe à l'aide du bec et du cou, en même temps
qu'avec le secours des ailes et des pattes. Sa nourriture se
compose presque uniquement de Poissons. La femelle ne
fait normalement qu'une couvée par an, de deux œufs. La
ponte de la couvée normale a lieu dans la seconde quinzaine de mai, en juin et dans la première quinzaine de
juillet. Très-généralement, cette espèce niche d'une façon
isolée. Le nid, petit et assez profond, consiste en une
légère cavité du sol, garnie avec quelques fragments de
végétaux herbacés, cavité qui se trouve près de l'eau, dans
un endroit marécageux ; fréquemment, les œufs sont pondus
à nu sur le sol.

Toute la Normandie. — Vient chaque année, entre le
commencement d'octobre et la fin d'avril. — Les jeunes,
A. C. ; et les vieux, R.

2ᵉ Genre. *PODICEPS* — GRÈBE.

1. Podiceps cristatus L. — Grèbe huppé.

Colymbus cornutus Briss., *C. cristatus* L., *C. urinator* L.
Lophaithya cristata Kaup.
Podiceps cristatus Lath., *P. mitratus* Brehm, *P. patagiatus* Brehm.

Catelinette, Chat de mer, Demoiselle, Jeannette, Raquet.

Paul BERT. — *Op. cit.*, p. 108; tir. à part, p. 84.
C.-D. DEGLAND et Z. GERBE. — *Op. cit.*, t. II, p. 577.
E. LEMETTEIL. — *Op. cit.*, tir. à part, t. II, p. 466.
Amb. GENTIL. — *Op. cit.*, *Palmipèdes*, p. 63; tir. à part,
   p. 123.
Alphonse DUBOIS. — *Op. cit.* : texte, t. II, p. ?; atlas, t. II,
   pl. 316, et pl. XLIV, figs. 223.
Léon OLPHE-GALLIARD. — *Op. cit.*, fasc. I, p. 90.

Le Grèbe huppé habite les lacs, les grands étangs, les fleuves, les rivières, et les rivages maritimes, particulièrement dans les endroits abrités. Il est migrateur et sédentaire. Il vole en droite ligne et relativement assez vite, le cou et les pattes étendus, et plonge d'une façon parfaite, mais ne peut se mouvoir sur le sol qu'avec une très-grande difficulté. Sa nourriture se compose de Poissons, de Mollusques, de Crustacés, d'Insectes, de larves, de Grenouilles, de végétaux et de graines. La femelle ne fait normalement qu'une couvée par an, de trois à cinq œufs, le plus généralement de quatre. Cette espèce niche d'une façon isolée. Le nid est grossièrement construit avec des fragments de plantes herbacées et de la mousse; il est flottant, mais fixe, et se trouve sur un lac ou un grand étang.

Toule la Normandie. — De passage régulier : arrive en octobre et novembre, et repart en avril et mai, avant la reproduction. — A.C.

2. Podiceps vulgaris Scop. — Grèbe jougris.

Colymbus griseigena Bodd., *C. longirostris* Bonnat., *C. naevius* Pall., *C. parotis* Sparrm., *C. rubricollis* Gm., *C. subcristatus* Jacq., *C. vulgaris* Scop.
Pedetaithya griseigena G.-R. Gray, *P. subcristatus* Kaup.
Podiceps canogularis Brehm, *P. griseigena* G.-R. Gray, *P. rubricollis* Lath., *P. subcristatus* Bchst.

Grèbe à gorge grise.

Chat de mer, Gièvre.

C.-D. Degland et Z. Gerbe. — *Op. cit.*, t. II, p. 579.
E. Lemetteil. — *Op. cit.*, tir. à part, t. II, p. 468.
Amb. Gentil. — *Op. cit.*, *Palmipèdes*, p. 63 et 64; tir. à part, p. 123 et 124.
Alphonse Dubois. — *Op. cit.* : texte, t. II, p. ?; atlas, t. II, pl. 317, et pl. XL, figs. 222.
Léon Olphe-Galliard. — *Op. cit.*, fasc. I, p. 96.

Le Grèbe jougris habite les lacs, les étangs, les fleuves et les rivières, et recherche tout particulièrement les eaux pourvues de roseaux ou de laiches. Il est migrateur et sédentaire. Il plonge d'une façon parfaite, mais ne peut se mouvoir sur le sol qu'avec une grande difficulté. Sa nourriture se compose de Mollusques, de Crustacés, d'Insectes, de Poissons, de Grenouilles, de végétaux et de graines. La femelle ne fait normalement qu'une couvée par an, ordinairement de trois œufs, et souvent de quatre. La ponte de la couvée normale a lieu en mai. Le nid est flottant, mais fixe, et construit d'une façon assez négligente avec des fragments de plantes aquatiques; il se trouve parmi de telles plantes, sur un étang ou un lac.

Normandie :

« Très-rare en Normandie, où elle n'est que de passage ». [C.-G. CHESNON. — *Op. cit.*, p. 338].

Espèce mentionnée comme étant de passage régulier en Normandie. [NOURY. — *Op. cit.*, p. 103]. — Il doit y avoir erreur de signe conventionnel, et c'est, je le crois bien, de passage accidentel qu'il faut lire.

Seine-Inférieure :

Espèce mentionnée comme ayant été observée dans la Seine-Inférieure. [J. HARDY. — *Op. cit.*, p. 294].

« Il se montre, au printemps et à l'automne, de passage irrégulier sur nos côtes; mais il y est très-rare en plumage de noces. Il y a cependant été abattu quelquefois ». [E. LEMETTEIL. — *Op. cit.*, tir. à part, t. II, p. 470].

Calvados :

« Cette espèce est assez rare, surtout à l'état adulte... Elle est à l'état adulte dans les collections de MM. Paris, Chesnon, etc. ». [LE SAUVAGE. — *Op. cit.*, p. 207].

« Un mâle adulte en plumage d'hiver, et un mâle jeune, canal de Caen à la mer, 10 février 1865; et un mâle adulte en plumage d'hiver, Ouistreham, 19 février 1867 ». [Albert FAUVEL, renseign. manuscrit, 1890]. [Collection d'Albert FAUVEL, à Caen].

« Rare ; je n'ai trouvé qu'un seul individu, femelle en robe d'hiver, le 13 février 1865, individu provenant des marais de la Dives ». [Émile ANFRIE, renseign. manuscrit, 1888].

Manche :

Espèce mentionnée comme étant de passage dans la Manche. [Emmanuel CANIVET. — *Op. cit.*, p. 25].

Espèce mentionnée comme ayant été observée dans l'arrondissement de Valognes. [A^d BENOIST. — *Op. cit.*, p. 239].

« Rare ». [J. LE MENNICIER. — *Op. cit.*, p. 148; tir. à part, p. 40].

3. Podiceps minor Briss. — Grèbe esclavon.

Colymbus auritus Brünn., *C. caspicus* S. Gm., *C. duplicatus* St. Müll., *C. minor* Briss., *C. minutus* Pall., *C. nigricans* Scop., *C. obscurus* Gm.

Dytes arcticus Bp., *D. sclavus* Bp.

Podiceps arcticus Boie, *P. auritus* Nilss., *P. bicornis* Brehm, *P. caspicus* Lath., *P. cornutus* Lath., *P. nigricans* Lath., *P. obscurus* Lath., *P. sclavus* Bp.

Chat de mer, Gièvre, Petite jeannette.

Paul BERT. — *Op. cit.*, p. 108; tir. à part, p. 84.

C.-D. DEGLAND et Z. GERBE. — *Op. cit.*, t. II, p. 584.

E. LEMETTEIL. — *Op. cit.*, tir. à part, t. II, p. 470.

Amb. GENTIL. — *Op. cit.*, *Palmipèdes*, p. 63 et 64; tir. à part, p. 123 et 124.

Alphonse DUBOIS. — *Op. cit.* : texte, t. II, p. ?; atlas, t. II, pl. 318, et pl. XLIV, figs. 221.

Léon OLPHE-GALLIARD. — *Op. cit.*, fasc. I, p. 100.

Le Grèbe esclavon habite les endroits protégés des rivages maritimes, les lacs, les étangs, les fleuves et les rivières. Il est migrateur et sédentaire. La femelle ne fait normalement qu'une couvée par an, de quatre ou cinq œufs. La ponte de la couvée normale a lieu dans la seconde quinzaine de mai et en juin. Le nid est volumineux, construit avec des fragments de plantes aquatiques, et placé parmi de telles plantes, dans un lac ou un étang, et près du bord; généralement, il est flottant et fixe, mais il se trouve, quelquefois, sur une touffe de plantes, dans l'eau ; on l'a même vu sur une pierre.

Normandie :

« De passage, et accidentellement en Normandie ». [C.-G. CHESNON. — *Op. cit.*, p. 338].

Espèce mentionnée comme étant de passage régulier en Normandie. [NOURY. — *Op. cit.*, p. 103]. — Il doit y avoir erreur de signe conventionnel, et c'est, je le crois bien, de passage accidentel qu'il faut lire.

Seine-Inférieure :

Espèce mentionnée comme ayant été observée dans la Seine-Inférieure. [J. HARDY. — *Op. cit.*, p. 294].

« L'Esclavon se montre très-irrégulièrement dans notre département et y est surtout fort rare en livrée d'été. Nous le voyons sur nos eaux vers la fin de l'hiver, au retour de la migration... ». « Le Grèbe esclavon a été abattu plusieurs fois sur le marais de Lillebonne. Nous avons, dans notre collection, un individu en hiver, tué par M. Ch. Vasse, à Port-Jérôme (commune de Notre-Dame-de-Gravenchon) ». [E. LEMETTEIL. — *Op. cit.*, tir. à part, t. II, p. 471 (1ʳᵉ partie), et p. 472 (2ᵉ partie)].

M. Lemetteil annonce, d'après M. A. Le Breton, « l'apparition de plusieurs Grèbes cornus (*Podiceps cornutus* Lath.) sur l'étang de M. de Germiny, à Gouville (commune de Claville-Motteville), à la suite des bourrasques de décembre 1876 ». « M. Lemetteil fait savoir que, cette année, les Grèbes cornus se sont montrés en plus grand nombre que d'habitude, en plusieurs endroits de notre département, et qu'il en a obtenu un jeune, tué sur le marais de

Saint-Georges ». [Comité d'Ornithologie de la Soc. des Amis des Scienc. natur. de Rouen, (*Op. cit.*), séance du 1ᵉʳ février 1877, p. 251 (1ʳᵉ phrase), et p. 252 (2ᵉ phrase); tir. à part, p. 19 (1ʳᵉ phrase), et p. 20 (2ᵉ phrase)].

Calvados :

« Il se rencontre assez rarement sur nos rivières, et seulement dans les hivers rigoureux ». [LE SAUVAGE. — *Op. cit.*, p. 207].

Manche :

Espèce mentionnée comme étant de passage dans la Manche. [Emmanuel CANIVET. — *Op. cit.*, p. 25].

« Rare à l'état adulte ». [J. LE MENNICIER. — *Op. cit.*, p. 148; tir. à part, p. 40].

4. **Podiceps auritus** Briss. — Grèbe à cou noir.

Colymbus auritus Briss.
Dytes nigricollis Bp.
Podiceps nigricollis Brehm.
Proctopus nigricollis G.-R. Gray.

Chat de mer, Gièvre.

C.-D. DEGLAND et Z. GERBE. — *Op. cit.*, t. II, p. 585.
E. LEMETTEIL. — *Op. cit.*, tir. à part, t. II, p. 472.
Alphonse DUBOIS. — *Op. cit.* : texte, t. II, p. ?; atlas, t. II, pl. 319, et pl. LXVII, figs. 120.
Léon OLPHE-GALLIARD. — *Op. cit.*, fasc. I, p. 104.

Le Grèbe à cou noir habite les lacs, les étangs, les fleuves, les rivières dont le courant n'est pas rapide, et se plaît dans les endroits où sont des roseaux ou des laiches. Il est migrateur et sédentaire. Sa nourriture se compose de petits

animaux aquatiques très-variés, de végétaux et de graines.
La femelle ne fait normalement qu'une couvée par an,
ordinairement de quatre œufs, et parfois de cinq. La durée
de l'incubation est de trois semaines. Le nid, petit et
compact, est construit avec des fragments de plantes herbacées et de la mousse, et repose parmi de telles plantes;
il est généralement flottant et fixe, mais se trouve parfois
sur une touffe de végétaux ou sur des plantes renversées.

Normandie :

« Cette espèce se trouve en Normandie ». [C.-G.
CHESNON. — *Op. cit.*, p. 339].

Espèce mentionnée comme étant de passage régulier en Normandie. [NOURY. — *Op. cit.*, p. 103]. —
Il doit y avoir erreur de signe conventionnel, et c'est,
je le crois bien, de passage accidentel qu'il faut lire.

Seine-Inférieure :

Espèce mentionnée comme ayant été observée dans
la Seine-Inférieure. [J. HARDY. — *Op. cit.*, p. 294].

« Nous ne l'avons jamais rencontré dans notre
département, bien qu'il y passe de temps en temps,
lors de la migration du printemps, c'est-à-dire dans
le courant d'avril ». [E. LEMETTEIL. — *Op. cit.*, tir.
à part, t. II, p. 473].

Calvados :

Plus rare que les Grèbes jougris et G. esclavon;
« je ne l'ai vu qu'une fois... Collection de M. de Roncherolles ». [LE SAUVAGE. — *Op. cit.*, p. 207].

Manche :

Espèce mentionnée comme étant de passage dans
la Manche. [Emmanuel CANIVET. — *Op. cit.*, p. 25].

Espèce mentionnée comme ayant été observée dans l'arrondissement de Valognes. [A^d BENOIST. — *Op. cit.*, p. 239].

« Assez commun ». [J. LE MENNICIER. — *Op. cit.*, p. 148; tir. à part, p. 40].

5. **Podiceps fluviatilis** Briss. — Grèbe castagneux.

Colymbus fluviatilis Briss., *C. hebridicus* Gm., *C. minor* Gm., *C. podiceps* L., *C. pyrenaicus* Lapeyr.
Podiceps fluviatilis Degl. et Gerbe, *P. hebridicus* Lath., *P. minor* Salerne, *P. pallidus* Brehm, *P. pygmaeus* Brehm.
Sylbeocyclus europaeus Macg., *S. minor* Bp.
Tachybaptus minor Rchb.

Gai de vigne, Petit plongeon, Sac à plomb, Sorcier.

Paul BERT. — *Op. cit.*, p. 108; tir. à part, p. 84.
C.-D. DEGLAND et Z. GERBE. — *Op. cit.*, t. II, p. 587.
E. LEMETTEIL. — *Op. cit.*, tir. à part, t. II, p. 474.
Amb. GENTIL. — *Op. cit.*, *Palmipèdes*, p. 63 et 65; tir. à part, p. 123 et 125.
Alphonse DUBOIS. — *Op. cit.* : texte, t. II, p. ?; atlas, t. II, pl. 320, et pl. XLIII, figs. 219.
Léon OLPHE-GALLIARD. — *Op. cit.*, fasc. I, p. 108.

Le Grèbe castagneux habite les étangs, les lacs, les fleuves, les rivières et les rivages maritimes, préférant les eaux vaseuses et troubles aux eaux claires. Il est sédentaire et migrateur. Il émigre par couples au printemps, et par bandes en automne. Son naturel est vif et gracieux. Son vol est lourd; il plonge d'une façon parfaite, et, au besoin, court avec assez de rapidité. Sa nourriture se compose de Mollusques, de Crustacés, d'Insectes, de larves, de Poissons, de végétaux et de graines, et, à l'occasion, de Grenouilles. La femelle fait une ou deux couvées par an, de trois à six œufs, mais généralement de quatre ou cinq. La durée de l'incubation est de vingt à vingt et un jours. Le nid est volumineux et grossièrement construit avec des fragments de plantes herbacées ; il est généralement flottant, mais fixe, souvent à ciel ouvert, rarement caché parmi des végétaux aquatiques, et repose quelquefois sur des branches d'arbre, à la surface ou un peu au-dessus de l'eau.

Toute la Normandie. — De passage régulier : arrive en octobre et novembre, et repart en avril et mai, avant la reproduction ; et sédentaire. — C.

6ᵉ Famille. *ALCIDAE* — ALCIDÉS.

1ᵉʳ Genre. *URIA* — GUILLEMOT.

1. **Uria lomvia** L. var. **Troile** L. — Guillemot lumme var. de Troïl.

Alca lomvia Schleg.
Cataractes Troile G.-R. Gray.
Colymbus minor Gm., *C. Troile* L.
Lomvia Troile Coues.
Uria lomvia Brünn., *U. minor* Steph., *U. Troile* Lath.

Guillemot à capuchon, G. Troïle.
Lumme Troïle.

Marney.

C.-D. Degland et Z. Gerbe. — *Op. cit.*, t. II, p. 598.
E. Lemetteil. — *Op. cit.*, tir. à part, t. II, p. 480.
Amb. Gentil. — *Op. cit.*, *Palmipèdes*, p. 68 ; tir. à part, p. 128.

Alphonse Dubois. — *Op. cit.* : texte, t. II, p. ? ; atlas, t. II, pl. 309, et pl. LVI, figs. 261.
Léon Olphe-Galliard. — *Op. cit.*, fasc. I, p. 55.

Le Guillemot lumme var. de Troïl habite la haute mer, et va sur les rivages maritimes rocheux pour la période de la reproduction ; accidentellement, il est poussé par les vents dans l'intérieur du pays. Il est errant, migrateur et sédentaire, et très-sociable. Son naturel est très-doux. Son vol est lourd, pénible et silencieux, mais rapide ; il plonge d'une façon parfaite, mais marche difficilement. Sa nourriture se compose de Crustacés, de Mollusques, de Poissons et de leur frai. La femelle ne fait normalement qu'une couvée par an, d'un seul œuf. La ponte de la couvée normale a lieu en avril et mai. La durée de l'incubation est de trente à quelquefois trente-cinq jours. Cette espèce niche en sociétés, souvent d'un nombre prodigieux d'individus. La femelle pond son œuf à nu dans une fente, un creux, un interstice, ou sur une saillie de rocher ou de falaise, au bord de la mer.

Normandie :

« Il vient sur nos côtes vers la fin de l'automne ». [C.-G. Chesnon. — *Op. cit.*, p. 343].

Seine-Inférieure :

Variété mentionnée comme ayant été observée dans la Seine-Inférieure. [J. Hardy. — *Op. cit.*, p. 297].

« Étretat, sédentaire ». [Noury. — *Op. cit.*, p. 107].

« Le Guillemot Troïle couvait, il y a quelques années encore, en grand nombre dans les falaises d'Antifer (commune d'Étretat) ; mais la guerre qu'on lui fait, surtout depuis qu'Étretat, devenu station de bains en vogue, réunit chaque année une population désœuvrée et avide de distractions, l'a forcé à chercher ailleurs un asile plus hospitalier ; de sorte qu'on n'y trouve plus que quelques couples, et que, dans certaines années même, il ne s'y montre pas. Encore un peu de temps, et ce sera une espèce perdue pour notre département ». [E. LEMETTEIL. — *Op. cit.*, tir. à part, t. II, p. 480].

Calvados :

« Il visite nos côtes en hiver, et est souvent jeté sur le rivage, dans les gros temps. Le plus souvent à l'état jeune dans les collections. Je le possède en livrée d'été ». [LE SAUVAGE. — *Op. cit.*, p. 219].

Manche :

« Il niche dans les falaises de Jobourg ». [Emmanuel CANIVET. — *Op. cit.*, p. 30].

Variété mentionnée comme ayant été observée dans l'arrondissement de Valognes. [A^d BENOIST. — *Op. cit.*, p. 240].

« Commun en hiver ». [J. LE MENNICIER. — *Op. cit.*, p. 153 ; tir. à part, p. 45].

^{is}. Uria lomvia L. var. **ringvia** Brünn. — Guillemot lumme var. bridée.

utarractes ringvia Bryant.
omvia ringvia Coues.
ria alca Brünn., *U. lacrymans* La Pylaie, *U. leucopsis* Brehm, *U. ringvia* Brünn.

Guillemot à oreilles blanches, G. bridé, G. pleureur.
Lumme bridé.

C.-D. DEGLAND et Z. GERBE. — *Op. cit.*, t. II, p. 600.
E. LEMETTEIL. — *Op. cit.*, tir. à part, t. II, p. 481.
Alphonse DUBOIS. — *Op. cit.* : texte, t. II, p. ? ; atlas, t. II,
  pl. 309[b], et pl. LXVI, figs. 262.
Léon OLPHE-GALLIARD. — *Op. cit.*, fasc. I, p. 62.

La biologie de cette variété est en tous points semblable
à celle de la variété précédente : Guillemot lumme var. de
Troïl (*Uria lomvia* L. var. *Troile* L.).

Seine-Inférieure :

Variété mentionnée comme ayant été observée dans
la Seine-Inférieure. [J. HARDY. — *Op. cit.*, p. 297].

« On en a tué près... et de Dieppe. Le 7 juin 1846,
un mâle et deux femelles, d'après M. Hardy (*in litt.*
à Degland), ont été tirés au milieu d'une grande
quantité de Guillemots Troïles, aux Aiguilles d'Étretat. Cet Oiseau, selon le même observateur, s'est
reproduit deux fois, à sa connaissance, sur ces mêmes
Aiguilles d'Étretat ». [C.-D. DEGLAND et Z. GERBE. —
Op. cit., t. II, p. 601].

« Il n'est pas très-rare dans notre département, et
quelques couples se reproduisent de temps en temps,
en société des Guillemots Troïles, au cap d'Antifer
(commune d'Étretat), d'où nous l'avons reçu deux
fois. Si l'on considère qu'il a avec le précédent de si
grands rapports de taille et de coloration qu'on ne
saurait le reconnaître au vol, et que beaucoup de
chasseurs ne le distinguent même pas, quand il est
abattu, on en peut conclure, ce nous semble, qu'il
doit se rencontrer chez nous assez communément,
bien que toujours en petite quantité ». [E. LEMETTEIL.
— *Op. cit.*, tir. à part, t. II, p. 482].

2. **Uria grylle** L. — Guillemot grylle.

Alca grylle L.

Cepphus arcticus Brehm, *C. faeroeensis* Brehm, *C. grylle*
Boie, *C. Meisneri* Brehm.

Colymbus grylle L.

Grylle columba Bp.

Plautus columbarius Klein.

Uria balthica Brünn., *U. groenlandica* G.-R. Gray,
U. grylle Brünn., *U. grylloides* Brünn., *U. leucoptera*
Vieill., *U. Meisneri* Brehm, *U. scapularis* Steph.,
U. unicolor Bp.

Guillemot à miroir, G. à miroir blanc.

Pigeonneau.

C.-D. Degland et Z. Gerbe. — *Op. cit.*, t. II, p. 603.

E. Lemetteil. — *Op. cit.*, tir. à part, t. II, p. 484.

Alphonse Dubois. — *Op. cit.* : texte, t. II, p. ? ; atlas, t. II,
pl. 308, et pl. LVI, figs. 260.

Léon Olphe-Galliard. — *Op. cit.*, fasc. I, p. 64.

Le Guillemot grylle habite la haute mer, et va sur les rivages maritimes rocheux pour la période de la reproduction ;
accidentellement, il est poussé par les vents dans l'intérieur
du pays. Il est errant, migrateur et sédentaire, et, en général, n'est pas très-sociable. Son naturel est doux. Son vol est
puissant, rapide, en ligne droite, et près de la surface de
l'eau ; il plonge d'une façon parfaite. Sa nourriture se compose de Crustacés, de Mollusques, de Poissons, de Vers et
de frai de Poissons. La femelle ne fait normalement qu'une
couvée par an, de deux œufs, et parfois de trois. La ponte
de la couvée normale a lieu en avril, mai et juin, suivant
la latitude. La durée de l'incubation est de vingt-quatre
jours. La femelle pond à nu dans une crevasse de rocher

ou de falaise, parmi des pierres, ou, accidentellement, sous un bloc de rocher, au bord de la mer, et parfois à une certaine distance.

Normandie :

Espèce mentionnée comme étant de passage acci- dentel en Normandie. [NOURY. — *Op. cit.*, p. 107].

Seine-Inférieure :

« Il se montre sur nos côtes à la suite des bour- rasques et pendant les froids rigoureux ». [E. LEMET- TEIL. — *Op. cit.*, tir. à part, t. II, p. 485].

Calvados :

« Peu commun. Rare dans les collections ». [LE SAUVAGE. — *Op. cit.*, p. 219].

OBSERVATION.

Uria lomvia L. var. **arra** Pall. — **Guillemot lumme var. à gros bec.**

Seine-Inférieure :

En parlant de cette variété, E. Lemetteil dit que « ses apparitions sur nos côtes sont excessivement rares et très-irrégulières ». (*Op. cit.*, tir. à part, t. II, p. 484).

Le manque de précision de ce renseignement, le seul que je connaisse à cet égard, me fait ne pas inscrire le Guillemot lumme var. à gros bec au nombre des Oiseaux venus d'une façon naturelle en Normandie.

2ᵉ Genre. — *MERGULUS* — MERGULE.

1. Mergulus alle L. — Mergule nain.

Alca alle L.
Alle nigricans Link.
Arctica alle G.-R. Gray, *A. melanoleuca* G.-R. Gray.
Cephus alle Less.
Mergulus alle Vieill., *M. arcticus* Brehm, *M. melanoleu-
    cos* Leach.
Uria alle Temm., *U. arctica* Brehm, *U. minor* Briss.

Guillemot nain.

C.-D. Degland et Z. Gerbe. — *Op. cit.*, t. II, p. 605.
E. Lemetteil. — *Op. cit.*, tir. à part, t. II, p. 487.
Amb. Gentil. — *Op. cit.*, *Palmipèdes*, p. 69; tir. à part,
    p. 129.
Alphonse Dubois. — *Op. cit.* : texte, t. II, p. ?; atlas, t. II,
    pl. 310, et pl. LXIX, figs. 263.
Léon Olphe-Galliard. — *Op. cit.*, fasc. I, p. 51.

Le Mergule nain habite la haute mer, et, hors la période de la reproduction, ne va que peu sur les rivages mari- times; il est quelquefois poussé par les vents dans l'inté- rieur du pays. Il est migrateur, errant et sédentaire, et très-sociable. Son naturel est vif, remuant et doux. Son vol est rapide et en ligne droite; il plonge d'une façon parfaite, et marche assez vite et assez adroitement. Sa nourriture se compose de Crustacés, de Mollusques et de Poissons. La

femelle ne fait normalement qu'une couvée par an, d'un seul
œuf, et parfois de deux. La ponte de la couvée normale a
lieu en juin et dans la première quinzaine de juillet. La
femelle pond à nu dans une crevasse de rocher ou de falaise,
parmi des pierres ou sous un bloc de rocher, au bord de la
mer, et parfois à une certaine distance.

Normandie :

« J'ai reçu (en 1835 ?)... un Guillemot nain, tué à
Trévières, par M. Laheuderie, dans l'étang du château
de La Ramée. Cet oiseau, quoique dans la famille des
Brachyptères, a dû parcourir au vol la distance d'environ une lieue et demie, qui se trouve entre Trévières
et la mer. Je ne soupçonnais point que cette espèce
pût se trouver en Normandie. Elle habite constamment les régions du pôle arctique, d'où elle ne vient
que dans les hivers très-rigoureux ou à la suite des
grandes tempêtes. C'est à cette dernière cause que
j'attribue son arrivée ». [C.-G. CHESNON. — *Op. cit.*,
p. 390].

Espèce mentionnée comme étant de passage accidentel en Normandie. [NOURY. — *Op. cit.*, p. 107].

Seine-Inférieure :

Espèce mentionnée comme ayant été observée dans
la Seine-Inférieure. [J. HARDY. — *Op. cit.*, p. 297].

« Guillemot nain, tué à Dieppe, en 1886 ». [Léon
GAILLON, renseign. manuscrit, 1890].

Calvados :

Un individu a été tué à Trévières. [Voir vingt
lignes plus haut].

« Il se trouve accidentellement dans les hivers
rigoureux, après les ouragans... On le voit dans ma

collection et dans celle de M. Chesnon ». [LE SAUVAGE.
— *Op. cit.*, p. 219].

Manche :

« Rare dans notre département ». [Emmanuel CA-
NIVET. — *Op. cit.*, p. 30].

« Très-rare ». [J. LE MENNICIER. — *Op. cit.*, p. 153;
tir. à part, p. 45].

3ᵉ Genre. *FRATERCULA* — MACAREUX.

1. Fratercula arctica L. — Macareux moine.

Alca arctica L., *A. canogularis* M. et W., *A. deleta* Brünn.
Ceratoblepharum arcticum Brdt.
Fratercula arctica Leach.
Lunda arctica Pall.
Mormon arctica Ill., *M. fratercula* Temm., *M. Grabae*
    Brehm, *M. polaris* Brehm.
Plautus arcticus Klein.

Macareux arctique.

Perroquet de mer, P. du Nord.

C.-D. DEGLAND et Z. GERBE. — *Op. cit.*, t. II, p. 608.
E. LEMETTEIL. — *Op. cit.*, tir. à part, t. II, p. 491.
Amb. GENTIL. — *Op. cit.*, *Palmipèdes*, p. 69; tir. à part,
    p. 129.
Alphonse DUBOIS. — *Op. cit.* : texte, t. II, p. ?; atlas, t. II,
    pl. 312, et pl. LXIX, figs. 264.
Léon OLPHE-GALLIARD. — *Op. cit.*, fasc. I, p. 41.

Le Macareux moine habite la haute mer, et ne va sur
les rivages maritimes que pour la période de la reproduction ; accidentellement, il est poussé par les vents dans l'in-

térieur du pays. Il est migrateur et sédentaire, et très-
sociable. Il vole avec puissance et rapidité, d'une façon
rectiligne, les pattes étendues en arrière, et plonge dans
la perfection ; bien qu'il marche à petits pas et en vacillant, il avance rapidement. Sa nourriture se compose principalement de Poissons et de leur frai ; il mange aussi des
Crustacés et des Mollusques. La femelle ne fait normalement
qu'une couvée par an, d'un seul œuf. La ponte de la couvée
normale a lieu en mai et juin. La durée de l'incubation
est d'un mois environ. Cette espèce niche au bord de la
mer, et en sociétés, souvent de milliers d'individus. Le
mâle et la femelle creusent un terrier dans le sol, généralement sur une île, un îlot, ou un promontoire ; à l'extrémité
de ce terrier, qui est un peu plus grande, ils pratiquent
une légère dépression, nue ou garnie avec quelques fragments de végétaux herbacés, sur lesquels l'œuf est déposé ;
les terriers varient beaucoup en profondeur et en taille, et,
assez fréquemment, sont ramifiés ; parfois, l'œuf est pondu
dans un terrier abandonné de Lapin, dans une crevasse ou
un trou de rocher ou de falaise, sous un bloc de rocher, ou
parmi des pierres ; accidentellement, deux couples nichent
dans le même terrier.

Normandie :

« De passage sur nos côtes en hiver et au printemps ; peu commune ». [C.-G. CHESNON. — *Op. cit.*,
p. 344].

Espèce mentionnée comme étant de passage accidentel en Normandie. [NOURY. — *Op. cit.*, p. 107].

Seine-Inférieure :

Espèce mentionnée comme ayant été observée dans
la Seine-Inférieure. [J. HARDY. — *Op. cit.*, p. 297].

« Cette espèce est de passage irrégulier sur nos
côtes maritimes. Quelques couples se reproduisent,

ou, plutôt, se reproduisaient, chaque année, dans les falaises d'Antifer (commune d'Étretat), avant la guerre d'extermination qu'on y fait depuis quelques années à ces malheureux Oiseaux... C'est vers le 15 de mai que ces Oiseaux s'approchent de nos côtes pour y couver, et, dès la mi-juillet, ils ont regagné la pleine mer pour ne la plus quitter que dans des circonstances tout à fait exceptionnelles ». [E. LEMETTEIL. — *Op. cit.*, tir. à part, t. II, p. 492].

Calvados :

« Il est de passage : mais il s'approche rarement des côtes. On le trouve dans ma collection, dans celle de M. Hardouin, etc. ». [LE SAUVAGE. — *Op. cit.*, p. 219].

Manche :

« Cette espèce niche en très-grand nombre sur nos côtes les plus désertes ». [Emmanuel CANIVET. — *Op. cit.*, p. 30].

Espèce mentionnée comme ayant été observée dans l'arrondissement de Valognes. [Ad BENOIST. — *Op. cit.*, p. 240].

« M. Canivet dit qu'il niche en très-grand nombre sur nos côtes les plus désertes... N'ayant pas rencontré cet Oiseau dans mes chasses sur les bords de la mer, je ne puis que dire à ce sujet. Je m'en rapporterai donc à M. Canivet, qui était un bon observateur et qui n'a pu se tromper ». [J. LE MENNICIER. — *Op. cit.*, p. 153 ; tir. à part, p. 45].

4e Genre. *ALCA* — PINGOUIN.

1. Alca torda L. — Pingouin macroptère.

Alca balthica Brünn., *A. glacialis* Brehm, *A. islandica* Brehm, *A. microrhynchos* Brehm, *A. minor* Briss., *A. pica* L., *A. unisulcata* Brünn.

Pinguinus pica Bonnat., *P. torda* Bonnat.
Plautus tonsor Klein.
Utamania pica Leach, *U. torda* Leach.

Alc torda.
Alque torda.
Pingouin torda.

Marmette, Poule de mer, Warraux, Warreau.

C.-D. Degland et Z. Gerbe. — *Op. cit.*, t. II, p. 612.
E. Lemetteil. — *Op. cit.*, tir. à part, t. II, p. 497.
Amb. Gentil. — *Op. cit.*, *Palmipèdes*, p. 70; tir. à part, p. 130.
Alphonse Dubois. — *Op. cit.*: texte, t. II, p. ?; atlas, t. II, pl. 311, et pl. LVII, figs. 265.
Léon Olphe-Galliard. — *Op. cit.*, fasc. I, p. 32.

Le Pingouin macroptère habite la haute mer et les rivages maritimes, et, quelquefois, est poussé par les vents dans l'intérieur du pays. Il est migrateur et sédentaire, et très-sociable. Son naturel est très-actif. Son vol est rapide et à la surface de l'eau; il plonge d'une façon parfaite, mais marche fort peu et en clopinant. Sa nourriture se compose principalement de Poissons et de leur frai; il mange aussi des Crustacés, des Mollusques et autres animaux marins. La femelle ne fait normalement qu'une couvée par an, d'un seul œuf. La ponte de la couvée normale a lieu en mai et juin. La durée de l'incubation est d'un mois environ. Cette espèce niche en société et isolément. L'œuf est pondu dans une crevasse ou un trou de rocher ou de falaise, ou à l'abri d'une grosse pierre, au bord de la mer; parfois, ce Pingouin niche dans le terrier de l'espèce qui précède : Macareux moine (*Fratercula arctica* L.); et, d'une manière tout à fait exceptionnelle, dans un nid abandonné d'Oiseau.

Toute la Normandie. — De passage régulier : arrive en

octobre et novembre, et repart vers le commencement du printemps, avant la reproduction ; un certain nombre de couples se reproduisent dans cette province. — C.

OBSERVATION.

Alca impennis L. — Pingouin brachyptère.

Il est fort probable que le Pingouin brachyptère ou Grand Pingouin est une espèce éteinte aujourd'hui ; et, bien qu'elle soit venue, il y a déjà très-longtemps, en Normandie, elle ne doit pas être indiquée au nombre des espèces composant la faune actuelle de cette province. Néanmoins, j'ai regardé comme indispensable de reproduire, en observation, les renseignements concernant la venue, sur les côtes normandes, de cette espèce d'un très-haut intérêt, dont la dépouille et l'œuf méritent, à tous égards, d'être conservés précieusement.

Voici les renseignements en question :

Normandie :

« En 1830, d'après Naumann, le cadavre d'un Grand pingouin vint échouer sur les côtes de Normandie ». [A.-E. BREHM. — *Op. cit.*, t. II, p. 887].

Seine-Inférieure :

« Le Grand Pingouin (*Alca impennis*) a été tiré et manqué deux fois en deux années différentes, et toujours au mois d'avril, par deux chasseurs, sur le bord de nos plages, tous deux bien dignes de foi. C'est d'autant plus possible que cet Oiseau a été tué à Cherbourg : l'individu existe dans les galeries de M. de Lamotte, à Abbeville ». [J. HARDY. — *Op. cit.*, p. 298].

« M. Hardy, dans son *Catalogue des Oiseaux observés dans le département de la Seine-Inférieure*, dit en avoir tiré et manqué deux, dans le mois d'avril, sur la plage de Dieppe ». [C.-D. DEGLAND et Z. GERBE. — *Op. cit.*, t. II, p. 615].

« M. Josse Hardy nous a dit en avoir tiré et manqué deux, en avril, sur la plage de Dieppe ». [E. LEMETTEIL. — *Op. cit.*, tir. à part, t. II, p. 502].

« Quelques années avant sa mort (1863), M. Hardy m'a montré un crâne d'un sujet qu'il m'a dit avoir été capturé et mangé par un douanier de Dieppe; mais il ne m'a pas dit en avoir tiré ». [Jules VIAN, renseign. manuscrit, 1892].

OBSERVAT. — Comme on le voit, Josse Hardy a écrit (*loc. cit.*) que ce sont des chasseurs bien dignes de foi qui ont tiré et manqué les deux Pingouins brachyptères en question ; tandis que, d'après E. Lemetteil (*loc. cit.*), c'est Hardy lui-même qui les aurait tirés et manqués. Il serait très-utile de savoir où est la vérité ; car le témoignage d'un ornithologiste d'une aussi haute valeur que l'était Josse Hardy dépasse infiniment celui de chasseurs inconnus, n'ayant peut-être que de faibles notions d'histoire naturelle, et qui ont pu se tromper. J'avoue que, pour ma part, il y a bien peu de cas où j'oserais faire, à distance, de rigoureuses déterminations. Très-malheureusement, la mort de Josse Hardy et de E. Lemetteil m'empêche d'éclaircir ce point douteux ; et M. Jules Vian, que j'ai consulté à cet égard, ne m'a pas donné un renseignement définitif, (voir 22 lignes plus haut). Ce qui est certain, c'est que C.-D. Degland et Z. Gerbe ont altéré (*loc. cit.*) les lignes de Josse Hardy concernant le Pingouin brachyptère.

Manche :

« Cet Oiseau a été tué à Cherbourg : l'individu existe dans les galeries de M. de Lamotte, à Abbeville ». [J. HARDY. — *Op. cit.*, p. 298].

« Il y a quarante ans environ, trois furent vus sur nos côtes ; deux furent tués et apportés à feu mon père, qui les mit dans sa collection ; l'un de ces deux oiseaux est encore dans la belle galerie de M. de Lamotte, à Abbeville. Je n'ai pas connaissance que, depuis ce temps, personne s'en soit procuré sur nos côtes ». [Emmanuel CANIVET. — *Op. cit.*, p. 31].

« Trois individus ont été tués, il y a quarante ou cinquante ans, sur les côtes de Cherbourg ; l'un d'eux fait partie de la riche collection de M. de Lamotte ». [C.-D. DEGLAND et Z. GERBE. — *Op. cit.*, t. II, p. 615].

« Trois individus ont été aperçus dans le voisinage de Cherbourg ; deux furent tués et vendus à M. Canivet ». [E. LEMETTEIL. — *Op. cit.*, tir. à part, t. II, p. 502]. — Il s'agit du père d'Emmanuel Canivet (H. G. de K.).

« Le Pingouin brachyptère ou Grand Pingouin (*Alca impennis* L.) est si rare sur nos côtes, qu'on ne peut le considérer comme Oiseau de la Manche ». [J. LE MENNICIER. — *Op. cit.*, p. 153; tir. à part, p. 45].

OBSERVAT. — J'ai fait tout exprès le petit voyage de Rouen à Abbeville pour photographier le Pingouin brachyptère tué dans les environs de Cherbourg et qui appartenait à la collection de de Lamotte, collection faisant aujourd'hui partie du Musée d'Histoire naturelle d'Abbeville (Somme). Cet individu, dont la hauteur est de $0^m 59$, des pattes au sommet de la tête, et que représente la planche en noir mise à la fin de ce troisième fascicule, est un sujet adulte en assez bon état. Il n'est pas inutile d'ajouter que son empaillage remonte à environ quatre-vingt-dix ans.

En M. R. Moynier de Villepoix, Conservateur des Musées d'Abbeville, j'ai trouvé un naturaliste dont l'amabilité est à la hauteur de la grande science, et je suis très-heureux de lui exprimer publiquement l'expression de ma vive gratitude.

ADDENDA ET ERRATA

AUX FASCICULES II ET III.

(OISEAUX).

Fascicule II.

Fasc. II, p. 75, note, ligne 5 en remontant : Le grand titre porte 1834, mais cet ouvrage n'a paru qu'en 1835.

Aquila gallica Gm. (Aigle Jean-le-Blanc) :

Fasc. II, p. 94, ligne 6, ajouter :

Orne :

« Aucun auteur ne l'a jusqu'ici indiqué dans l'Orne, bien qu'il y ait été observé à plusieurs reprises. Deux individus ont été tués, l'un en 1884, aux environs d'Argentan, et l'autre en 1888, dans la forêt d'Écouves. Enfin, cette année même (1892), dans les premiers jours du mois d'août, un garde-chasse de la forêt d'Andaine a tué deux Aigles Jean-le-Blanc mâle et femelle, qui avaient établi leur nid sur un grand chêne près de l'Ermitage, à quatre kilomètres environ de l'Étoile. Puis, il a pu prendre vivant l'unique aiglon qui était dans le nid... La femelle, que j'ai vue empaillée... ». [Extrait d'une *Note sur la présence de l'Aigle Jean-le-Blanc dans la forêt d'Andaine (Orne)*, par A.-L. Letacq, note communiquée à la Société linnéenne de Normandie, dans la séance de novembre 1892, et qui paraîtra dans le

Bulletin de cette Société. L'auteur m'en a obligeamment envoyé une copie, faite par lui].

Aquila albicilla L. (Aigle à queue blanche) :

Fasc. II, p. 97, ligne 4 en remontant. — On peut dire que des sujets non adultes de l'Aigle à queue blanche ou Pygargue commun se montrent presque chaque année, pendant la saison froide, sur des points très-différents de la Normandie, mais, de préférence, dans les régions voisines du littoral.

Aquila leucocephala L. (Aigle à tête blanche) :

Fasc. II, p. 99, ligne 10 : Il faut un point de doute avant le nom de cette espèce.

Aquila chrysaetos Klein (Aigle doré) :

Fasc. II, p. 105, ligne 10 (note comprise) en remontant, ajouter :

« M. Lemetteil annonce la capture... d'un jeune Aigle royal (*Aquila fulva* Sav.) dans les bois des Loges (Seine-Inférieure) ». [Comité d'Ornithologie de la Soc. des Amis des Scienc. natur. de Rouen, (*Op. cit.*), séance du 2 décembre 1875, p. 243 ; tir. à part, p. 11].

Nucifraga caryocatactes L. (Casse-noix commun) :

Fasc. II, p. 143, ligne 1 en remontant, ajouter :

« Cinq individus : deux mâles et trois femelles ; bois de Troarn et d'Écoville, (Calvados) ; novembre (1864) ». [Octave FAUVEL. — *Op. cit.*, p. 78].

« M. de Formigny de la Londe annonce qu'un Casse-noix a été tué dans sa propriété de Biéville-

sur-Orne (Calvados) ». [Note in Bull. de la Société
linnéenne de Normandie, ann. 1864-65, séance du
5 décembre 1864, p. 29].

ius excubitor L. var. *major* Pall. (Pie-grièche
rise var. majeure) :

*asc. II, p. 154, ligne 13, supprimer : « et y arriver
et en repartir aux mêmes époques » ; car l'on ne sait
pas, je le crois, si cette variété est sédentaire ou migratrice en Normandie. Quoi qu'il en soit, ce membre
de phrase est faux, puisque le type est sédentaire
dans la province normande.

*. II, p. 167, ligne 7, et p. 168, ligne 12, lire : var. *lon-
cauda au lieu de var. *longicaudus*.

hodroma muraria L. (Tichodrome échelette) :

*asc. II, p. 179, ligne 4 en remontant, ajouter :

« Il est exposé, au nom de M. L. Petit, un Tichodrome échelette (*Tichodroma muraria* L.) mâle,
tué aux murs du château de Tancarville (Seine-Inférieure). Cet oiseau, que notre Collègue a reçu, pour
l'empailler, le 15 décembre 1890, appartient à
M. Vasse ». [Note in Bull. de la Soc. des Amis des
Scienc. natur. de Rouen, 1er sem. 1891, p. 7].

Un individu femelle a été tué dans la première
quinzaine de novembre 1892, à Tancarville (Seine-
Inférieure), chez M. Vasse. C'est le troisième qui,
depuis plusieurs années, est abattu dans cette localité.
[VASSE et L. PETIT, renseign. manuscrits, 1892]. —
Voir, pour le premier individu, fasc. II, p. 179, ligne 7
en remontant.

Picus canus Gm. (Pic cendré) :

Fasc. II, p. 184, ligne 7 en remontant, ajouter :

« Mâle adulte, Saint-Symphorien (Manche), 12 avril
1865 ». [MARMOTTAN et J. VIAN. — *Op. cit.*, p. 247;
tir. à part, p. 3].

Acrocephalus streperus Vieill. (Rousserolle effarvatte),
et *Acrocephalus palustris* Bchst. (Rousserolle verderolle) :

Fasc. II, p. 212 et 214 :

« Rousserolle effarvatte (*Calamoherpe arundinacea* Boie). Un seul individu mâle, tué dans un
champ de foin, sur la route de Ouistreham à Hérou-
ville-Saint-Clair, (Calvados), 5 juin. — Je signalerai,
à l'occasion de cette espèce, une erreur de l'excellent
Manuel d'Ornithologie de Temminck (2ᵉ édit., 1820-
1840, 1ʳᵉ part., p. 192), et qui a été copiée par M. Le
Sauvage, dans son *Catalogue des Oiseaux du Calvados* (Mém. Soc. linn. Normandie, t. VI, 1838, p. 182),
et par M. Chesnon, dans son *Essai sur l'Histoire naturelle de la Normandie* (1835, 1ʳᵉ part., p. 191). Le
C. arundinacea, étant très-voisin du *C. palustris*
Boie, a été confondu avec ce dernier, qu'ils ont indiqué comme peu commun et *n'habitant pas le bord
des eaux, mais se rencontrant de préférence dans
les colzas, où il niche presque exclusivement ;* tandis que c'est le *C. arundinacea* qui est rare et qui
ne se rencontre jamais au bord des eaux, comme le
C. palustris, qui y est très-commun ». [Octave FAU-
VEL. — *Op. cit.*, p. 77]. — Je ferai observer que Octave
Fauvel attribue à Le Sauvage et à Chesnon ce qui
n'a été dit que par le premier ; car Chesnon (*loc. cit.*)

ne donne nullement l'espèce en question comme *n'habitant pas le bord des eaux...*, et la signale comme rare et non comme peu commune.

Cette observation critique d'Octave Fauvel est en complet désaccord avec les renseignements que j'ai indiqués dans ma *Faune de la Normandie* (fasc. II, p. 214 et 216), renseignements puisés aux sources les plus compétentes.

J'appelle tout particulièrement l'attention des ornithologistes normands sur cette question, afin de la trancher, ce que je ne puis nullement faire, n'ayant pas étudié ces Rousserolles. Peut-être n'est-il point impossible que le degré de fréquence ou de rareté de ces deux espèces varie dans des localités différentes ?

Fasc. II, p. 231, ligne 13, ajouter :

4. Phylloscopus Bonellii Vieill. — Pouillot de Bonelli.

Asilus Bonelli G.-R. Gray.
Ficedula Bonelli Keys. et Bl., *F. Nattereri* C.-F. Dubois.
Phyllopneuste Bonelli Bp., *P. montana* Brehm.
Phylloscopus Bonelli Blyth, *P. Nattereri* Blyth.
Sylvia Bonelli Vieill., *S. Nattereri* Temm.

Bec-fin Bonelli, B. Natterer.
Pouillot Bonelli, P. Natterer.

Paul BERT. — *Op. cit.*, p. 64 et 65 ; tir. à part, p. 40 et 41.
C.-D. DEGLAND et Z. GERBE. — *Op. cit.*, t. I, p. 549.
E. LEMETTEIL. — *Op. cit.*, *Insectivores*, p. 198 ; tir. à part, t. I, p. 265.
Amb. GENTIL. — *Op. cit.*, *Passereaux*, p. 202 et 203 ; tir. à part, p. 190 et 191.
Léon OLPHE-GALLIARD. — *Op. cit.*, fasc. XXVIII, p. 13.

Le Pouillot de Bonelli habite les bois et les forêts. Il est migrateur et sédentaire. La ponte est de quatre à six œufs.

Le nid est construit avec des herbes sèches, et garni intérieurement de substances molles ; il est placé à terre, parmi des végétaux herbacés ou au pied d'un buisson.

Seine-Inférieure :

Le renseignement suivant transforme en certitude le doute, émis en *Observation* (fasc. II, p. 231), concernant la venue de cette espèce dans la Normandie :

« J'ai abattu un Pouillot Bonelli mâle adulte, le 25 mai 1881, à Bolbec même, dans nos jardins, où son chant avait éveillé mon attention ». [E. LEMETTEIL. — *Notes ornithologiques* (*Op. cit.*), p. 421].

Bombycilla bohemica Briss. (Jaseur de Bohême) :

Fasc. II, p. 241, ligne 3, ajouter :

« A la connaissance de M. Lemetteil, ce bel Oiseau a été abattu en 1840, si ses souvenirs le servent bien, par M. Beuzebosc, régisseur de M. de Mirville, à Gommerville (Seine-Inférieure), canton de Saint-Romain ». [Comité d'Ornithologie de la Soc. des Amis des Scienc. natur. de Rouen, (*Op. cit.*), séance du 2 mars 1876, p. 246 ; tir. à part, p. 14].

D°, ligne 7, ajouter :

« M. Frontin dit qu'un Jaseur de Bohême (*Bombycivora garrula* Temm.) lui a été apporté mort, il y a plusieurs années : il avait été capturé aux environs de Rouen ». [D°, séance du 2 décembre 1875, p. 244 ; tir. à part, p. 12].

Erithacus phoenicurus L. (Rubiette de muraille) :

Fasc. II, p. 269, ligne 6 en remontant, ajouter :

OBSERVAT. — « Le 29 novembre 1877, M. Lemetteil a observé un passage de Rossignols de murailles

(*Motacilla phoenicurus* L.) qui sont restés plusieurs jours aux environs de Bolbec (Seine-Inférieure) ». [Comité d'Ornithologie de la Soc. des Amis des Scienc. natur. de Rouen, (*Op. cit.*), séance du 6 décembre 1877, p. 257 ; tir. à part, p. 25].

Erithacus titys Scop. (Rubiette titys) :

Fasc. II, p. 271, ligne 3 en remontant, ajouter :

« M. Lemetteil signale la rare capture, faite par son fils, d'un Rouge-queue de Caire (*Erythacus Cairii* Degl.), à Bolbec (Seine-Inférieure), le 2 décembre 1877, et entre dans quelques explications sur les mœurs et la détermination de cette espèce, qui n'appartenait pas encore jusqu'ici à notre faune départementale ». [Comité d'Ornithologie de la Soc. des Amis des Scienc. natur. de Rouen, (*Op. cit.*), séance du 6 décembre 1877, p. 257 ; tir. à part, p. 25]. — L'*Erithacus Cairii* Gerbe doit être considéré comme synonyme de l'*Erithacus titys* Scop. (H. G. de K.).

Alauda alpestris L. (Alouette alpestre) :

Fasc. II, p. 297, ligne 8, ajouter :

« Le 19 février 1891, nous tuâmes, mon père et moi, quatre individus de cette espèce, sur le bord de la mer, à Géfosse-Fontenay (Calvados). Il y avait une bande d'une quinzaine d'individus, et je ne les remarquai malheureusement qu'à la fin de la journée, sans quoi nous aurions pu en tuer bien davantage ; car, lorsqu'ils étaient tirés, ils allaient se poser cent mètres plus loin, et se laissaient approcher assez facilement. Trois sujets font partie de ma collection ; j'ai envoyé le quatrième à l'un de mes amis ». [Ed. COSTREL DE CORAINVILLE, renseign. manuscrit, 1892].

Loxia curvirostra L. (Bec-croisé commun) :

Fasc. II, p. 333, ligne 1 en remontant, ajouter :

« Je ne crois pas cette espèce rare dans le Calvados. Au commencement de décembre 1889, il y en eût un couple, pendant plusieurs jours, dans notre jardin ; j'abattis la femelle le 7 décembre, et ne revis pas le mâle. Le 12 juillet 1892, il en vint une bande de dix ou douze individus ; je tuai deux femelles, dont une adulte et une jeune ; les autres ne revinrent pas ». [Ed. COSTREL DE CORAINVILLE, renseign. manuscrit, 1892].

Fasc. II, p. 357, ligne 1, lire : var. *longicauda* au lieu de var. *longicaudus*.

Fascicule III.

Fasc. III, p. 233, ligne 13 en remontant, ajouter : Sédentaire.

Otis tarda L. (Outarde barbue) :

Fasc. III, p. 236, ligne 1 en remontant, ajouter :

« M. Goësle signale l'apparition de la grande Outarde dans le département (Calvados) ; il prépare, en ce moment, le squelette d'un individu qui a été tué récemment ». [Note in Bull. de la Soc. linnéenne de Normandie, ann. 1870-72, séance du 8 janvier 1872, p. 256].

« Cette espèce se rencontre de loin en loin dans notre région. Une bande de cinq individus fut tirée aux environs de Pont-l'Évêque (Calvados), dans la prairie, en novembre 1879, bande dont je vis une femelle. Et, le 4 janvier 1880, un paysan m'apporta un beau mâle trouvé mort dans la campagne, à la suite d'un coup de feu, à 12 kilomètres environ de Lisieux (Calvados); ce mâle fait partie de ma collection ». [Émile Anfrie, renseign. manuscrit, 1888].

Fasc. III, p. 273, ligne 9, 3ᵉ mot, ajouter : et juin.

Fasc. III, p. 290, lignes 6, 9 et 10 en remontant, et p. 291, ligne 1, lire : *Macroramphus* et Macroramphe, au lieu de *Macrorhamphus* et Macrorhamphe.

Fasc. III, p. 300, ligne 9 en remontant, lire : Albert Fauvel, au lieu de Octave Fauvel.

Fasc. III, p. 306, ligne 6 en remontant, lire : herbu au lieu de herbé.

Grus communis Bchst. (Grue cendrée) :

Fasc. III, p. 308, ligne 6, ajouter :

Orne :

La Grue cendrée ne passe chez nous que d'une façon très-accidentelle. Au commencement de l'année 1891, une bande de ces Oiseaux s'est abattue dans les champs au Pas-Saint-Lhomer (canton de Longny), où plusieurs ont été tués. Ils se laissaient, paraît-il, assez facilement approcher. [A.-L. Letacq. — *Op. cit.*, p. 60, et renseign. manuscrit, 1892].

Ciconia nigra L. (Cigogne noire) :

Fasc. III, p. 311, ligne 14 en remontant, ajouter :

« Une Cigogne noire fut tuée, il y a un certain nombre d'années, sur une cheminée du château du Chapitre, près Rouen. Elle a été empaillée, et je l'ai vue ». [Ed. Costrel de Corainville, renseign. manuscrit, 1892].

D°, ligne 5 en remontant, ajouter :

Un mâle de cette espèce, qui pouvait avoir deux ans au plus, a été tué le 18 septembre 1892, à Danvou (Calvados), dans la propriété du Perron, appartenant à M. Henri Gaillard. Cet oiseau avait été observé pendant une quinzaine de jours sans que l'on puisse en approcher. [Henri Gaillard et Alfred Marès, renseign. manuscrits, 1892].

Orne :

Le passage de la Cigogne noire est très-rare dans ce département. [A.-L. Letacq. — *Op. cit.*, p. 60].

Ardea nycticorax L. (Héron bihoreau) :

Fasc. III, p. 326, ligne 11 en remontant, ajouter :

« M. Emmanuel Blanche offre, au nom de M. Boulenger, un Héron bihoreau (*Ardea nycticorax* L.) tiré sur la Seine, en amont de Rouen, le 2 mai 1865 ». [Note in Bull. de la Soc. des Amis des Scienc. natur. de Rouen, ann. 1865, p. 38].

Stercorarius fuscus Briss. (Stercoraire cataracte) :

Fasc. III, p. 383, ligne 1 en remontant, ajouter :

« Un seul individu jeune, tué par M. Octave Fauvel à quelques kilomètres en mer, à l'embouchure de l'Orne, au mois d'octobre (1861?). C'est, pense-t-il, le second individu signalé dans nos environs (Caen) ».

[Note in Bull. de la Soc. linnéenne de Normandie, ann. 1864-65, séance du 6 mars 1865, p. 114].

Thalassidroma leucorrhoa Vieill. (Thalassidrome de Leach) :

Fasc. III, p. 396, ligne 2, ajouter :

« J'ai reçu le 9 novembre 1890, de Trouville-sur-Mer (Calvados), un Thalassidrome de Leach mâle très-adulte, tué et envoyé par M. Verdry. Cette espèce est, dans notre région, plus rare que le Thalassidrome tempête ». [Émile ANFRIE, renseign. manuscrit, 1890].

Anser brachyrhynchus Baill. (Oie à bec court) :

Fasc. III, p. 410, ligne 11, ajouter :

Normandie :

« M. Lemetteil annonce que l'on a tué cette année, dans les marais de la Basse-Seine, l'Oie à bec court (*Anser brachyrhynchus* Baill.) ». [Comité d'Ornithologie de la Soc. des Amis des Scienc. natur. de Rouen, (*Op. cit.*), séance du 3 mars 1881, p. 366; tir. à part, p. 6].

Cygnus Bewickii Yarr. (Cygne de Bewick) :

Fasc. III, p. 423, ligne 14 en remontant, ajouter :

« J'ai reçu, le 25 décembre 1890, un Cygne de Bewick (*Cygnus minor*) femelle adulte, abattu à Pennedepie (Calvados) ». [Émile ANFRIE, renseign. manuscrit, 1890].

56

Anas strepera L. (Canard chipeau) :

Fasc. III, p. 433, ligne 7, ajouter :

« M. Lemetteil signale un passage de Canards ridennes qui s'est fait en Normandie à la fin du mois d'octobre dernier (1880)... L'apparition habituelle de cet Oiseau n'a lieu, chez nous, que dans le mois de mars ». [Comité d'Ornithologie de la Soc. des Amis des Scienc. natur. de Rouen, (*Op. cit.*), séance du 4 novembre 1880, p. 365; tir. à part, p. 5].

Fuligula hyemalis L. (Fuligule de Miquelon) :

Fasc. III, p. 446, ligne 3, ajouter :

« J'ai trouvé sur le marché de Lisieux, le 8 mars 1892, un mâle adulte en hiver, venant de Ouistreham (Calvados), à l'embouchure de l'Orne ». [Émile ANFRIE, renseign. manuscrit, 1892].

Fuligula mollissima L. (Fuligule eider) :

Fasc. III, p. 456, ligne 12, ajouter :

« M. Albert Fauvel annonce que cet Oiseau, en plumage de noces, a été tué en décembre (1871) dans le Calvados. Il en a acheté deux exemplaires à la poissonnerie (Caen). Il paraîtrait que, cette année, une émigration d'Eiders a eu lieu en Normandie ». [Note in Bull. de la Soc. linnéenne de Normandie, ann. 1870-72, séance du 8 janvier 1872, p. 256].

OBSERVATION.

C.-G. Chesnon a publié, en 1841, un *Catalogue des Oiseaux de la Normandie, classés d'après la méthode de Cuvier,* (*Op. cit.*), liste méthodique extraite de son *Essai*

sur l'Histoire naturelle de la Normandie, paru en 1835[1].
Cette liste renferme un nombre d'espèces relativement assez
supérieur à celui que contient l'*Essai* en question, et, de
plus, n'indique pas, à tort, les noms d'auteur à la suite des
noms spécifiques latins.

Je n'ai pas cru devoir tenir compte de ce *Catalogue* dans
ma *Faune de la Normandie*, par crainte de l'erreur. En
effet, il y a des observations et des doutes dans l'*Essai* en
question, tandis que le *Catalogue* ne renferme que des
noms, sans aucun point de doute. Par cela même, j'aurais
pu indiquer comme certain ce qui ne l'est pas. Je m'explique
par un exemple :

Dans son *Essai*, C.-G. Chesnon dit (p. 252), relativement
au *Picus martius* L. (Pic noir) : « Je n'ai jamais vu cette
espèce en Normandie, je ne l'indique que sur la foi de quelques chasseurs, entre autres M. Abadie, préparateur d'objets
d'histoire naturelle, qui m'a assuré l'avoir vue dans le bois
de Sommervieu (Calvados). Du reste, ce n'est que très-accidentellement qu'il se trouve dans notre pays... Il émigre,
dit-on, dans l'hiver, et c'est à cette époque qu'il peut se
trouver de passage ».

Or, dans le *Catalogue* en question, le *Picus martius* L.
est indiqué sans point de doute. Par conséquent, j'aurais
presque sûrement commis une erreur, étant à peu près certain que cette espèce n'a pas été vue dans la Normandie,
entre la publication de l'*Essai* et la publication du *Catalogue*, et que, de plus, aucun observateur n'a constaté, avec
certitude, la présence du Pic noir dans la province normande.

Ainsi que le conseille un proverbe d'une excellence des
plus grandes en matière scientifique, je fais, en cette occasion, comme pour tous mes travaux : dans le doute, je
m'abstiens.

---

1. Le grand titre porte 1834, mais cet ouvrage n'a paru qu'en 1835.

LISTE DES TRAVAUX

A^d BENOIST. — *Catalogue des Oiseaux observés dans l'arrondissement de Valognes*, in Mémoir. de la Soc. impériale des Scienc. natur. de Cherbourg, t. II, 1854, p. 231.

Paul BERT. — *Catalogue des Animaux Vertébrés de l'Yonne*, in Bull. de la Soc. des Scienc. historiq. et natur. de l'Yonne, ann. 1864, 18° vol., 2° part., p. 7, et pl. I et II. — Tir. à part : *Catalogue méthodique des Animaux Vertébrés qui vivent à l'état sauvage dans le département de l'Yonne, avec la clef des espèces et leur diagnose*, avec 2 pl., Paris, Victor Masson et fils, 1864. — [*Oiseaux*, p. 43; tir. à part, p. 19].

Charles BOUCHARD. — Faune du canton de Gisors (Eure), in CHARPILLON. — *Gisors et son canton (Eure), Statistique, Histoire*, Les Andelys, Delcroix, 1867. [*Oiseaux*, p. 19]. — [Le nom de Charles Bouchard n'est pas indiqué dans cet ouvrage].

A.-E. BREHM. — *Merveilles de la nature. L'Homme et les Animaux. Description populaire des races humaines et du règne animal. Les Oiseaux. Mœurs, chasses, combats, captivité, domesticité, acclimatation, usages et produits*. Édition française revue par Z. Gerbe, 2 vol., avec un certain nombre de planches et une grande quantité de figures, Paris, J.-B. Baillière et fils.

Emmanuel CANIVET. — *Catalogue des Oiseaux du département de la Manche;* Paris, chez l'auteur; Saint-Lô, M. Rousseau; 1843.

C.-G. Chesnon. — *Essai sur l'Histoire naturelle de la Normandie*, 1re *partie, Quadrupèdes et Oiseaux*, avec 7 planches ; Bayeux, C. Groult; Paris, Lance ; 1835. — Il a été publié une édition du même ouvrage sous le titre de : *Essai sur l'Histoire naturelle*, avec 6 pl.; Bayeux, C. Groult; Paris et Lyon, Périsse frères; 1835; (même pagination que celle de l'édition précédente). — [*Oiseaux*, p. 134].

C.-G. Chesnon. — *Catalogue des Oiseaux de la Normandie, classés d'après la méthode de Cuvier*, Bayeux, Léon Nicolle, 1841, (15 pages).

Comité d'Ornithologie de la Société des Amis des Sciences naturelles de Rouen. — Voir A. Le Breton et Henri Gadeau de Kerville.

C.-D. Degland et Z. Gerbe. — *Ornithologie européenne ou Catalogue descriptif, analytique et raisonné des Oiseaux observés en Europe*, 2e édit., entièrement refondue, 2 vol., Paris, J.-B. Baillière et fils, 1867.

De la Fresnaye. — *Extrait d'une lettre de M. de la Fresnaye, naturaliste à Falaise (Calvados), relatif à la Sarcelle de Chine, dont un individu vient d'être tué en Normandie*, lettre datée de Falaise, 2 février 1828, in Bull. des Scienc. natur. et de Géologie, 2° section du Bull. universel publié par la Soc. pour la propagation des connaissances scientifiques et industrielles, et sous la direction du baron de Férussac, t. XIV, Paris, 1828, p. 118. — Note de Lesson, relative à cet extrait, (même page).

Alphonse Dubois. — *Faune illustrée des Vertébrés de la Belgique, série des Oiseaux*, 2 vol. de texte et 2 vol. de planches coloriées : texte, t. I (1876-1887), et atlas, t. I;

Bruxelles, Th. Falk, 1887 ; atlas, t. II, d⁰, 1892. Le texte
du t. II n'est pas encore publié complètement, (décembre 1892).

Albert FAUVEL. — *Sur la présence du Numenius tenui-rostris* Vieill. *dans le Calvados,* in Bull. de la Soc. linnéenne de Normandie, ann. 1859-60, p. 116.

Octave FAUVEL. — *Observations ornithologiques pour
servir à la faune normande,* in Bull. de la Soc. linnéenne de Normandie, ann. 1864-65, p. 76.

FRESNAYE, DE LA. — Voir DE LA FRESNAYE.

Henri GADEAU DE KERVILLE. — *Extrait des Procès-verbaux
des séances du Comité d'Ornithologie de la Société des
Amis des Sciences naturelles de Rouen, recueillis par
Henri Gadeau de Kerville, Secrétaire de ce Comité,* in
Bull. de cette Soc. : (ann. 1880 et 1881), in 2ᵉ sem. 1881,
p. 361 ; (ann. 1882), in 2ᵉ sem. 1882, p. 427 ; (ann. 1883),
in 2ᵉ sem. 1883, p. 363 ; et (ann. 1884), in 2ᵉ sem. 1884,
p. 451. — Tir. à part, Rouen, Léon Deshays, 1882, 1883,
1884, et 1885, (seul le dernier a la même pagination
que celle du Bull.). — [Voir, pour le commencement,
A. LE BRETON].

Henri GADEAU DE KERVILLE. — *Note sur la venue du Syrrhapte paradoxal en Normandie, avec 1 planche en
bistre,* in Bull. de la Soc. des Amis des Scienc. natur. de
Rouen, 1ᵉʳ sem. 1889, p. 359, et pl. I. — Tir. à part,
Rouen, Julien Lecerf, 1890, (même pagination que celle
du Bull.).

Amb. GENTIL. — *Ornithologie de la Sarthe,* in Bull. de la
Soc. d'Agriculture, Sciences et Arts de la Sarthe : 1ᵉʳ et
2ᵉ trim. 1877, p. 19 ; *Rapaces,* p. 21 ; *Grimpeurs,* p. 44 ;
Pigeons, p. 51 ; *Gallinacés,* p. 54 ; — 1ᵉʳ et 2ᵉ trim. 1878 :
Échassiers, p. 27 ; — ann. 1879 et 1880, 1ᵉʳ fasc. : *Pal-
mipèdes,* p. 31 ; — ann. 1879 et 1880, 2ᵉ fasc. : *Passe-*

reaux, p. 145. — Tir. à part : *Ornithologie de la Sarthe : Rapaces, Grimpeurs, Pigeons, Gallinacés*, 1878 ; *Échassiers,*. 1878 ; *Palmipèdes,* 1879 ; *Passereaux*, 1880 ; Le Mans, Edmond Monnoyer, (pagination spéciale).

Z. GERBE. — Voir A.-E. BREHM et C.-D. DEGLAND.

J. HARDY. — *Catalogue des Oiseaux observés dans le département de la Seine-Inférieure*, in Annuaire des cinq départem. de l'ancienne Normandie, (Annuaire normand), 1841, 7ᵉ ann., p. 280.

J. HARDY. — *Note sur le Stercoraire pomarin, et détermination de ses différences d'âges*, in Annuaire des cinq départem. de l'ancienne Normandie, (Annuaire normand), 1841, 7ᵉ ann., p. 298.

J. HARDY. — *Notes ornithologiques ; recueil appartenant à Josse Hardy, à Dieppe.* (Manuscrit de la Bibliothèque de Dieppe).

Henri JOÜAN. — *Mélanges zoologiques*, in Mémoir. de la Soc. nationale des Scienc. natur. de Cherbourg, t. XIX, 1875, p. 233. [*Oiseaux*, p. 237].

Henri JOÜAN. — *Trois Oiseaux rares à Cherbourg*, in Mémoir. de la Soc. nationale des Scienc. natur. et mathématiq. de Cherbourg, t. XXVI, 1889, p. 191.

A. LE BRETON. — *Extrait des Procès-verbaux des séances du Comité d'Ornithologie de la Société des Amis des Sciences naturelles de Rouen*, (1874-1879), *recueillis par A. Le Breton, Secrétaire de ce Comité*, in Bull. de cette Soc., 2ᵉ sem. 1879, p. 235. — Tir. à part, Rouen, Léon Deshays, 1880, (pagination spéciale). — [Voir, pour la suite, Henri GADEAU DE KERVILLE].

J. LE MENNICIER. — *Catalogue des Oiseaux observés dans le département de la Manche, plus particulièrement*

*dans l'arrondissement de Saint-Lo, depuis près de
vingt-cinq ans,* in Notices, Mémoires et Documents
publiés par la Soc. d'Agriculture, d'Archéologie et d'Histoire naturelle du départem. de la Manche, 4ᵉ vol.,
Saint-Lo, 1878, p. 113. — Tir. à part, Saint-Lo, Élie
fils, 1878, (pagination spéciale).

LEMETTEIL. — *Catalogue raisonné des Oiseaux de la
Seine-Inférieure,* in Bull. de la Soc. des Amis des Scienc.
natur. de Rouen : ann. 1866, p. 163; *Carnivores,* p. 177;
Omnivores, p. 243 ; — ann. 1867 : *Insectivores,* p. 56 ; —
ann. 1868 : *Granivores,* p. 46 ; — ann. 1869 : *Vermivores,*
p. 36. — Le 6ᵉ et dernier ordre (*Piscivores*) n'a pas été
publié dans le Bull. de cette Société, mais figure, avec ceux
qui précèdent, dans le tir. à part intitulé : *Catalogue
raisonné ou Histoire descriptive et méthodique des
Oiseaux de la Seine-Inférieure,* 2 vol., Rouen, Henry
Boissel, 1874, (pagination spéciale).

LEMETTEIL. — *L'Oie à cou roux (Anser ruficollis* Degl.),
in Bull. de la Soc. des Amis des Scienc. natur. de Rouen,
1ᵉʳ sem. 1880, p. 21. — Tir. à part, Rouen, Léon Deshays, 1880, (pagination spéciale).

LEMETTEIL. — *Capture, dans le département de la
Seine-Inférieure, d'une Oie à cou roux (Anser ruficollis* Pall.),* in Bull. de la Soc. zoologique de France,
ann. 1880, p. 75. — [Ce travail, et le précédent, concernent le même individu].

LEMETTEIL. — *Notes ornithologiques,* in Bull. de la Soc.
des Amis des Scienc. natur. de Rouen, 2ᵉ sem. 1884,
p. 419.

SAUVAGE. — *Catalogue méthodique des Oiseaux du
Calvados,* in Mémoir. de la Soc. linnéenne de Normandie,
ann. 1834-38, p. 171, et addition, p. 309.

Lesson. — *Note de Lesson.* — Voir de la Fresnaye.

A.-L. Letacq. — *Notice sur les Observations zoologiques de Magné de Marolles aux environs d'Alençon et de Mortagne, (Orne)*, in Bull. de la Soc. linnéenne de Normandie, 1ᵉʳ et 2ᵉ fasc. de 1892, p. 46. — Tir. à part, Caen, E. Lanier, 1892, (même pagination que celle du Bull.).

Magné de Marolles. — Voir A.-L. Letacq.

Marmottan et J. Vian. — *Liste d'Oiseaux capturés en France, mais rares dans ce pays*, in Bull. de la Soc. zoologique de France, ann. 1879, p. 245. — Tir. à part, Paris, au siège de la Soc., 1880, (pagination spéciale).

Noury. — *Catalogue complet des Oiseaux de la Normandie observés par Noury*, in Bull. de la Soc. des Amis des Scienc. natur. de Rouen, ann. 1865, p. 86.

Léon Olphe-Galliard. — *Contributions à la Faune ornithologique de l'Europe occidentale ; recueil comprenant les espèces d'Oiseaux qui se reproduisent dans cette région ou qui s'y montrent régulièrement de passage; augmenté de la description des principales espèces exotiques les plus voisines des indigènes ou susceptibles d'être confondues avec elles, ainsi que l'énumération des races domestiques :* fasc. I, *Anseres brevipennes,* 1884; fasc. II, *Mergidae* et *Oxyuridae,* 1887; fasc. III, *Fuligulinae,* avec 1 pl. en noir, et fasc. IV, *Anatinae,* 1888; fasc. V, *Cygnidae,* 1885; fasc. VI, *Anseridae,* et fasc. VII, *Phaenicopteridae,* 1887; fasc. VIII, *Anseres pinnipedes,* fasc. IX, *Procellariidae,* fasc. X, *Stercorariinae* et *Larinae,* et fasc. XI, *Sterninae,* 1886; fasc. XII, *Grallae natatores, Grallae longipennes, Recurvirostridae, Himantopodidae, Haematopodidae* et *Arenariidae,* 1888; fasc. XIII, *Charadriidae,* 1890; fasc. XIV, *Scolopacidae,* 1891; fasc. XV, *Grallae altrices,* 1891;

fasc. XVI, *Grallae macrodactylae*, 1887 ; fasc. XVII, *Vulturidae*, et fasc. XVIII, *Aquilidae*, 1889; fasc. XIX, *Circaetidae* et *Falconidae*, 1889; fasc. XX, *Pernidae*, *Milvidae*, *Accipitridae* et *Circidae*, et fasc. XXI, *Accipitres nocturni*, 1889 ; fasc. XXII, *Brevipedes*, 1887 ; fasc. XXIII, *Tenuirostres*, 1888; fasc. XXIV, *Scansores*, et fasc. XXV, *Syndactyli*, 1888 ; fasc. XXVI, *Oscines suspensores*, et fasc. XXVII, *Muscicapidae, Turdidae* et *Sylviinae*, 1891; fasc. XXVIII, *Ficedulinae* et *Calamoherpinae*, et fasc. XXIX, *Troglodytidae* et *Saxicolidae*, 1891 ; fasc. XXX, *Oscines ambulatores*, 1890 ; fasc. XXXI, *Emberizidae*, 1890 ; fasc. XXXII, *Loxiidae* et *Fringillidae*, 1890 ; fasc. XXXIII, *Ploceidae*, 1885 ; fasc. XXXIV, *Coraces*, et fasc. XXXV, *Dentirostres*, 1890 ; fasc. XXXVI, *Columbae*, 1890 ; fasc. XXXVII, *Gallinae*, fasc. XXXVIII, *Tetraonidae*, fasc. XXXIX, *Perdicidae*, avec 1 pl. en héliotypie, et fasc. XL, *Cursores*, 1886 ; et *Table des matières*, 1892 ; Lyon, A. Rey; Berlin, R. Friedlaender et Sohn ; etc.

J. VIAN. — Voir MARMOTTAN.

I. — LISTE MÉTHODIQUE DES OISEAUX

OBSERVÉS EN NORMANDIE (1).

Carnivores.

1. — *Asio bubo* L. (Hibou grand-duc).

2. — *Asio scops* L. (Hibou petit-duc).

3. — *Asio otus* L. (Hibou moyen-duc).

4. — *Asio accipitrinus* Pall. (Hibou brachyote).

5. — *Strix aluco* L. (Chouette hulotte).

6. — *Strix flammea* L. (Chouette effraye).

7. — *Strix Tengmalmi* Gm. (Chouette de Tengmalm).

8. — *Strix noctua* Scop. (Chouette chevêche).

9. — *Strix nyctea* L. (Chouette harfang).

10. — *Circus rufus* Briss. (Busard des marais).

11. — *Circus cyaneus* L. (Busard de Saint-Martin).

12. — *Circus cinerarius* Mont. (Busard de Montagu).

13. — *Aquila gallica* Gm. (Aigle Jean-le-Blanc).

14. — *Aquila haliaetus* L. (Aigle balbusard).

15. — *Aquila albicilla* L. (Aigle à queue blanche).

16. — *Aquila pennata* Gm. (Aigle botté).

17. — *Aquila naevia* Briss. (Aigle criard).

18. — *Aquila chrysaetos* Klein (Aigle doré).

19. — *Hierofalco species ?* (Gerfaut espèce ?).

1. Je n'ai inscrit, dans cette liste, que les Oiseaux dont la venue, en Normandie, m'a paru certaine.

20. — *Falco communis* Gm. (Faucon commun).

21. — *Falco subbuteo* L. (Faucon hobereau).

22. — *Falco aesalon* Tunst. (Faucon émérillon).

23. — *Falco tinnunculus* L. (Faucon crécerelle).

24. — *Falco cenchris* J.-A. Naum. (Faucon crécerine).

25. — *Accipiter nisus* L. (Épervier commun).

26. — *Accipiter palumbarius* L. (Épervier autour).

27. — *Buteo vulgaris* Salerne (Buse vulgaire).

28. — *Buteo lagopus* Brünn. (Buse pattue).

29. — *Buteo apivorus* L. (Buse bondrée).

30. — *Elanus caeruleus* Desf. (Élanion blac).

31. — *Milvus regalis* Briss. (Milan royal).

32. — *Milvus niger* Briss. (Milan noir).

33. — *Vultur monachus* L. (Vautour moine).

34. — *Vultur fulvus* Briss. (Vautour fauve).

35. — *Neophron percnopterus* L. (Néophron percnoptère).

Omnivores.

36. — *Corvus corax* L. (Corbeau commun).

37. — *Corvus corone* L. (Corbeau corneille).

38. — *Corvus cinereus* Briss. (Corbeau mantelé).

39. — *Corvus frugilegus* L. (Corbeau freux).

40. — *Corvus monedula* L. (Corbeau choucas).

41. — *Graculus eremita* L. (Crave commun).

42. — *Nucifraga caryocatactes* L. (Casse-noix commun).

43. — *Pica caudata* L. (Pie commune).

44. — *Garrulus glandarius* L. (Geai commun).

45. — *Sturnus vulgaris* L. (Étourneau vulgaire).

46. — *Pastor roseus* L. (Martin roselin).

Insectivores.

47. — *Lanius excubitor* L. (Pie-grièche grise).

47bis— *Lanius excubitor* L. var. *major* Pall. (Pie-grièche grise var. majeure).

48. — *Lanius rufus* Briss. (Pie-grièche rousse).

49. — *Lanius collurio* L. (Pie-grièche écorcheur).

50. — *Coracias garrula* L. (Rollier commun).

51. — *Parus major* L. (Mésange charbonnière).

52. — *Parus caeruleus* L. (Mésange bleue).

53. — *Parus palustris* Bchst. (Mésange des marais).

54. — *Parus cristatus* L. (Mésange huppée).

55. — *Parus ater* L. (Mésange noire).

56. — *Parus caudatus* L. (Mésange à longue queue).

56bis— *Parus caudatus* L. var. *longicauda* Briss. (Mésange à longue queue var. rosâtre).

57. — *Parus barbatus* Briss. (Mésange à moustaches).

58. — *Parus pendulinus* L. (Mésange rémiz).

59. — *Regulus cristatus* K.-L. Koch (Roitelet huppé).

60. — *Regulus ignicapillus* Brehm (Roitelet à triple bandeau).

61. — *Sitta europaea* L. var. *caesia* M. et W. (Sittelle commune var. torche-pot).

62. — *Tichodroma muraria* L. (Tichodrome échelette).

63. — *Certhia familiaris* L. (Grimpereau familier).

64. — *Picus viridis* L. (Pic vert).

65. — *Picus canus* Gm. (Pic cendré).

66. — *Picus major* L. (Pic épeiche).

67. — *Picus medius* L. (Pic mar).

68. — *Picus minor* L. (Pic épeichette).

69. — *Yunx torquilla* L. (Torcol commun).

70. — *Cuculus canorus* L. (Coucou commun).

71. — *Merops apiaster* L. (Guêpier commun).

72. — *Hirundo rustica* L. (Hirondelle de cheminée).

73. — *Hirundo urbica* L. (Hirondelle de fenêtre).

74. — *Hirundo riparia* L. (Hirondelle de rivage).

75. — *Cypselus apus* L. (Martinet noir).

76. — *Cypselus melba* L. (Martinet alpin).

77. — *Caprimulgus europaeus* L. (Engoulevent commun).

78. — *Muscicapa grisola* L. (Gobe-mouches gris).

79. — *Muscicapa nigra* Briss. (Gobe-mouches noir).

80. — *Muscicapa collaris* Bchst. (Gobe-mouches à collier).

81. — *Acrocephalus arundinaceus* Briss. (Rousserolle turdoïde).

82. — *Acrocephalus streperus* Vieill. (Rousserolle effarvatte).

83. — *Acrocephalus palustris* Bchst. (Rousserolle verderolle).

84. — *Calamodyta schoenobaenus* L. (Phragmite des joncs).

85. — *Calamodyta aquatica* Gm. (Phragmite aquatique).

86. — *Locustella naevia* Bodd. (Locustelle tachetée).

87. — *Anorthura troglodytes* L. (Anorthure troglodyte).

88. — *Hypolais polyglotta* Vieill. (Hypolaïs polyglotte).

89. — *Hypolais icterina* Vieill. (Hypolaïs contrefaisant).

90. — *Phylloscopus sibilatrix* Bchst. (Pouillot siffleur).

91. — *Phylloscopus trochilus* L. (Pouillot fitis).

92. — *Phylloscopus rufus* Bchst. (Pouillot véloce).

93. — *Phylloscopus Bonellii* Vieill. (Pouillot de Bonelli).

94. — *Sylvia atricapilla* L. (Fauvette à tête noire).

95. — *Sylvia hortensis* Gm. (Fauvette des jardins).

96. — *Sylvia garrula* Briss. (Fauvette babillarde).

97. — *Sylvia orphea* Temm. (Fauvette orphée).

98. — *Sylvia cinerea* Briss. (Fauvette grisette).

99. — *Sylvia provincialis* Gm. (Fauvette provençale).

100. — *Bombycilla bohemica* Briss. (Jaseur de Bohême).

101. — *Oriolus galbula* L. (Loriot jaune).

102. — *Turdus musicus* L. (Grive musicienne).

103. — *Turdus viscivorus* L. (Grive draine).

104. — *Turdus aureus* Holl. (Grive dorée).

105. — *Turdus iliacus* L. (Grive mauvis).

106. — *Turdus pilaris* L. (Grive litorne).

107. — *Turdus torquatus* L. (Grive à plastron).

108. — *Turdus merula* L. (Grive merle).

109. — *Monticola saxatilis* Briss. (Pétrocincle de roche).

110. — *Saxicola oenanthe* L. (Traquet motteux).

111. — *Saxicola rubetra* L. (Traquet tarier).

112. — *Saxicola rubicola* L. (Traquet rubicole).

113. — *Cinclus aquaticus* Bchst. (Cincle d'eau).

114. — *Alcedo ispida* L. (Martin-pêcheur commun).

115. — *Upupa epops* L. (Huppe commune).

116. — *Accentor modularis* L. (Accenteur mouchet).

117. — *Accentor collaris* Scop. (Accenteur des Alpes).

118. — *Erithacus luscinia* L. (Rubiette rossignol).

119. — *Erithacus major* Gm. (Rubiette progné).

120. — *Erithacus phoenicurus* L. (Rubiette de muraille).

121. — *Erithacus titys* Scop. (Rubiette titys).

122. — *Erithacus rubecula* L. (Rubiette rouge-gorge).

123. — *Erithacus caerulecula* Pall. var. *cyanecula* M. et W. (Rubiette suédoise var. gorge-bleue).

124. — *Motacilla cinerea* Briss. (Bergeronnette grise).

124bis — *Motacilla cinerea* Briss. var. *lugubris* Temm. (Bergeronnette grise var. de Yarrell).

125. — *Motacilla boarula* Penn. (Bergeronnette boarule).

126. — *Motacilla flava* L. (Bergeronnette printanière).

126bis — *Motacilla flava* L. var. *Rayi* Bp. (Bergeronnette printanière var. de Ray).

126ter — *Motacilla flava* L. var. *cinereocapilla* Savi (Bergeronnette printanière var. à tête cendrée).

127. — *Anthus spinoletta* L. (Pipit spioncelle).

128. — *Anthus obscurus* Penn. (Pipit obscur).

129. — *Anthus pratensis* Briss. (Pipit farlouse).

130. — *Anthus arboreus* Briss. (Pipit des arbres).

131. — *Anthus campestris* Briss. (Pipit rousseline).

132. — *Anthus Richardi* Vieill. (Pipit de Richard).

133. — *Alauda arvensis* L. (Alouette des champs).

134. — *Alauda alpestris* L. (Alouette alpestre).

135. — *Alauda cristata* L. (Alouette cochevis).

136. — *Alauda arborea* L. (Alouette lulu).

137. — *Alauda brachydactyla* Leisl. (Alouette calandrelle).

Granivores.

138. — *Emberiza lapponica* L. (Bruant montain).

139. — *Emberiza nivalis* L. (Bruant de neige).

140. — *Emberiza miliaria* L. (Bruant proyer).

141. — *Emberiza citrinella* L. (Bruant jaune).

142. — *Emberiza cirlus* L. (Bruant zizi).

143. — *Emberiza cia* L. (Bruant fou).

144. — *Emberiza hortulana* L. (Bruant ortolan).

145. — *Emberiza schoeniclus* L. (Bruant des roseaux).

146. — *Emberiza passerina* Pall. (Bruant passerine).

147. — *Aegiothus linarius* L. (Sizerin boréal).

147bis — *Aegiothus linarius* L. var. *rufescens* Vieill. (Sizerin boréal var. cabaret).

148. — *Carduelis spinus* L. (Chardonneret tarin).

149. — *Carduelis elegans* Steph. (Chardonneret élégant).

150. — *Linaria cannabina* L. (Linotte commune).

151. — *Linaria montana* Briss. (Linotte de montagne).

152. — *Fringilla coelebs* L. (Pinson commun).

153. — *Fringilla montifringilla* L. (Pinson d'Ardennes).

154. — *Coccothraustes vulgaris* Pall. (Gros-bec vulgaire).

155. — *Loxia curvirostra* L. (Bec-croisé commun).

156. — *Loxia pityopsittacus* Bchst. (Bec-croisé perroquet).

157. — *Loxia leucoptera* Gm. var. *bifasciata* Brehm (Bec-croisé leucoptère var. à double bande).

158. — *Pyrrhula rubicilla* Pall. (Bouvreuil commun).

159. — *Ligurinus chloris* Briss. (Verdier commun).

160. — *Passer domesticus* Briss. (Moineau domestique).

161. — *Passer montanus* Briss. (Moineau friquet).

162. — *Passer stultus* Briss. (Moineau soulcie).

Pigeons.

163. — *Columba palumbus* L. (Pigeon ramier).

164. — *Columba oenas* L. (Pigeon colombin).

165. — *Columba livia* Briss. (Pigeon biset).

166. — *Columba turtur* L. (Pigeon tourterelle).

167. — *Columba migratoria* L. (Pigeon voyageur).

Gallinacés.

168. — *Syrrhaptes paradoxus* Pall. (Syrrhapte paradoxal).

169. — *Lagopus scoticus* Briss. (Lagopède d'Écosse).

170. — *Perdix rubra* Briss. (Perdrix rouge).

171. — *Perdix cinerea* Briss. (Perdrix grise).

171bis — *Perdix cinerea* Briss. var. *damascena* Klein
(Perdrix grise var. roquette).

172. — *Coturnix communis* Bonnat. (Caille commune).

173. — *Phasianus colchicus* L. (Faisan commun).

Échassiers.

174. — *Otis tarda* L. (Outarde barbue).

175. — *Otis tetrax* L. (Outarde canepetière).

176. — *Glareola torquata* Briss. (Glaréole à collier).

177. — *Cursorius gallicus* Gm. (Court-vite isabelle).

178. — *Oedicnemus scolopax* S. Gm. (Oedicnème criard).

179. — *Charadrius apricarius* L. (Pluvier doré).

180. — *Charadrius morinellus* L. (Pluvier guignard).

181. — *Charadrius hiaticula* L. (Pluvier hiaticule).

182. — *Charadrius dubius* Scop. (Pluvier des Philippines).

183. — *Charadrius cantianus* Lath. (Pluvier de Kent).

184. — *Vanellus squatarola* L. (Vanneau varié).

185. — *Vanellus vulgaris* Klein (Vanneau huppé).

186. — *Haematopus ostralegus* L. (Huîtrier pie).

187. — *Strepsilas interpres* L. (Tourne-pierres à collier).

188. — *Calidris arenaria* L. (Sanderling des sables).

189. — *Himantopus Plinii* Salerne (Échasse blanche).

190. — *Recurvirostra avocetta* L. (Récurvirostre avocette).

191. — *Limosa belgica* Gm. (Barge à queue noire).

192. — *Limosa lapponica* L. (Barge rousse).

193. — *Totanus glottis* L. (Chevalier aboyeur).

194. — *Totanus fuscus* L. (Chevalier brun).

195. — *Totanus stagnatilis* Bchst. (Chevalier stagnatile).

196. — *Totanus gambetta* L. (Chevalier gambette).

197. — *Totanus glareola* L. (Chevalier sylvain).

198. — *Totanus ochropus* L. (Chevalier cul-blanc).

199. — *Totanus hypoleucos* L. (Chevalier guignette).

200. — *Machetes pugnax* L. (Combattant commun).

201. — *Tringa pygmaea* Bchst. (Bécasseau platyrhynque).

202. — *Tringa subarquata* Güldst. (Bécasseau cocorli).

203. — *Tringa alpina* L. (Bécasseau variable).

204. — *Tringa maritima* Brünn. (Bécasseau violet).

205. — *Tringa minuta* Leisl. (Bécasseau minule).

206. — *Tringa Temminckii* Leisl. (Bécasseau de Temminck).

207. — *Tringa canutus* L. (Bécasseau canut).

208. — *Macroramphus griseus* Gm. (Macroramphe gris).

209. — *Scolopax minima* Klein (Bécasse sourde).

210. — *Scolopax gallinago* L. (Bécasse bécassine).

211. — *Scolopax media* J.-L. Frisch (Bécasse double-bécassine).

212. — *Scolopax rusticula* L. (Bécassse commune).

213. — *Numenius arquata* L. (Courlis cendré).

214. — *Numenius tenuirostris* Vieill. (Courlis à bec grêle).

215. — *Numenius phaeopus* L. (Courlis corlieu).

216. — *Ibis falcinellus* L. (Ibis falcinelle).

217. — *Grus communis* Bchst. (Grue cendrée).

218. — *Ciconia alba* Klein (Cigogne blanche).

219. — *Ciconia nigra* L. (Cigogne noire).

220. — *Platalea leucorodia* L. (Spatule blanche).

221. — *Ardea cinerea* L. (Héron cendré).

222. — *Ardea purpurascens* Briss. (Héron pourpré).

223. — *Ardea alba* L. (Héron aigrette).

224. — *Ardea garzetta* L. (Héron garzette).

225. — *Ardea ralloides* Scop. (Héron crabier).

226. — *Ardea nycticorax* L. (Héron bihoreau).

227. — *Ardea stellaris* L. (Héron butor).

228. — *Ardea ardeola* Briss. (Héron blongios).

229. — *Rallus aquaticus* L. (Râle d'eau).

230. — *Rallus crex* L. (Râle des genêts).

231. — *Rallus porzana* L. (Râle marouette).

232. — *Rallus pusillus* Pall. (Râle de Baillon).

233. — *Rallus parvus* Scop. (Râle poussin).

234. — *Gallinula chloropus* L. (Poule d'eau commune).

235. — *Fulica atra* L. (Foulque macroule).

236. — *Phalaropus cinereus* Briss. (Phalarope hyperboré).

237. — *Phalaropus fulicarius* L. (Phalarope platyrhynque).

Palmipèdes.

238. — *Sterna nigra* Briss. (Sterne épouvantail).

239. — *Sterna leucoptera* Meisn. et Schinz (Sterne leu-coptère).
240. — *Sterna leucopareia* Natt. (Sterne moustac).
241. — *Sterna minor* Briss. (Sterne naine).
242. — *Sterna major* Briss. (Sterne pierre-garin).
243. — *Sterna paradisea* Brünn. (Sterne paradis).
244. — *Sterna Dougalli* Mont. (Sterne de Dougall).
245. — *Sterna cantiaca* Gm. (Sterne caugek).
246. — *Sterna anglica* Mont. (Sterne hansel).
247. — *Sterna caspia* Pall. (Sterne tschégrava).
248. — *Larus Sabinei* Sab. (Goëland de Sabine).
249. — *Larus albus* Scop. (Goëland pygmée).
250. — *Larus ridibundus* Briss. (Goëland rieur).
251. — *Larus tridactylus* L. (Goëland tridactyle).
252. — *Larus eburneus* Phipps (Goëland sénateur).
253. — *Larus canus* L. (Goëland cendré).
254. — *Larus leucopterus* Faber (Goëland leucoptère).
255. — *Larus glaucus* Brünn. (Goëland bourgmestre).
256. — *Larus cinereus* Briss. (Goëland argenté).
256bis— *Larus cinereus* Briss. var. *cachinnans* Pall. (Goëland argenté var. de Michahelles).
257. — *Larus fuscus* L. (Goëland brun).
258. — *Larus marinus* L. (Goëland marin).
259. — *Stercorarius longicaudus* Briss. (Stercoraire longicaude).
260. — *Stercorarius parasiticus* Brünn. (Stercoraire de Richardson).
261. — *Stercorarius striatus* Briss. (Stercoraire pomarin).
262. — *Stercorarius fuscus* Briss. (Stercoraire cataracte).

263. — *Procellaria cinerea* Briss. (Pétrel glacial).

264. — *Puffinus gravis* O'Reilly (Puffin majeur).

265. — *Puffinus Anglorum* Kuhl (Puffin des Anglais).

266. — *Puffinus griseus* Gm. (Puffin fuligineux).

267. — *Thalassidroma pelagica* L. (Thalassidrome des tempêtes).

268. — *Thalassidroma leucorrhoa* Vieill. (Thalassidrome de Leach).

269. — *Diomedea albatrus* Klein (Albatros hurleur).

270. — *Sula bassana* L. (Fou de Bassan).

271. — *Phalacrocorax carbo* Dumont (Cormoran commun).

271bis — *Phalacrocorax carbo* Dumont var. *cormoranus* M. et W. (Cormoran commun var. moyenne).

272. — *Phalacrocorax minor* Briss. (Cormoran huppé).

273. — *Phalacrocorax pygmaeus* Pall. (Cormoran pygmée).

274. — *Anser ferus* Salerne (Oie cendrée).

275. — *Anser sylvestris* Briss. (Oie des moissons).

276. — *Anser brachyrhynchus* Baill. (Oie à bec court).

277. — *Anser albifrons* Scop. (Oie rieuse).

278. — *Anser erythropus* Gm. (Oie bernache).

279. — *Anser bernicla* L. (Oie cravant).

280. — *Anser ruficollis* Pall. (Oie à cou roux).

281. — *Anser aegyptiacus* L. (Oie d'Égypte).

282. — *Cygnus ferus* Briss. (Cygne sauvage).

283. — *Cygnus Bewickii* Yarr. (Cygne de Bewick).

284. — *Cygnus mansuetus* Salerne (Cygne tuberculé).

285. — *Anas tadorna* L. (Canard tadorne).

286. — *Anas clypeata* L. (Canard souchet).

287. — *Anas boscas* L. (Canard sauvage).

288. — *Anas acuta* L. (Canard pilet).

289. — *Anas strepera* L. (Canard chipeau).

290. — *Anas Penelope* L. (Canard siffleur).

291. — *Anas querquedula* L. (Canard sarcelle).

292. — *Anas crecca.* L. (Canard sarcelline).

293. — *Anas formosa* Georgi (Canard formose).

294. — *Fuligula clangula* L. (Fuligule garrot).

295. — *Fuligula hyemalis* L. (Fuligule de Miquelon).

296. — *Fuligula marila* L. (Fuligule milouinan).

297. — *Fuligula ferina* L. (Fuligule milouin).

298. — *Fuligula latirostra* Brünn. (Fuligule morillon).

299. — *Fuligula nyroca* Güldst. (Fuligule nyroca).

300. — *Fuligula rufina* Pall. (Fuligule roussâtre).

301. — *Fuligula mollissima* L. (Fuligule eider).

302. — *Fuligula spectabilis* L. (Fuligule à tête grise).

303. — *Fuligula nigra* L. (Fuligule macreuse).

304. — *Fuligula fusca* L. (Fuligule brune).

305. — *Fuligula perspicillata* L. (Fuligule à lunettes).

306. — *Fuligula leucocephala* Scop. (Fuligule couronnée).

307. — *Mergus merganser* L. (Harle bièvre).

308. — *Mergus serrator* L. (Harle huppé).

309. — *Mergus albellus* L. (Harle piette).

310. — *Colymbus maximus* Klein (Plongeon imbrim).

311. — *Colymbus arcticus* L. (Plongeon lumme).

312. — *Colymbus minor* Briss. (Plongeon cat-marin).

313. — *Podiceps cristatus* L. (Grèbe huppé).

314. — *Podiceps vulgaris* Scop. (Grèbe jougris).

315. — *Podiceps minor* Briss. (Grèbe esclavon).

316. — *Podiceps auritus* Briss. (Grèbe à cou noir).

317. — *Podiceps fluviatilis* Briss. (Grèbe castagneux).

318. — *Uria lomvia* L. var. *Troile* L. (Guillemot lumme var. de Troïl).

318bis — *Uria lomvia* L. var. *ringvia* Brünn. (Guillemot lumme var. bridée).

319. — *Uria grylle* L. (Guillemot grylle).

320. — *Mergulus alle* L. (Mergule nain).

321. — *Fratercula arctica* L. (Macareux moine).

322. — *Alca torda* L. (Pingouin macroptère).

Total des Oiseaux observés en Normandie : 322 espèces (dont 318 types et 4 variétés), et 10 variétés (dont les types sont au nombre des précédents, sauf l'*Uria lomvia* L. var. *ringvia* Brünn. (Guillemot lumme var. bridée), dont le type n'a pas, à ma connaissance, été observé en Normandie, mais dont j'ai compté ici, comme espèce, la var. *Troile* L. (var. de Troïl).

II. — LISTE MÉTHODIQUE DES OISEAUX

Carnivores.

1. — *Asio otus* L. (Hibou moyen-duc).
2. — *Strix aluco* L. (Chouette hulotte).
3. — *Strix flammea* L. (Chouette effraye).
4. — *Strix noctua* Scop. (Chouette chevêche).
5. — *Circus rufus* Briss. (Busard des marais).
6. — *Circus cyaneus* L. (Busard de Saint-Martin)[2].
7. — *Falco communis* Gm. (Faucon commun).
8. — *Falco tinnunculus* L. (Faucon crécerelle).
9. — *Accipiter nisus* L. (Épervier commun).
10. — *Accipiter palumbarius* L. (Épervier autour).
11. — *Buteo vulgaris* Salerne (Buse vulgaire).

Omnivores.

12. — *Corvus corax* L. (Corbeau commun).
13. — *Corvus corone* L. (Corbeau corneille).

---

1. Je n'ai inscrit, dans cette liste, aucun des renseignements qui m'ont paru douteux.

Le fait qu'un certain nombre d'Oiseaux sont partiellement sédentaires et partiellement de passage en Normandie, explique toutes les répétitions dans la liste des Oiseaux de passage régulier et dans la liste de ceux dont la présence est plus ou moins accidentelle.

2. Le *Circus cyaneus* L. (Busard de Saint-Martin) et le *Coccothraustes vulgaris* Pall. (Gros-bec vulgaire) ne sont pas sédentaires en Normandie quand la saison froide y est particulièrement rigoureuse.

14. — *Corvus frugilegus* L. (Corbeau freux).

15. — *Corvus monedula* L. (Corbeau choucas).

16. — *Pica caudata* L. (Pie commune).

17. — *Garrulus glandarius* L. (Geai commun).

18. — *Sturnus vulgaris* L. (Étourneau vulgaire).

Insectivores.

19. — *Lanius excubitor* L. (Pie-grièche grise).

20. — *Parus major* L. (Mésange charbonnière).

21. — *Parus caeruleus* L. (Mésange bleue).

22. — *Parus palustris* Bchst. (Mésange des marais).

23. — *Parus cristatus* L. (Mésange huppée).

24. — *Parus caudatus* L. var. *longicauda* Briss. (Mésange à longue queue var. rosâtre).

25. — *Regulus cristatus* K.-L. Koch (Roitelet huppé).

26. — *Sitta europaea* L. var. *caesia* M. et W. (Sittelle commune var. torche-pot).

27. — *Certhia familiaris* L. (Grimpereau familier).

28. — *Picus viridis* L. (Pic vert).

29. — *Picus major* L. (Pic épeiche).

30. — *Picus minor* L. (Pic épeichette).

31. — *Anorthura troglodytes* L. (Anorthure troglodyte).

32. — *Turdus musicus* L. (Grive musicienne).

33. — *Turdus viscivorus* L. (Grive draine).

34. — *Turdus merula* L. (Grive merle).

35. — *Saxicola rubicola* L. (Traquet rubicole).

36. — *Cinclus aquaticus* Bchst. (Cincle d'eau).

37. — *Alcedo ispida* L. (Martin-pêcheur commun).

38. — *Accentor modularis* L. (Accenteur mouchet).
39. — *Erithacus rubecula* L. (Rubiette rouge-gorge).
40. — *Motacilla cinerea* Briss. (Bergeronnette grise).
41. — *Anthus obscurus* Penn. (Pipit obscur).
42. — *Anthus pratensis* Briss. (Pipit farlouse).
43. — *Alauda arvensis* L. (Alouette des champs).
44. — *Alauda cristata* L. (Alouette cochevis).

Granivores.

45. — *Emberiza miliaria* L. (Bruant proyer).
46. — *Emberiza citrinella* L. (Bruant jaune).
47. — *Emberiza cirlus* L. (Bruant zizi).
48. — *Carduelis elegans* Steph. (Chardonneret élégant).
49. — *Linaria cannabina* L. (Linotte commune).
50. — *Fringilla coelebs* L. (Pinson commun).
51. — *Coccothraustes vulgaris* Pall. (Gros-bec vulgaire)[1].
52. — *Pyrrhula rubicilla* Pall. (Bouvreuil commun).
53. — *Ligurinus chloris* Briss. (Verdier commun).
54. — *Passer domesticus* Briss. (Moineau domestique).
55. — *Passer montanus* Briss. (Moineau friquet).

Pigeons.

56. — *Columba palumbus* L. (Pigeon ramier).
57. — *Columba oenas* L. (Pigeon colombin).
58. — *Columba livia* Briss. (Pigeon biset).

1. Voir la note 2, au bas de la p. 539.

Gallinacés.

59. — *Perdix rubra* Briss. (Perdrix rouge).
60. — *Perdix cinerea* Briss. (Perdrix grise).
61. — *Phasianus colchicus* L. (Faisan commun).

Échassiers.

62. — *Charadrius hiaticula* L. (Pluvier hiaticule).
63. — *Vanellus vulgaris* Klein (Vanneau huppé).
64. — *Tringa alpina* L. (Bécasseau variable).
65. — *Scolopax gallinago* L. (Bécasse bécassine).
66. — *Scolopax rusticula* L. (Bécasse commune).
67. — *Numenius arquata* L. (Courlis cendré).
68. — *Ardea cinerea* L. (Héron cendré).
69. — *Rallus aquaticus* L. (Râle d'eau).
70. — *Gallinula chloropus* L. (Poule d'eau commune).
71. — *Fulica atra* L. (Foulque macroule).

Palmipèdes.

72. — *Sterna minor* Briss. (Sterne naine).
73. — *Sterna major* Briss. (Sterne pierre-garin).
74. — *Larus ridibundus* Briss. (Goëland rieur).
75. — *Larus tridactylus* L. (Goëland tridactyle).
76. — *Larus canus* L. (Goëland cendré).
77. — *Larus cinereus* Briss. (Goëland argenté).
78. — *Larus marinus* L. (Goëland marin).

79. — *Phalacrocorax carbo* Dumont (Cormoran commun).
80. — *Anas tadorna* L. (Canard tadorne).
81. — *Anas clypeata* L. (Canard souchet).
82. — *Anas boscas* L. (Canard sauvage).
83. — *Podiceps fluviatilis* Briss. (Grèbe castagneux).

Total des Oiseaux sédentaires en Normandie : 83 espèces (dont 81 types et 2 variétés).

III. — LISTE MÉTHODIQUE DES OISEAUX

SE REPRODUISANT D'UNE FAÇON RÉGULIÈRE OÙ ACCIDENTELLE
EN NORMANDIE (1).

Carnivores.

1. — *Asio otus* L. (Hibou moyen-duc).
2. — *Strix aluco* L. (Chouette hulotte).
3. — *Strix flammea* L. (Chouette effraye).
4. — *Strix noctua* Scop. (Chouette chevêche).
5. — *Circus rufus* Briss. (Busard des marais).
6. — *Circus cyaneus* L. (Busard de Saint-Martin).
7. — *Circus cinerarius* Mont. (Busard de Montagu).
8. — *Aquila gallica* Gm. (Aigle Jean-le-Blanc).
9. — *Falco communis* Gm. (Faucon commun).
10. — *Falco subbuteo* L. (Faucon hobereau).
11. — *Falco tinnunculus* L. (Faucon crécerelle).
12. — *Accipiter nisus* L. (Épervier commun).
13. — *Accipiter palumbarius* L. (Épervier autour).
14. — *Buteo vulgaris* Salerne (Buse vulgaire).
15. — *Buteo apivorus* L. (Buse bondrée).

Omnivores.

16. — *Corvus corax* L. (Corbeau commun).
17. — *Corvus corone* L. (Corbeau corneille).

---

1. Je n'ai inscrit, dans cette liste, aucun des renseignements qui m'ont paru douteux.

18. — *Corvus frugilegus* L. (Corbeau freux).
19. — *Corvus monedula* L. (Corbeau choucas).
20. — *Graculus eremita* L. (Crave commun).
21. — *Pica caudata* L. (Pie commune).
22. — *Garrulus glandarius* L. (Geai commun).
23. — *Sturnus vulgaris* L. (Étourneau vulgaire).

Insectivores.

24. — *Lanius excubitor* L. (Pie-grièche grise).
25. — *Lanius rufus* Briss. (Pie-grièche rousse).
26. — *Lanius collurio* L. (Pie-grièche écorcheur).
27. — *Parus major* L. (Mésange charbonnière).
28. — *Parus caeruleus* L. (Mésange bleue).
29. — *Parus palustris* Bchst. (Mésange des marais).
30. — *Parus cristatus* L. (Mésange huppée).
31. — *Parus caudatus* L. var. *longicauda* Briss. (Mésange à longue queue var. rosâtre).
32. — *Parus barbatus* Briss. (Mésange à moustaches).
33. — *Regulus cristatus* K.-L. Koch (Roitelet huppé).
34. — *Sitta europaea* L. var. *caesia* M. et W. (Sittelle commune var. torche-pot).
35. — *Certhiâ familiaris* L. (Grimpereau familier).
36. — *Picus viridis* L. (Pic vert).
37. — *Picus major* L. (Pic épeiche).
38. — *Picus minor* L. (Pic épeichette).
39. — *Yunx torquilla* L. (Torcol commun).
40. — *Cuculus canorus* L. (Coucou commun).
41. — *Hirundo rustica* L. (Hirondelle de cheminée).

42. — *Hirundo urbica* L. (Hirondelle de fenêtre).

43. — *Hirundo riparia* L. (Hirondelle de rivage).

44. — *Cypselus apus* L. (Martinet noir).

45. — *Caprimulgus europaeus* L. (Engoulevent commun).

46. — *Muscicapa grisola* L. (Gobe-mouches gris).

47. — *Muscicapa nigra* Briss. (Gobe-mouches noir).

48. — *Acrocephalus arundinaceus* Briss. (Rousserolle turdoïde).

49. — *Acrocephalus streperus* Vieill. (Rousserolle effarvatte).

50. — *Acrocephalus palustris* Bchst. (Rousserolle verderolle).

51. — *Calamodyta schoenobaenus* L. (Phragmite des joncs).

52. — *Calamodyta aquatica* Gm. (Phragmite aquatique).

53. — *Locustella naevia* Bedd. (Locustelle tachetée).

54. — *Anorthura troglodytes* L. (Anorthure troglodyte).

55. — *Hypolais polyglotta* Vieill. (Hypolaïs polyglotte).

56. — *Hypolais icterina* Vieill. (Hypolaïs contrefaisant).

57. — *Phylloscopus sibilatrix* Bchst. (Pouillot siffleur).

58. — *Phylloscopus trochilus* L. (Pouillot fitis).

59. — *Phylloscopus rufus* Bchst. (Pouillot véloce).

60. — *Sylvia atricapilla* L. (Fauvette à tête noire).

61. — *Sylvia hortensis* Gm. (Fauvette des jardins).

62. — *Sylvia garrula* Briss. (Fauvette babillarde).

63. — *Sylvia cinerea* Briss. (Fauvette grisette).

64. — *Oriolus galbula* L. (Loriot jaune).

65. — *Turdus musicus* L. (Grive musicienne).

66. — *Turdus viscivorus* L. (Grive draine).

67. — *Turdus torquatus* L. (Grive à plastron).

68. — *Turdus merula* L. (Grive merle).

69. — *Saxicola oenanthe* L. (Traquet motteux).

70. — *Saxicola rubetra* L. (Traquet tarier).

71. — *Saxicola rubicola* L. (Traquet rubicole).

72. — *Cinclus aquaticus* Bchst. (Cincle d'eau).

73. — *Alcedo ispida* L. (Martin-pêcheur commun).

74. — *Upupa epops* L. (Huppe commune).

75. — *Accentor modularis* L. (Accenteur mouchet).

76. — *Erithacus luscinia* L. (Rubiette rossignol).

77. — *Erithacus phoenicurus* L. (Rubiette de muraille).

78. — *Erithacus titys* Scop. (Rubiette titys).

79. — *Erithacus rubecula* L. (Rubiette rouge-gorge).

80. — *Erithacus caerulecula* Pall. var. *cyanecula* M. et
W. (Rubiette suédoise var. gorge-bleue).

81. — *Motacilla cinerea* Briss. (Bergeronnette grise).

81bis — *Motacilla cinerea* Briss. var. *lugubris* Temm.
(Bergeronnette grise var. de Yarrell).

82. — *Motacilla boarula* Penn. (Bergeronnette boarule).

83. — *Motacilla flava* L. (Bergeronnette printanière).

83bis — *Motacilla flava* L. var. *Rayi* Bp. (Bergeronnette
printanière var. de Ray).

84. — *Anthus obscurus* Penn. (Pipit obscur).

85. — *Anthus pratensis* Briss. (Pipit farlouse).

86. — *Anthus arboreus* Briss. (Pipit des arbres).

87. — *Alauda arvensis* L. (Alouette des champs).

88. — *Alauda cristata* L. (Alouette cochevis).

Granivores.

89. — *Emberiza miliaria* L. (Bruant proyer).
90. — *Emberiza citrinella* L. (Bruant jaune).
91. — *Emberiza cirlus* L. (Bruant zizi).
92. — *Emberiza hortulana* L. (Bruant ortolan).
93. — *Emberiza schoeniclus* L. (Bruant des roseaux).
94. — *Carduelis elegans* Steph. (Chardonneret élégant).
95. — *Linaria cannabina* L. (Linotte commune).
96. — *Fringilla coelebs* L. (Pinson commun).
97. — *Coccothraustes vulgaris* Pall. (Gros-bec vulgaire).
98. — *Pyrrhula rubicilla* Pall. (Bouvreuil commun).
99. — *Ligurinus chloris* Briss. (Verdier commun).
100. — *Passer domesticus* Briss. (Moineau domestique).
101. — *Passer montanus* Briss. (Moineau friquet).

Pigeons.

102. — *Columba palumbus* L. (Pigeon ramier).
103. — *Columba oenas* L. (Pigeon colombin).
104. — *Columba livia* Briss. (Pigeon biset).
105. — *Columba turtur* L. (Pigeon tourterelle).

Gallinacés.

106. — *Perdix rubra* Briss. (Perdrix rouge).
107. — *Perdix cinerea* Briss. (Perdrix grise).
107bis — *Perdix cinerea* Briss. var. *damascena* Klein
        (Perdrix grise var. roquette).

108. — *Coturnix communis* Bonnat. (Caille commune).

109. — *Phasianus colchicus* L. (Faisan commun).

Échassiers.

110. — *Otis tetrax* L. (Outarde canepetière).

111. — *Oedicnemus scolopax* S. Gm. (Oedicnème criard).

112. — *Charadrius hiaticula* L. (Pluvier hiaticule).

113. — *Charadrius dubius* Scop. (Pluvier des Philippines).

114. — *Charadrius cantianus* Lath. (Pluvier de Kent).

115. — *Vanellus squatarola* L. (Vanneau varié).

116. — *Vanellus vulgaris* Klein (Vanneau huppé).

117. — *Haematopus ostralegus* L. (Huîtrier pie).

118. — *Totanus hypoleucos* L. (Chevalier guignette).

119. — *Machetes pugnax* L. (Combattant commun).

120. — *Tringa alpina* L. (Bécasseau variable).

121. — *Scolopax gallinago* L. (Bécasse bécassine).

122. — *Scolopax rusticula* L. (Bécasse commune).

123. — *Numenius arquata* L. (Courlis cendré).

124. — *Ardea cinerea* L. (Héron cendré).

125. — *Ardea stellaris* L. (Héron butor).

126. — *Ardea ardeola* Briss. (Héron blongios).

127. — *Rallus aquaticus* L. (Râle d'eau).

128. — *Rallus crex* L. (Râle des genêts).

129. — *Rallus porzana* L. (Râle marouette).

130. — *Rallus pusillus* Pall. (Râle de Baillon).

131. — *Rallus parvus* Scop. (Râle poussin).

132. — *Gallinula chloropus* L. (Poule d'eau commune).

133. — *Fulica atra* L. (Foulque macroule).

Palmipèdes.

134. — *Sterna minor* Briss. (Sterne naine).

135. — *Sterna major* Briss. (Sterne pierre-garin).

136. — *Larus ridibundus* Briss. (Goëland rieur).

137. — *Larus tridactylus* L. (Goëland tridactyle).

138. — *Larus canus* L. (Goëland cendré).

139. — *Larus cinereus* Briss. (Goëland argenté).

140. — *Larus fuscus* L. (Goëland brun).

141. — *Larus marinus* L. (Goëland marin).

142. — *Phalacrocorax carbo* Dumont (Cormoran commun).

143. — *Phalacrocorax minor* Briss. (Cormoran huppé).

144. — *Anas tadorna* L. (Canard tadorne).

145. — *Anas clypeata* L. (Canard souchet).

146. — *Anas boscas* L. (Canard sauvage).

147. — *Anas Penelope* L. (Canard siffleur).

148. — *Anas querquedula* L. (Canard sarcelle).

149. — *Anas crecca* L. (Canard sarcelline).

150. — *Podiceps fluviatilis* Briss. (Grèbe castagneux).

151. — *Uria lomvia* L. var. *Troile* L. (Guillemot lumme var. de Troïl).

151bis — *Uria lomvia* L. var. *ringvia* Brünn. (Guillemot lumme var. bridée).

152. — *Fratercula arctica* L. (Macareux moine).

153. — *Alca torda* L. (Pingouin macroptère).

Total des Oiseaux se reproduisant d'une façon régulière ou accidentelle en Normandie : 153 espèces (dont 149 types et 4 variétés), et 4 variétés (dont les types sont au nombre des précédents, sauf l'*Uria lomvia* L. var. *ringvia* Brünn. (Guillemot lumme var. bridée), dont le type n'a pas, à ma connaissance, été observé en Normandie, mais dont j'ai compté ici, comme espèce, la var. *Troile* L. (var. de Troïl).

IV. — LISTE MÉTHODIQUE DES OISEAUX

DE PASSAGE RÉGULIER EN NORMANDIE (1).

Carnivores.

1. — *Asio otus* L. (Hibou moyen-duc).

2. — *Asio accipitrinus* Pall. (Hibou brachyote).

3. — *Circus rufus* Briss. (Busard des marais).

4. — *Circus cyaneus* L. (Busard de Saint-Martin).

5. — *Circus cinerarius* Mont. (Busard de Montagu).

6. — *Falco communis* Gm. (Faucon commun).

7. — *Falco subbuteo* L. (Faucon hobereau).

8. — *Falco aesalon* Tunst. (Faucon émérillon).

9. — *Accipiter nisus* L. (Épervier commun).

10. — *Buteo apivorus* L. (Buse bondrée).

Omnivores.

1. — *Corvus cinereus* Briss. (Corbeau mantelé).

2. — *Corvus frugilegus* L. (Corbeau freux).

3. — *Sturnus vulgaris* L. (Étourneau vulgaire).

Insectivores.

14. — *Lanius rufus* Briss. (Pie-grièche rousse).

15. — *Lanius collurio* L. (Pie-grièche écorcheur).

1. Je n'ai inscrit, dans cette liste, aucun des renseignements qui m'ont paru douteux.

Le fait qu'un certain nombre d'Oiseaux sont partiellement sédentaires et partiellement de passage en Normandie, explique toutes les répétitions dans la liste des Oiseaux sédentaires et dans la liste de ceux dont la présence est plus ou moins accidentelle.

16. — *Parus caeruleus* L. (Mésange bleue).

17. — *Parus barbatus* Briss. (Mésange à moustaches).

18. — *Regulus cristatus* K.-L. Koch (Roitelet huppé).

19. — *Regulus ignicapillus* Brehm (Roitelet à triple bandeau).

20. — *Yunx torquilla* L. (Torcol commun).

21. — *Cuculus canorus* L. (Coucou commun).

22. — *Hirundo rustica* L. (Hirondelle de cheminée).

23. — *Hirundo urbica* L. (Hirondelle de fenêtre).

24. — *Hirundo riparia* L. (Hirondelle de rivage).

25. — *Cypselus apus* L. (Martinet noir).

26. — *Caprimulgus europaeus* L. (Engoulevent commun).

27. — *Muscicapa grisola* L. (Gobe-mouches gris).

28. — *Muscicapa nigra* Briss. (Gobe-mouches noir).

29. — *Acrocephalus arundinaceus* Briss. (Rousserolle turdoïde).

30. — *Acrocephalus streperus* Vieill. (Rousserolle effarvatte).

31. — *Calamodyta schoenobaenus* L. (Phragmite des joncs).

32. — *Calamodyta aquatica* Gm. (Phragmite aquatique).

33. — *Locustella naevia* Bodd. (Locustelle tachetée).

34. — *Hypolais polyglotta* Vieill. (Hypolaïs polyglotte).

35. — *Hypolais icterina* Vieill. (Hypolaïs contrefaisant).

36. — *Phylloscopus sibilatrix* Bchst. (Pouillot siffleur).

37. — *Phylloscopus trochilus* L. (Pouillot fitis).

38. — *Phylloscopus rufus* Bchst. (Pouillot véloce).

39. — *Sylvia atricapilla* L. (Fauvette à tête noire).

40. — *Sylvia hortensis* Gm. (Fauvette des jardins).

41. — *Sylvia garrula* Briss. (Fauvette babillarde).

42. — *Sylvia cinerea* Briss. (Fauvette grisette).

43. — *Oriolus galbula* L. (Loriot jaune).

44. — *Turdus musicus* L. (Grive musicienne).

45. — *Turdus iliacus* L. (Grive mauvis).

46. — *Turdus pilaris* L. (Grive litorne).

47. — *Saxicola oenanthe* L. (Traquet motteux).

48. — *Saxicola rubetra* L. (Traquet tarier).

49. — *Saxicola rubicola* L. (Traquet rubicole).

50. — *Upupa epops* L. (Huppe commune).

51. — *Erithacus luscinia* L. (Rubiette rossignol).

52. — *Erithacus phoenicurus* L. (Rubiette de muraille).

53. — *Erithacus titys* Scop. (Rubiette titys).

54. — *Erithacus caerulecula* Pall. var. *cyanecula* M. et W. (Rubiette suédoise var. gorge-bleue).

55. — *Motacilla cinerea* Briss. (Bergeronnette grise).

55bis — *Motacilla cinerea* Briss. var. *lugubris* Temm. (Bergeronnette grise var. de Yarrell).

56. — *Motacilla boarula* Penn. (Bergeronnette boarule).

57. — *Motacilla flava* L. (Bergeronnette printanière).

57bis — *Motacilla flava* L. var. *Rayi* Bp. (Bergeronnette printanière var. de Ray).

58. — *Anthus spinoletta* L. (Pipit spioncelle).

59. — *Anthus obscurus* Penn. (Pipit obscur).

60. — *Anthus pratensis* Briss. (Pipit farlouse).

61. — *Anthus arboreus* Briss. (Pipit des arbres).

62. — *Alauda arborea* L. (Alouette lulu).

Granivores.

63. — *Emberiza miliaria* L. (Bruant proyer).
64. — *Emberiza cirlus* L. (Bruant zizi).
65. — *Emberiza schoeniclus* L. (Bruant des roseaux).
66. — *Aegiothus linarius* L. var. *rufescens* Vieill. (Sizerin boréal var. cabaret).
67. — *Carduelis spinus* L. (Chardonneret tarin).
68. — *Carduelis elegans* Steph. (Chardonneret élégant).
69. — *Linaria cannabina* L. (Linotte commune).

Pigeons.

70. — *Columba palumbus* L. (Pigeon ramier).
71. — *Columba oenas* L. (Pigeon colombin).
72. — *Columba turtur* L. (Pigeon tourterelle).

Gallinacés.

73. — *Coturnix communis* Bonnat. (Caille commune).

Échassiers.

74. — *Charadrius apricarius* L. (Pluvier doré).
75. — *Charadrius morinellus* L. (Pluvier guignard).
76. — *Charadrius hiaticula* L. (Pluvier hiaticule).
77. — *Charadrius dubius* Scop. (Pluvier des Philippines).
78. — *Charadrius cantianus* Lath. (Pluvier de Kent).
79. — *Vanellus squatarola* L. (Vanneau varié).
80. — *Vanellus vulgaris* Klein (Vanneau huppé).

81. — *Haematopus ostralegus* L. (Huîtrier pie).

82. — *Strepsilas interpres* L. (Tourne-pierres à collier).

83. — *Calidris arenaria* L. (Sanderling des sables).

84. — *Recurvirostra avocetta* L. (Récurvirostre avocette).

85. — *Limosa belgica* Gm. (Barge à queue noire).

86. — *Limosa lapponica* L. (Barge rousse).

87. — *Totanus glottis* L. (Chevalier aboyeur).

88. — *Totanus fuscus* L. (Chevalier brun).

89. — *Totanus gambetta* L. (Chevalier gambette).

90. — *Totanus glareola* L. (Chevalier sylvain).

91. — *Totanus ochropus* L. (Chevalier cul-blanc).

92. — *Totanus hypoleucos* L. (Chevalier guignette).

93. — *Machetes pugnax* L. (Combattant commun).

94. — *Tringa subarquata* Güldst. (Bécasseau cocorli).

95. — *Tringa alpina* L. (Bécasseau variable).

96. — *Tringa minuta* Leisl. (Bécasseau minule).

97. — *Tringa Temminckii* Leisl. (Bécasseau de Temminck).

98. — *Tringa canutus* L. (Bécasseau canut).

99. — *Scolopax minima* Klein (Bécasse sourde).

100. — *Scolopax gallinago* L. (Bécasse bécassine).

101. — *Scolopax media* J.-L. Frisch (Bécasse double-bécassine).

102. — *Scolopax rusticula* L. (Bécasse commune).

103. — *Numenius arquata* L. (Courlis cendré).

104. — *Numenius phaeopus* L. (Courlis corlieu).

105. — *Platalea leucorodia* L. (Spatule blanche).

106. — *Ardea cinerea* L. (Héron cendré).

107. — *Ardea stellaris* L. (Héron butor).

108. — *Ardea ardeola* Briss. (Héron blongios).

109. — *Rallus crex* L. (Râle des genêts).

110. — *Rallus porzana* L. (Râle marouette).

111. — *Rallus pusillus* Pall. (Râle de Baillon).

112. — *Rallus parvus* Scop. (Râle poussin).

113. — *Fulica atra* L. (Foulque macroule).

Palmipèdes.

114. — *Sterna nigra* Briss. (Sterne épouvantail).

115. — *Sterna minor* Briss. (Sterne naine).

116. — *Sterna major* Briss. (Sterne pierre-garin).

117. — *Sterna paradisea* Brünn. (Sterne paradis).

118. — *Sterna cantiaca* Gm. (Sterne caugek).

119. — *Larus ridibundus* Briss. (Goëland rieur).

120. — *Larus tridactylus* L. (Goëland tridactyle).

121. — *Larus canus* L. (Goëland cendré).

122. — *Larus cinereus* Briss. (Goëland argenté).

123. — *Larus marinus* L. (Goëland marin).

124. — *Phalacrocorax carbo* Dumont (Cormoran commun).

125. — *Anser ferus* Salerne (Oie cendrée).

126. — *Anser sylvestris* Briss. (Oie des moissons).

127. — *Anser albifrons* Scop. (Oie rieuse).

128. — *Anser bernicla* L. (Oie cravant).

129. — *Anas tadorna* L. (Canard tadorne).

130. — *Anas clypeata* L. (Canard souchet).

131. — *Anas boscas* L. (Canard sauvage).

132. — *Anas acuta* L. (Canard pilet).

133. — *Anas Penelope* L. (Canard siffleur).

134. — *Anas querquedula* L. (Canard sarcelle).

135. — *Anas crecca* L. (Canard sarcèlline).

136. — *Fuligula clangula* L. (Fuligule garrot).

137. — *Fuligula marila* L. (Fuligule milouinan).

138. — *Fuligula ferina* L. (Fuligule milouin).

139. — *Fuligula latirostra* Brünn. (Fuligule morillon).

140. — *Fuligula nigra* L. (Fuligule macreuse).

141. — *Fuligula fusca* L. (Fuligule brune).

142. — *Colymbus minor* Briss. (Plongeon cat-marin).

143. — *Podiceps cristatus* L. (Grèbe huppé).

144. — *Podiceps fluviatilis* Briss. (Grèbe castagneux).

145. — *Uria lomvia* L. var. *Troile* L. (Guillemot lumme var. de Troïl).

146. — *Alca torda* L. (Pingouin macroptère).

Total des Oiseaux de passage régulier en Normandie : 146 espèces (dont 143 types et 3 variétés), et 2 variétés (dont les types sont au nombre des précédents).

V. — LISTE MÉTHODIQUE DES OISEAUX

DE PRÉSENCE PLUS OU MOINS ACCIDENTELLE EN NORMANDIE (1).

Carnivores.

1. — *Asio bubo* L. (Hibou grand-duc).

2. — *Asio scops* L. (Hibou petit-duc).

3. — *Strix Tengmalmi* Gm. (Chouette de Tengmalm).

4. — *Strix nyctea* L. (Chouette harfang).

5. — *Aquila gallica* Gm. (Aigle Jean-le-Blanc).

6. — *Aquila haliaetus* L. (Aigle balbusard).

7. — *Aquila albicilla* L. (Aigle à queue blanche).

8. — *Aquila pennata* Gm. (Aigle botté).

9. — *Aquila naevia* Briss. (Aigle criard).

10. — *Aquila chrysaetos* Klein (Aigle doré).

11. — *Hierofalco species ?* (Gerfaut espèce ?).

12. — *Falco cenchris* J.-A. Naum. (Faucon crécerine).

13. — *Buteo lagopus* Brünn. (Buse pattue).

14. — *Elanus caeruleus* Desf. (Élanion blac).

15. — *Milvus regalis* Briss. (Milan royal).

16. — *Milvus niger* Briss. (Milan noir).

17. — *Vultur monachus* L. (Vautour moine).

1. Je n'ai inscrit, dans cette liste, aucun des renseignements qui m'ont paru douteux.

Le fait qu'un certain nombre d'Oiseaux sont partiellement sédentaires et partiellement de passage en Normandie, explique toutes les répétitions dans la liste des Oiseaux sédentaires et dans la liste de ceux de passage régulier.

18. — *Vultur fulvus* Briss. (Vautour fauve).

19. — *Neophron percnopterus* L. (Néophron percnoptère).

Omnivores.

20. — *Graculus eremita* L. (Crave commun).

21. — *Nucifraga caryocatactes* L. (Casse-noix commun).

22. — *Pastor roseus* L. (Martin roselin).

Insectivores.

23. — *Coracias garrula* L. (Rollier commun).

24. — *Parus ater* L. (Mésange noire).

25. — *Parus caudatus* L. (Mésange à longue queue)[1].

26. — *Parus pendulinus* L. (Mésange rémiz).

27. — *Tichodroma muraria* L. (Tichodrome échelette).

28. — *Picus canus* Gm. (Pic cendré).

29. — *Picus medius* L. (Pic mar).

30. — *Merops apiaster* L. (Guêpier commun).

31. — *Cypselus melba* L. (Martinet alpin).

32. — *Muscicapa collaris* Bchst. (Gobe-mouches à collier).

33. — *Phylloscopus Bonellii* Vieill. (Pouillot de Bonelli).

34. — *Sylvia orphea* Temm. (Fauvette orphée).

35. — *Sylvia provincialis* Gm. (Fauvette provençale).

36. — *Bombycilla bohemica* Briss. (Jaseur de Bohême).

37. — *Turdus aureus* Holl. (Grive dorée).

---

1. La var. *longicauda* Briss. (var. rosâtre) est sédentaire en Normandie.

38. — *Turdus torquatus* L. (Grive à plastron).

39. — *Monticola saxatilis* Briss. (Pétrocincle de roche).

40. — *Accentor collaris* Scop. (Accenteur des Alpes).

41. — *Erithacus major* Gm. (Rubiette progné).

42. — *Motacilla flava* L. var. *cinereocapilla* Savi (Bergeronnette printanière var. à tête cendrée).

43. — *Anthus campestris* Briss. (Pipit rousseline).

44. — *Anthus Richardi* Vieill. (Pipit de Richard).

45. — *Alauda alpestris* L. (Alouette alpestre).

46. — *Alauda brachydactyla* Leisl. (Alouette calandrelle).

Granivores.

47. — *Emberiza lapponica* L. (Bruant montain).

48. — *Emberiza nivalis* L. (Bruant de neige).

49. — *Emberiza cia* L. (Bruant fou).

50. — *Emberiza hortulana* L. (Bruant ortolan).

51. — *Emberiza passerina* Pall. (Bruant passerine).

52. — *Aegiothus linarius* L. (Sizerin boréal)[1].

53. — *Linaria montana* Briss. (Linotte de montagne).

54. — *Fringilla montifringilla* L. (Pinson d'Ardennes).

55. — *Loxia curvirostra* L. (Bec-croisé commun).

56. — *Loxia pityopsittacus* Bchst. (Bec-croisé perroquet).

57. — *Loxia leucoptera* Gm. var. *bifasciata* Brehm (Bec-croisé leucoptère var. à double bande).

58. — *Passer stultus* Briss. (Moineau soulcie).

---

1. La var. *rufescens* Vieill. (var. cabaret) est de passage régulier en Normandie.

Pigeons.

59. — *Columba migratoria* L. (Pigeon voyageur).

Gallinacés.

60. — *Syrrhaptes paradoxus* Pall. (Syrrhapte paradoxal).
61. — *Lagopus scoticus* Briss. (Lagopède d'Écosse).
62. — *Perdix cinerea* Briss. var. *damascena* Klein (Perdrix grise var. roquette).

Échassiers.

63. — *Otis tarda* L. (Outarde barbue).
64. — *Otis tetrax* L. (Outarde canepetière).
65. — *Glareola torquata* Briss. (Glaréole à collier).
66. — *Cursorius gallicus* Gm. (Court-vite isabelle).
67. — *Oedicnemus scolopax* S. Gm. (Oedicnème criard).
68. — *Himantopus Plinii* Salerne (Échasse blanche).
69. — *Totanus stagnatilis* Bchst. (Chevalier stagnatile).
70. — *Tringa pygmaea* Bchst. (Bécasseau platyrhynque).
71. — *Tringa maritima* Brünn. (Bécasseau violet).
72. — *Macroramphus griseus* Gm. (Macroramphe gris).
73. — *Numenius tenuirostris* Vieill. (Courlis à bec
grêle).
74. — *Ibis falcinellus* L. (Ibis falcinelle).
75. — *Grus communis* Bchst. (Grue cendrée).
76. — *Ciconia alba* Klein (Cigogne blanche).
77. — *Ciconia nigra* L. (Cigogne noire).

78. — *Ardea purpurascens* Briss. (Héron pourpré).

79. — *Ardea alba* L. (Héron aigrette).

80. — *Ardea garzetta* L. (Héron garzette).

81. — *Ardea ralloides* Scop. (Héron crabier).

82. — *Ardea nycticorax* L. (Héron bihoreau).

83. — *Phalaropus cinereus* Briss. (Phalarope hyperboré).

84. — *Phalaropus fulicarius* L. (Phalarope platy-rhynque).

Palmipèdes.

85. — *Sterna leucoptera* Meisn. et Schinz (Sterne leucoptère).

86. — *Sterna leucopareia* Natt. (Sterne moustac).

87. — *Sterna Dougalli* Mont. (Sterne de Dougall).

88. — *Sterna anglica* Mont. (Sterne hansel).

89. — *Sterna caspia* Pall. (Sterne tschégrava).

90. — *Larus Sabinei* Sab. (Goëland de Sabine).

91. — *Larus albus* Scop. (Goëland pygmée).

92. — *Larus eburneus* Phipps (Goëland sénateur).

93. — *Larus leucopterus* Faber (Goëland leucoptère).

94. — *Larus glaucus* Brünn. (Goëland bourgmestre).

95. — *Larus cinereus* Briss. var. *cachinnans* Pall. (Goëland argenté var. de Michahelles).

96. — *Stercorarius longicaudus* Briss. (Stercoraire longicaude).

97. — *Stercorarius parasiticus* Brünn. (Stercoraire de Richardson).

98. — *Stercorarius striatus* Briss. (Stercoraire pomarin).

99. — *Stercorarius fuscus* Briss. (Stercoraire cataracte).

100. — *Procellaria cinerea* Briss. (Pétrel glacial).

101. — *Puffinus gravis* O'Reilly (Puffin majeur).

102. — *Puffinus Anglorum* Kuhl (Puffin des Anglais).

103. — *Puffinus griseus* Gm. (Puffin fuligineux).

104. — *Thalassidroma pelagica* L. (Thalassidrome des tempêtes).

105. — *Thalassidroma leucorrhoa* Vieill. (Thalassidrome de Leach).

106. — *Diomedea albatrus* Klein (Albatros hurleur).

107. — *Sula bassana* L. (Fou de Bassan).

108. — *Phalacrocorax carbo* Dumont var. *cormoranus* M. et W. (Cormoran commun var. moyenne).

109. — *Phalacrocorax pygmaeus* Pall. (Cormoran pygmée).

110. — *Anser brachyrhynchus* Baill. (Oie à bec court).

111. — *Anser erythropus* Gm. (Oie bernache).

112. — *Anser ruficollis* Pall. (Oie à cou roux).

113. — *Anser aegyptiacus* L. (Oie d'Égypte).

114. — *Cygnus ferus* Briss. (Cygne sauvage).

115. — *Cygnus Bewickii* Yarr. (Cygne de Bewick).

116. — *Cygnus mansuetus* Salerne (Cygne tuberculé).

117. — *Anas strepera* L. (Canard chipeau).

118. — *Anas formosa* Georgi (Canard formose).

119. — *Fuligula hyemalis* L. (Fuligule de Miquelon).

120. — *Fuligula nyroca* Güldst. (Fuligule nyroca).

121. — *Fuligula rufina* Pall. (Fuligule roussâtre).

122. — *Fuligula mollissima* L. (Fuligule eider).

123. — *Fuligula spectabilis* L. (Fuligule à tête grise).

124. — *Fuligula perspicillata* L. (Fuligule à lunettes).

125. — *Fuligula leucocephala* Scop. (Fuligule couronnée).

126. — *Mergus merganser* L. (Harle bièvre).

127. — *Mergus serrator* L. (Harle huppé).

128. — *Mergus albellus* L. (Harle piette).

129. — *Colymbus maximus* Klein (Plongeon imbrim),

130. — *Colymbus arcticus* L. (Plongeon lumme).

131. — *Podiceps vulgaris* Scop. (Grèbe jougris).

132. — *Podiceps minor* Briss. (Grèbe esclavon).

133. — *Podiceps auritus* Briss. (Grèbe à cou noir).

134. — *Uria lomvia* L. var. *ringvia* Brünn. (Guillemot lumme var. bridée).

135. — *Uria grylle* L. (Guillemot grylle).

136. — *Mergulus alle* L. (Mergule nain).

137. — *Fratercula arctica* L. (Macareux moine).

Total des Oiseaux de présence plus ou moins accidentelle en Normandie : 137 espèces (dont 131 types et 6 variétés).

BIBLIOGRAPHIE

DES OISEAUX DE LA NORMANDIE [1]

AIGNEAUX, marquis D'. — *Note sur le passage des Oiseaux exotiques dans le Cotentin*, in Annuaire du département de la Manche, ann. 1862, p. 78. [Titre défectueux, attendu qu'il ne s'agit pas d'Oiseaux exotiques, mais d'Oiseaux de passage régulier et de passage accidentel dans le Cotentin].

ANONYME. — *Histoire prodigievse et admirable, arriuée en Normandie et pays du Mayne, du rauage qu'y ont fait vne quantité d'oyseaux estrangers et incogneus, sur les fruicts et arbres desdits pays, et ont ruyné et infecté plusieurs villes et villages, mesmes causé la mort de plusieurs personnes, au grand estonnement du peuple*, Paris, Isaac Mesnier, 1618. — Réimprimé, par la Soc. rouennaise de Bibliophiles, sous le titre général de : *Histoire prodigieuse d'une invasion d'oiseaux ravageurs en Normandie et pays du Maine, en 1618, précédée d'une notice par Michel Hardy*, Rouen, Espérance Cagniard, 1879. — [Il s'agit de Becs-croisés, presque certainement du Bec-croisé commun (*Loxia curvirostra* L.).

BENOIST, A[d]. — *Catalogue des Oiseaux observés dans l'arrondissement de Valognes*, in Mémoir. de la Soc.

---

1. Dans cette bibliographie, je n'ai indiqué que les travaux et les notes de zoologie pure, ayant un titre et concernant, soit exclusivement, soit tout au moins en grande partie, la faune normande.

impériale des Scienc. natur. de Cherbourg, t. II, 1854,
p. 231.

BOUCHARD, Charles. — Faune du canton de Gisors (Eure),
in CHARPILLON. — *Gisors et son canton (Eure), Statistique, Histoire*, Les Andelys, Delcroix, 1867. [*Oiseaux*,
p. 19]. — [Le nom de Charles Bouchard n'est pas indiqué
dans cet ouvrage].

BOUCHET FILS, Ernest. — *Comité d'Ornithologie de la
Société d'Étude des Sciences naturelles d'Elbeuf; rap-
ports de M. Ernest Bouchet fils sur les excursions ovolo-
giques*, in Bull. de la Soc. d'Enseignement mutuel des
Scienc. natur. d'Elbeuf, (aujourd'hui Soc. d'Étude des
Scienc. natur. d'Elbeuf), ann. 1881-1882, 2ᵉ sem., p. 150.

BOUCHET FILS, Ernest. — *Comité d'Ornithologie de la Société d'Étude des Sciences naturelles d'Elbeuf; rapport
de M. E. Bouchet fils sur les excursions :* 10 *avril
et* 15 *mai*, in Bull. de cette Soc., 1ᵉʳ sem. 1884, p. 53.

BOUCHET FILS, Ernest. — *Comité d'Ornithologie de la Société d'Étude des Sciences naturelles d'Elbeuf; excursions des* 12 *avril et* 10 *mai* 1885; *rapport de M. E. Bouchet fils*, in Bull. de cette Soc., ann. 1885, 1ᵉʳ et 2ᵉ sem.,
p. 79.

CANIVET, Emmanuel. — *Catalogue des Oiseaux du département de la Manche;* Paris, chez l'auteur; Saint-Lô,
M. Rousseau ; 1843.

CHESNON, C.-G. — *Essai sur l'Histoire naturelle de la
Normandie*, 1ʳᵉ *partie, Quadrupèdes et Oiseaux*, avec
7 planches ; Bayeux, C. Groult; Paris, Lance ; 1835. —
Il a été publié une édition du même ouvrage sous le titre
de : *Essai sur l'Histoire naturelle*, avec 6 pl.; Bayeux,

C. Groult; Paris et Lyon, Périsse frères; 1835, (même pagination que celle de l'édition précédente). — [*Oiseaux*, p. 134]. — Un extrait de cet ouvrage a été publié sous le titre de : *Zoologie normande, Quadrupèdes et Oiseaux*, in Annuaire des cinq départem. de l'ancienne Normandie, (Annuaire normand), 1836, 2° ann., p. 111. [*Oiseaux*, p. 120].

CHESNON, C.-G. — *Catalogue des Oiseaux de la Normandie, classés d'après la méthode de Cuvier*, Bayeux, Léon Nicolle, 1841, (15 pages).

Comité d'Ornithologie de la Société des Amis des Sciences naturelles de Rouen. — Voir LE BRETON, A., et GADEAU DE KERVILLE, Henri.

D'AIGNEAUX, marquis. — Voir AIGNEAUX, marquis D'.

DE LA FRESNAYE. — *Extrait d'une lettre de M. de la Fresnaye, naturaliste à Falaise (Calvados), relatif à la Sarcelle de Chine, dont un individu vient d'être tué en Normandie*, lettre datée de Falaise, 2 février 1828, in Bull. des Scienc. natur. et de Géologie, 2° section du Bull. universel publié par la Soc. pour la propagation des connaissances scientifiques et industrielles, et sous la direction du baron de Férussac, t. XIV, Paris, 1828, p. 118. — Note de LESSON, relative à cet extrait, (même page).

FAUVEL, Albert. — *Sur la présence du Numenius tenuirostris Vieill. dans le Calvados*, in Bull. de la Soc. linnéenne de Normandie, ann. 1859-60, p. 116.

FAUVEL, Octave. — *Observations ornithologiques pour servir à la faune normande*, in Bull. de la Soc. linnéenne de Normandie, ann. 1864-65, p. 76.

FRESNAYE, DE LA. — Voir DE LA FRESNAYE.

GADEAU DE KERVILLE, Henri. — *Extrait des Procès-verbaux des séances du Comité d'Ornithologie de la Société des Amis des Sciences naturelles de Rouen, recueillis par Henri Gadeau de Kerville, Secrétaire de ce Comité*, in Bull. de cette Soc. : (ann. 1880 et 1881), in 2ᵉ sem. 1881, p. 361 ; (ann. 1882), in 2ᵉ sem. 1882, p. 427 ;. (ann. 1883), in 2ᵉ sem. 1883, p. 363 ; et (ann. 1884), in 2ᵉ sem. 1884, p. 451. — Tir. à part, Rouen, Léon Deshays, 1882, 1883, 1884, et 1885, (seul le dernier a la même pagination que celle du Bull.). — [Voir, pour le commencement, LE BRETON, A.].

GADEAU DE KERVILLE, Henri. — *Note sur la venue du Syrrhapte paradoxal en Normandie, avec 1 planche en bistre*, in Bull. de la Soc. des Amis des Scienc. natur. de Rouen, 1ᵉʳ sem. 1889, p. 359, et pl. I. — Tir. à part, Rouen, Julien Lecerf, 1890, (même pagination que celle du Bull.).

HARDY, J. — *Catalogue des Oiseaux observés dans le département de la Seine-Inférieure*, in Annuaire des cinq départem. de l'ancienne Normandie, (Annuaire normand), 1841, 7ᵉ ann., p. 280.

HARDY, J. — *Merle rose (Pastor roseus)*, in Annuaire des cinq départem. de l'ancienne Normandie, (Annuaire normand), 1841, 7ᵉ ann., p. 303.

HARDY, J. — *Quelques observations sur le Faucon pèlerin (Falco peregrinus L.), faites dans l'arrondissement de Dieppe*, in Revue zoologique, par la Soc. cuviérienne, 7ᵉ ann., août 1844, p. 289.

HARDY, J. — *Notes ornithologiques ; recueil appartenant*

à Josse Hardy, à Dieppe. (Manuscrit de la Bibliothèque de Dieppe).

HARDY, Michel. — Voir ANONYME.

JOÜAN, Henri. — *Mélanges zoologiques,* in Mémoir. de la Soc. nationale des Scienc. natur. de Cherbourg, t. XIX, 1875, p. 233. [*Oiseaux,* p. 237].

JOÜAN, Henri. — *Trois Oiseaux rares à Cherbourg,* in Mémoir. de la Soc. nationale des Scienc. natur. et mathématiq. de Cherbourg, t. XXVI, 1889, p. 191.

LE BRETON, A. — *Extrait des Procès-verbaux des séances du Comité d'Ornithologie de la Société des Amis des Sciences naturelles de Rouen,* (1874-1879), *recueillis par A. Le Breton, Secrétaire de ce Comité,* in Bull. de cette Soc., 2ᵉ sem. 1879, p. 235. — Tir. à part, Rouen, Léon Deshays, 1880, (pagination spéciale). — [Voir, pour la suite, GADEAU DE KERVILLE, Henri].

LE MENNICIER, J. — *Catalogue des Oiseaux observés dans le département de la Manche, plus particulièrement dans l'arrondissement de Saint-Lo, depuis près de vingt-cinq ans,* in Notices, Mémoires et Documents publiés par la Soc. d'Agriculture, d'Archéologie et d'Histoire naturelle du départem. de la Manche, 4ᵉ vol., Saint-Lo, 1878, p. 113. — Tir. à part, Saint-Lo, Élie fils, 1878, (pagination spéciale).

LEMETTEIL, E. — *Catalogue raisonné des Oiseaux de la Seine-Inférieure,* in Bull. de la Soc. des Amis des Scienc. natur. de Rouen : ann. 1866, p. 163 ; *Carnivores,* p. 177 ; *Omnivores,* p. 243 ; — ann. 1867 : *Insectivores,* p. 56 ; — ann. 1868 : *Granivores,* p. 46 ; — ann. 1869 : *Vermivores,* p. 36. — Le 6ᵉ et dernier ordre (*Piscivores*)

n'a pas été publié dans le Bull. de cette Soc., mais figure,
avec ceux qui précèdent, dans le tir. à part intitulé :
*Catalogue raisonné ou Histoire descriptive et métho-
dique des Oiseaux de la Seine-Inférieure*, 2 vol., Rouen,
Henry Boissel, 1874, (pagination spéciale).

LEMETTEIL, E. — *Note sur l'œuf de la Poule d'eau Baillon
(Gallinula Baillonii* Temm.), in Bull. de la Soc. des
Amis des Scienc. natur. de Rouen, ann. 1867, p. 329.

LEMETTEIL, E. — *Note sur l'Emberiza passerina* Pall., in
Bull. de la Soc. des Amis des Scienc. natur. de Rouen,
ann. 1867, p. 331.

LEMETTEIL, E. — *Note sur la présence des Guillemots au
cap d'Antifer*, in Bull. de la Soc. des Amis des Scienc.
natur. de Rouen, 2° sem. 1874, p. 173.

LEMETTEIL, E. — *Le Martin roselin (Pastor roseus* Temm.),
in Bull. de la Soc. des Amis des Scienc. natur. de Rouen,
2° sem. 1875, p. 135.

LEMETTEIL, E. — *L'Oie à cou roux (Anser ruficollis* Degl.),
in Bull. de la Soc. des Amis des Scienc. natur. de Rouen,
1er sem. 1880, p. 21. — Tir. à part, Rouen, Léon Deshays, 1880, (pagination spéciale).

LEMETTEIL, E. — *Capture, dans le département de la Seine-
Inférieure, d'une Oie à cou roux (Anser ruficollis* Pall.),
in Bull. de la Soc. zoologique de France, ann. 1880,
p. 75. — [Ce travail, et le précédent, concernent le même
individu].

LEMETTEIL, E. — *Notes ornithologiques*, in Bull. de la
Soc. des Amis des Scienc. natur. de Rouen, 2° sem. 1884,
p. 419.

Le Sauvage. — *Catalogue méthodique des Oiseaux du Calvados*, in Mémoir. de la Soc. linnéenne de Normandie, ann. 1834-38, p. 171, et addition, p. 309.

Lesson. — *Note de Lesson.* — Voir de la Fresnaye.

Magné de Marolles. — Voir Letacq, A.-L.

Letacq, A.-L. — *Notice sur les Observations zoologiques de Magné de Marolles aux environs d'Alençon et de Mortagne, (Orne)*, in Bull. de la Soc. linnéenne de Normandie, 1er et 2e fasc. de 1892, p. 46. — Tir. à part, Caen, E. Lanier, 1892, (même pagination que celle du Bull.).

Noury. — *Catalogue complet des Oiseaux de la Normandie observés par Noury*, in Bull. de la Soc. des Amis des Scienc. natur. de Rouen, ann. 1865, p. 86.

Samson. — *Note sur la Locustelle tachetée*, in Bull. de la Soc. d'Étude des Scienc. natur. d'Elbeuf, 1er et 2e sem. 1892, procès-verbal de la séance du 1er juin 1892.

TABLE ALPHABÉTIQUE [1]

---

1. Je n'ai inscrit dans cette table, pour ne pas lui donner une extension trop grande, que les noms des espèces et des variétés, latins et français, imprimés en gros caractères; j'y ai ajouté ceux des espèces et de la variété figurant dans l'addenda (p. 503).

T

U

V

PINGOUIN BRACHYPTÈRE ou GRAND PINGOUIN (*ALCA IMPENNIS* L.)

Tué près de Cherbourg (Manche), il y a environ quatre-vingt-dix ans.

Musée d'Histoire naturelle d'Abbeville (Somme).

1/4 environ de grandeur naturelle.
(Fait sur une photographie de l'auteur).

TABLE DES MATIÈRES

DE CE FACISCULE **III**.

Rouen. — Imprimerie Julien Lecerf.

MATIÈRE & MOUVEMENT

HGK

TOUT POUR L'HUMANITÉ

www.ingramcontent.com/pod-product-compliance
Lightning Source LLC
Chambersburg PA
CBHW061008220326
41599CB00023B/3869